高等职业教育人工智能与大数据专业群人才培养系列教材

人工智能基础

主　编◎章红燕　胡兴铭

副主编◎芦娅云　邱　敏　周亚雄

中国铁道出版社有限公司
CHINA RAILWAY PUBLISHING HOUSE CO., LTD.

内容简介

本书是高等职业教育人工智能与大数据专业群人才培养系列教材之一，系统地介绍了人工智能的基本原理、方法和应用技术，比较全面地反映了人工智能领域当前的研究进展和发展方向。全书共9章，具体内容包括初识人工智能、人工智能在各领域中的应用、神机妙算、认识分类、类聚群分、慧眼识物、听懂声音、理解文字、人工智能的未来与展望。本书选取了大量案例，均来源于实际开发项目；注重理论与实际相结合，体现“教、学、做一体化”的思想，注重培养读者的实操能力。

本书适合作为高等职业院校计算机及相关专业的教材，也可作为人工智能与大数据的培训教材，同时也适合作为计算机技术爱好者的参考书。

图书在版编目（CIP）数据

人工智能基础/章红燕，胡兴铭主编．—北京：中国铁道出版社有限公司，2024.5

高等职业教育人工智能与大数据专业群人才培养系列教材

ISBN 978-7-113-30697-7

Ⅰ.①人… Ⅱ.①章… ②胡… Ⅲ.①人工智能-高等职业教育-教材 Ⅳ.①TP18

中国国家版本馆CIP数据核字（2023）第218170号

书　　名：人工智能基础
作　　者：章红燕　胡兴铭

策　　划：翟玉峰　　　　**编辑部电话：**（010）51873135
责任编辑：谢世博　李学敏
封面设计：刘　莎
责任校对：刘　畅
责任印制：樊启鹏

出版发行：中国铁道出版社有限公司（100054，北京市西城区右安门西街8号）
网　　址：https://www.tdpress.com/51eds/
印　　刷：河北宝昌佳彩印刷有限公司
版　　次：2024年5月第1版　2024年5月第1次印刷
开　　本：787 mm×1 092 mm　1/16　**印张：**13.75　**字数：**339千
书　　号：ISBN 978-7-113-30697-7
定　　价：45.00元

高等职业教育人工智能与大数据专业群人才培养系列教材

编审委员会

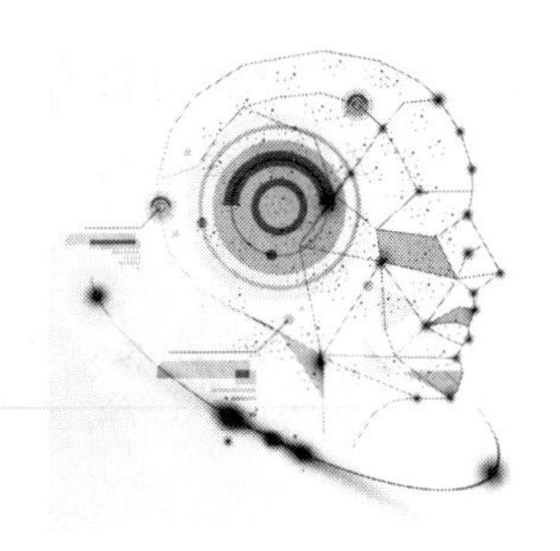

前 言

党的二十大报告指出“推动战略性新兴产业融合集群发展，构建新一代信息技术、人工智能、生物技术、新能源、新材料、高端装备、绿色环保等一批新的增长引擎。”人工智能是计算机科学的重要分支，是研究如何利用计算机来模拟人脑所从事的感知、推理、学习、思考、规划等人类智能活动，来解决需要用人类智能才能解决的问题，以延伸人们智能的科学。人工智能是新一轮科技革命和产业变革的核心内驱力，也是形成新质生产力的重要引擎，理解与掌握人工智能基础知识，对提升技术技能型人才的信息技术素养、科技创新素养具有重要作用。

人工智能在现代社会中扮演着日益重要的角色，其作用涵盖了各个领域。人工智能技术可以实现自动化和智能化的处理，减轻人力资源的压力；可以开发智能助手和机器人，帮助人们完成日常任务，提供个性化的服务和娱乐；可以根据个体用户的需求和偏好，提供个性化的推荐和定制化的服务；可以处理和分析大量的数据等，其作用越来越突出，为人们的生活、工作和学习带来了许多便利和创新。

本书主要讲述人工智能的基本概念及原理、知识与知识表示、机器推理、机器学习、深度学习等方面内容。全书共9章，包括初识人工智能、人工智能在各领域中的应用、神机妙算、认识分类、类聚群分、慧眼识物、听懂声音、理解文字、人工智能的未来与展望等内容。为了便于读者理解，在介绍关键技术的同时，列举了一些应用实例，每章后附有习题。本书内容由浅入深、循序渐进、条理清晰，让读者在有限的时间内掌握人工智能的基本原理与应用技术，提高对人工智能问题的求解能力。本书具有如下特点：

1. 案例丰富

本书选取了大量案例，均来源于实际开发项目，注重理论与实际相结合，体现“教、学、做一体化”的思想，方便读者快速上手，注重培养读者的实操能力。

2. 教学资源丰富

本书配套了丰富的教学资源，包括教学课件、课后习题答案等，读者可登录中国铁道出版社有限公司教育资源数字化平台 https://www.tdpress.com/51eds/免费获取相关资源。

3. 校企合作编写

本书由教学经验丰富的一线教师和企业合作编写，校企融通，提升学生的专业能力，使学生的职业能力与企业的岗位需求无缝衔接。

本书由深圳鹏城技师学院章红燕、胡兴铭任主编，由深圳鹏城技师学院芦娅云、四川工商学院邱敏、中慧云启科技集团有限公司周亚雄任副主编。

由于编者水平有限、时间仓促，书中难免存在疏漏和不足之处，敬请读者批评指正。

编者

2023 年 6 月

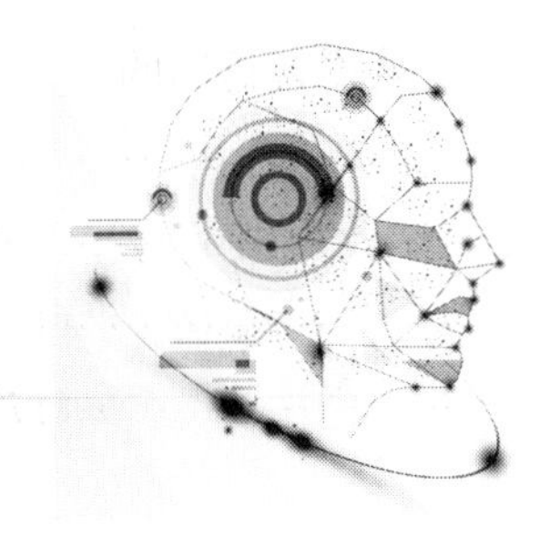

目　录

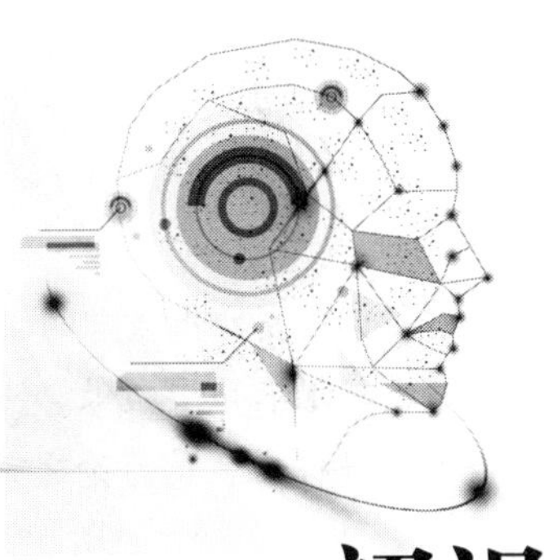

第 1 章 初识人工智能

【本章导学】

随着计算能力和数据处理能力的不断提升，人工智能正逐渐在各个领域展现出巨大的潜力。本章将会详细地讨论人工智能的基本概念、发展简史、研究领域以及其与机器学习和深度学习的关系。通过学习本章，读者能够掌握人工智能的核心概念和关键技术，为未来在人工智能领域的研究和应用奠定坚实的基础。

【学习目标】

通过对本章内容的学习，读者应该能够做到：

1. 了解人工智能的定义、起源与发展。
2. 了解人工智能的研究与应用领域。
3. 理解人工智能与深度学习。

1.1 人工智能基本概念

1.1.1 人工智能由来

1956 年夏天，约翰·麦卡锡（John McCarthy）、马文·明斯基（Marvin Minsky）、纳撒尼尔·罗切斯特（Nothaniel Rochester）和克劳德·香农（Claude Shannon）等知名科学家组织了达特茅斯会议。这次会议邀请了计算机科学、人工智能、心理学和语言学领域的专家，共同探讨“机器是否有智能”的问题。在会议期间，与会者讨论了许多人工智能的基本问题，如学习、推理、知识表示和自然语言处理等。在这次会议中，首次提出了“Artificial Intelligence”这个词，从此人工智能作为一门学科开始崭露头角。达特茅斯会议对人工智能领域的发展产生了深远的影响。许多与会者后来成为该领域的领军人物，推动了人工智能的研究和发展。其中一些主要参与者包括：

约翰·麦卡锡：被称为“人工智能之父”，1971 年图灵奖得主，他提出了 LISP 编程语言，为人工智能的发展做出了重要贡献。

马文·明斯基：人工智能概念和框架理论的创立者之一，图灵奖得主，他的工作涵盖了机器学习、知识表示、推理和计算机视觉等领域。

诺伯特·维纳（Norbert Wiener）：控制论的创立者，他的研究对人工智能的发展产生了重要影响。

约翰·霍兰（John Holland）：美国密西根大学的教授，被认为是遗传算法的先驱之一，他的工作对人工智能的优化和搜索算法领域有重要贡献。

克劳德·香农：美国数学家，被称为“信息论之父”，他的信息论对人工智能的信息处理和通信领域产生了重要影响。

奥利弗·塞弗里奇（Oliver Selfridge）：被称为“机器感知之父”，他是深度学习领域的先驱之一，对神经网络和机器学习的发展做出了重要贡献。

艾伦·纽厄尔（Allen Newell）：与赫伯特·西蒙一起创立了人工智能符号主义学派，他们的工作对人工智能的逻辑推理和问题求解有重要影响。除了以上提到的人物，还有其他许多与会者对人工智能的发展做出了重要贡献。达特茅斯会议为人工智能的发展奠定了基础，并激发了后续研究的热情，如图1-1所示。

图1-1 达特茅斯会议主要成员合照

1.1.2 人工智能的定义

人工智能（artificial intelligence，AI）是一门研究如何使计算机系统能够模拟和实现人类智能的科学和技术。其目标是使计算机能够执行通常需要人类智能才能完成的任务，如学习、推理、解决问题、识别模式、理解自然语言、感知和交流等。人工智能可以分为两类：弱人工智能和强人工智能。弱人工智能是指针对特定任务设计的智能系统，这些系统在特定领域内可以表现出高度的专业技能，但缺乏真正的自主意识和通用智能。大多数现有的AI系统都属于弱人工智能。而强人工智能则是指具有与人类智能相当的通用性和自主意识的系统，这类系统目前尚未实现。人工智能是计算机科学的一个分支，旨在理解智能的本质，并生产出一种新的能以人类智能相似的方式做出反应的智能机器。该领域的研究包括机器人、语言识别、图像识别、自然语言处理和专家系统等。

人工智能在计算机领域内得到了广泛的重视，并在机器人、经济政治决策、控制系统、仿真系统等领域得到应用。它可以帮助人们解决复杂的问题，提高工作效率，改善生活质量。

人工智能是一门研究如何使计算机系统能够模拟和实现人类智能的科学和技术。它涉及知识的表示、知识的获取和使用等方面。斯坦福大学人工智能研究中心的尼尔逊教授认为，人工智能是关于知识的学科，即研究如何表示知识、获得知识并使用知识的科学。麻省理工学院的温斯顿教授认为，人工智能是研究如何使计算机去做过去只有人才能做的智能工作。从以上观点可以看出，人工智能的基本思想和内容是研究人类智能活动的规律，构造具有一定智能的人工系统，研究如何让计算机去完成以往需要人的智力才能胜任的工作。它是研究如何应用计算机的软硬件来模拟人类某些智能行为的基本理论、方法和技术的学科。

人工智能涉及多个学科领域，包括计算机科学、心理学、哲学和语言学等。它不仅是计算机科学的范畴，而且是涉及几乎所有自然科学和社会科学的学科。人工智能与思维科学是实践和理论的关系，作为思维科学的一个应用分支，人工智能研究使计算机模拟人的思维过程和智能行为，从更高层次实现智能的应用。人工智能的发展还需要考虑形象思维和灵感思维等，不仅仅局限于逻辑思维方面。数学作为基础科学，在人工智能中也发挥着重要作用。数学不仅在标准逻辑、模糊数学等方面发挥作用，还在语言、思维领域发挥作用。人工智能学科借用数学工具来促进其发展，数学与人工智能相互促进，共同推动彼此更快地发展。总体而言，人工智能是一门研究如何使计算机系统模拟和实现人类智能的学科，它涵盖了知识的表示、知识的获取和使用等方面，涉及多个学科领域的知识和技术。

1.1.3　人工智能的应用领域

1. 机器学习和数据挖掘

机器学习和数据挖掘是人工智能的重要应用领域之一。通过机器学习算法和数据挖掘技术，人工智能可以帮助分析大量数据，发现其中的潜在模式和趋势，从而为企业和组织提供有价值的见解和预测。以天气预报为例，天气预报需要对大量的气象数据进行分析和处理，以预测未来的气象情况。传统的天气预报方法主要依赖于气象学家的经验和专业知识，但是由于气象数据的量庞大和变化复杂，传统的方法已经难以满足需求。人工智能的机器学习和数据挖掘技术可以帮助天气预报提高精度和效率。

（1）通过机器学习算法，可以对历史气象数据进行分析和建模，学习出不同气象变量之间的关系，例如，气温、湿度、风速等。这些学习出来的关系可以用来预测未来的气象情况，例如，未来一周内的温度、降雨量等。这种方法可以根据历史数据的变化趋势来预测未来的气象变化，提高预报准确度。

（2）通过数据挖掘技术，可以对大量气象数据进行聚类分析和模式识别，找出其中的潜在模式和趋势。例如，可以通过对历史气象数据进行聚类分析，将相似的数据点归为一类，找出不同天气条件下的特征。这些特征可以预测未来的天气情况，例如某个地区在某种气象条件下的降雨量。这种方法可以帮助天气预报员在未来的预报中更加准确地考虑气象变化的模式和趋势。机器学习和数据挖掘技术还可以应用于气象预警和灾害预测。例如，通过对历史气象数据和灾害数据的分析，可以建立气象预警和灾害预测模型，预测未来可能发生的自然灾害，如暴雨、台风等。这种方法可以为政府和民众提供及时的预警信息，减少灾害损失，如图1-2所示。

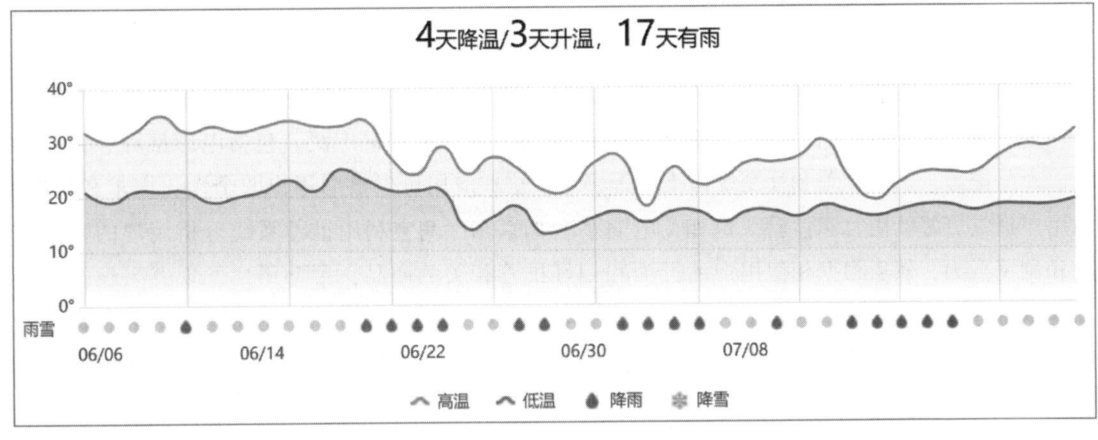

图1-2　天气预报

2. 自然语言处理

自然语言处理是机器对自然语言进行理解、生成和处理，实现与人类的交流。这个领域的应用包括聊天机器人、语音助手、机器翻译等。以“帮我购买两张《八角笼中》今晚的电影票”为例，在这个场景中，机器可以通过语言理解技术抽取出关键信息，例如，购买的电影名称为《八角笼中》、购买的票数为两张、购买的时间为今晚等。通过对输入语句进行分词、词性标注和语法分析等处理，机器可以准确地理解用户的购票需求。自然语言处理在购票场景中的应用可以帮助机器理解用户的购票需求，识别用户的意图，通过对话与用户交流，并从电影票务系统中检索出符合用户需求的电影票信息。这样的应用可以为用户提供便捷的购票体验，提高购票效率和用户满意度。

3. 计算机视觉

计算机视觉是机器对图像和视频进行识别、处理和分析，用于图像识别、目标检测、人脸识别等应用。例如，门禁系统、身份验证和犯罪调查。协助医生在 CT 扫描或 X 光片中发现肿瘤、血管病变、骨折等，并提供辅助诊断意见。在交通监控中，用于检测交通违规行为，如红灯闯车和逆向行驶。另外，人脸识别还可以应用于社交媒体中的自动标记功能，帮助用户自动识别和标记朋友的照片。

4. 语音识别

语音识别是机器对人类的语音进行识别和转写，用于语音助手、自动字幕生成等应用。语音识别在生活中的实际应用非常丰富，包括语音助手、自动字幕生成、语音搜索、语音转换为文字记录和语音翻译等领域。这些应用可以为人们提供更便捷、智能和无障碍的语音交流和信息获取体验。例如，智能手机上的语音助手可以通过语音识别技术识别用户的语音指令，发送短信、播放音乐、查询天气等，并进行相应的响应和操作，如图 1-3 所示。

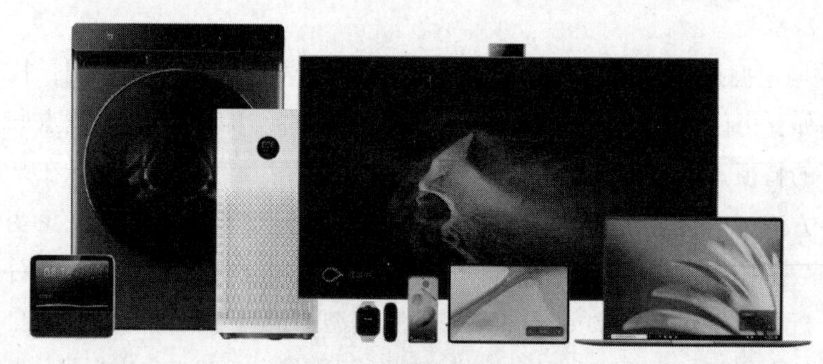

图 1-3　智能家电语音助手

5. 推荐系统

推荐系统是根据用户的历史行为和喜好，利用机器学习和数据分析技术为用户推荐相关内容，如电影、音乐、商品等，推荐系统在生活中的实际应用非常广泛，包括电影推荐、音乐推荐、商品推荐、新闻推荐和社交媒体推荐等领域。这些应用可以根据用户的个性化需求和兴趣，为用户提供更好的内容和体验。例如，电商平台如京东、淘宝利用推荐系统分析用户的购买历史和浏览行为，然后根据相似用户的行为和偏好推荐相关的商品，帮助用户发现感兴趣的产品并提供更好的购物体验；新闻平台如今日头条等利用推荐系统分析用户的阅读历史和兴趣，然后根据相似用户的行为和偏好推荐相关的新闻和文章，帮助用户获取更加个性化的新闻内容。

除此之外，随着技术的不断发展，人工智能还在游戏、医疗诊断、金融、自动驾驶、工业自动化等各个领域发挥重要作用。

1.2　人工智能发展简史

1.2.1　人工智能的发展史

1. 人工智能的诞生（20世纪40—50年代）

20世纪40至50年代是人工智能领域的重要时期，以下是该时期人工智能发展的重要事件：

1950年，英国数学家、逻辑学家和密码学家艾伦·图灵（见图1-4）提出图灵测试。按照图灵的定义，如果一台机器能够与人类展开对话而无法被辨别出其机器身份，那么称这台机器具有智能。图灵还在同一年预言了创造具有真正智能的机器的可能性。

图1-4　艾伦·图灵

1954年，美国人乔治·戴沃尔设计了世界上第一台可编程机器人，这是人工智能领域的里程碑之一。这台机器人名为“UNIMATE”，主要用于执行工业生产线上的简单任务，如搬运和焊接。

1956年，达特茅斯会议和人工智能诞生。1956年夏天，美国达特茅斯学院举行了历史上第一次人工智能研讨会，被认为是人工智能正式诞生的标志。

这些事件标志着人工智能领域在20世纪40年代至20世纪50年代的早期发展。图灵测试的提出和达特茅斯会议的召开，为人工智能的研究和探索奠定了基础，并引领了之后人工智能领域的发展。

2. 人工智能的黄金时代（20世纪50—70年代）

20世纪50至70年代是人工智能的黄金时代，以下是该时期人工智能发展的重要事件：

1966年，世界上第一个聊天机器人ELIZA发布。美国麻省理工学院的魏泽鲍姆发布了世界上第一个聊天机器人ELIZA。ELIZA的智能之处在于她能通过脚本理解简单的自然语言，并能产生类似人类的互动。ELIZA通过模仿心理治疗师的对话方式，与用户进行对话，引发了人们对人工智能在语言处理和人机交互方面的兴趣。

1968年，计算机鼠标发明。美国加州斯坦福研究所的道格·恩格尔巴特发明了计算机鼠标。这项发明标志着人机交互领域的重要进展，使得用户可以通过直观的手势来控制计算机操作。此外，恩格尔巴特还构想出了超文本链接的概念，奠定了现代互联网的基础。

1972年，首台人工智能机器人Shakey诞生。美国斯坦福国际研究所研制出了世界上首台采用人工智能的移动机器人，名为Shakey。Shakey具备移动、感知和推理的能力，可以在实验室环境中执行一系列任务，如导航、搬运和避障等。Shakey被认为是人工智能领域的里程碑，对后来的移动机器人的研究和发展产生了深远的影响。

这些事件标志着人工智能在20世纪50年代至20世纪70年代取得了重要的进展。Shakey机器人的诞生展示了人工智能在移动机器人领域的潜力，ELIZA的发布展示了人工智能在语言处理和人机交互方面的能力，计算机鼠标的发明则推动了人机交互领域的发展。这些事件为人工智能的进一步研究和应用奠定了基础，也为后来的人工智能技术发展提供了重要的启示。

3. 人工智能的低谷期（20世纪70—80年代）

20世纪70至80年代是人工智能的低谷时期，以下是该时期人工智能发展的主要特点和挑战：

在20世纪70年代初，人工智能遭遇了瓶颈。当时计算机的内存容量和处理速度非常有限，无法解决实际的人工智能问题。人工智能的研究者们意识到，要求程序具备与儿童水平相当的认知能力是非常困难的。他们发现，要构建一个能够拥有丰富信息的巨大数据库的程序是不可行的，也没有办法让程序学习到这么多的信息。由于缺乏进展，许多支持人工智能研究的机构，逐渐停止了对无方向的人工智能研究的资助。这一时期，人工智能面临的主要挑战是计算能力的限制、知识获取的困难以及缺乏有效的算法和方法。计算机的处理速度和存储能力无法满足复杂的人工智能任务的需求，这导致了人工智能研究的停滞。同时，人工智能需要大量的知识和数据来进行推理和学习，但如何有效地获取和组织这些知识仍然是一个挑战。此外，缺乏有效的算法和方法，也限制了人工智能的进一步发展。尽管人工智能在这一时期遇到了困境和挑战，但这段低谷时期也为人工智能的未来发展奠定了基础。研究者们从失败中吸取经验教训，逐渐明确了人工智能研究的方向和目标，为后来的人工智能技术发展奠定了基础。

4. 人工智能的繁荣期（1980—1987年）

1980年至1987年是人工智能的繁荣期，以下是该时期人工智能发展的主要特点和事件：

1981年，日本研发人工智能计算机。日本经济产业省拨款8.5亿美元用于研发第五代计算机项目，这个项目被称为人工智能计算机。该项目的目标是开发具备人工智能能力的计算机系统。随后，英国和美国纷纷响应，也开始向信息技术领域的研究提供大量资金，推动了人工智能的研究和发展。

1984年，启动Cyc（大百科全书）项目。在美国，由道格拉斯·莱纳特领导，启动了Cyc项目。该项目的目标是构建一个巨大的知识库，使人工智能的应用能够以类似人类推理的方式工作。Cyc项目采用了逻辑推理和知识表示的方法，致力于构建一个广泛而深入的人工智能系统。

1986年，3D打印机问世。美国发明家查尔斯·赫尔（见图1-5）制造出了人类历史上首个3D打印机。这一发明标志着人工智能在制造业领域的重要进展。3D打印技术的出现使得设计师和制造商能够以更快、更便宜、更灵活的方式制造物品，为制造业带来了巨大的变革。

这些事件标志着人工智能在1980年至1987年期间的繁荣。日本研发人工智能计算机项目的启动，推动了人工智能在世界范围内的研究和发展。Cyc项目的启动则推动了人工智能在知识表示和推理方面的进展。3D打印机的问世，则为人工智能在制造业领域的应用开辟了新的可能性。这些事件促进了人工智能技术的研究和应用，为后来的人工智能发展奠定了基础。

图1-5　3D打印之父查尔斯·赫尔

5. 人工智能的寒冬（1987—1993 年）

1987 年至 1993 年是人工智能的寒冬，以下是
该时期人工智能发展的主要特点和事件：

“AI 之冬”一词由经历过 1974 年经费削减的研究者们创造出来。他们注意到了对专家系统的狂热追捧，预计不久后人们将转向失望。事实被他们不幸言中，专家系统的实用性仅仅局限于某些特定情景。

到了 20 世纪 80 年代晚期，美国国防部高级研究计划局（DARPA）的新任领导认为人工智能并非“下一个浪潮”，拨款将倾向于那些看起来更容易出成果的项目。这导致了对人工智能研究的资金大幅削减，许多人工智能项目被迫终止或缩减规模。

在这个寒冬时期，人工智能面临的主要问题是实用性和可行性。专家系统虽然在某些特定领域有一定的应用，但并没有实现广泛的商业应用。人们开始怀疑人工智能的可行性和潜力，对其产生了失望情绪。此外，人工智能研究中的一些技术和方法也暴露出了局限性。例如，基于规则的推理系统在处理复杂的现实世界问题时面临困难，机器学习算法在数据量和计算能力方面受到限制。人工智能的寒冬期虽然对该领域的发展造成了一定的阻碍，但也促使研究者们反思以往的工作，寻找新的方向和方法。在这个时期，一些研究者继续坚持并深入研究人工智能，为后来的人工智能复苏奠定了基础。

6. 人工智能的春天（1993 年至今）

1993 年至今是人工智能的春天，以下是该时期人工智能发展的主要特点和事件：

1997 年，计算机深蓝战胜国际象棋世界冠军。1997 年 5 月 11 日，IBM 公司的计算机“深蓝”战胜国际象棋世界冠军卡斯帕罗夫，成为首个在标准比赛时限内击败国际象棋世界冠军的计算机系统。这一事件引起了广泛的关注，被认为是人工智能取得的重大突破，标志着人工智能在智力游戏领域的能力超越了人类专家。

2006 年，深度学习崛起。2006 年，加拿大研究者乔夫里·辛顿和埃里克·奥尔森等人提出了深度学习的概念，并在语音识别和图像识别等领域取得了突破性成果。深度学习是一种基于人工神经网络的机器学习方法，通过多层次的神经网络结构进行特征提取和模式识别，为人工智能的发展提供了强大的技术支持。

2011 年，IBM 的沃森赢得“危险边缘”比赛。沃森通过自然语言处理和大数据分析等技术，在知识问答方面超越了人类选手，展示出了人工智能在语义理解和推理方面的能力。

2016 年，AlphaGo 战胜围棋世界冠军。2016 年 3 月，谷歌 DeepMind 开发的人工智能系统 AlphaGo 战胜了围棋世界冠军李世石，引起了全球范围内的轰动。AlphaGo 采用了深度学习和强化学习的方法，通过自我对弈和大量数据的训练，掌握了围棋的高级策略和判断能力，成为首个击败顶级人类围棋选手的人工智能系统。

这些事件标志着人工智能在 1993 年以来，通过计算机深蓝战胜国际象棋世界冠军和 AlphaGo 战胜围棋世界冠军等里程碑性的成就，人工智能展示出了超越人类的智能和能力。深度学习的崛起为人工智能的发展提供了强大的技术基础，使得人工智能在语音识别、图像识别和自然语言处理等领域取得了重大突破。这些事件促进了人工智能技术的普及和应用，为人工智能的未来发展打下了坚实的基础。

1.2.2 人工智能大事记

人工智能从提出“机器人三定律”到智能机器人的诞生，从家用机器人到人工智能通过图灵测试，再到 AlphaGo 的胜利，人工智能在不同领域取得了重要的进展和突破，为人工智能的发展铺平了道路，以下是人工智能的大事记：

1942 年，阿西莫夫提出“机器人三定律”。美国科幻巨匠阿西莫夫在他的科幻小说中提出了“机器人三定律”，包括：①机器人不得伤害人类或因不采取行动而允许人类受到伤害；②机器人必须服从人类的命令，除非这些命令与第一定律冲突；③机器人必须保护自己，但不能违反前两条定律。这些定律后来成为学术界默认的研发原则。

1956 年，达特茅斯会议，人工智能的诞生。达特茅斯学院举办了人工智能的夏季研究计划会议。

1959 年，第一代机器人出现。德沃尔与美国发明家约瑟夫·英格伯格联手制造出第一台工业机器人。随后，成立了世界上第一家机器人制造工厂——Unimation 公司。

1965 年，研究“有感觉”的机器人。约翰·霍普金斯大学应用物理实验室研制出 Beast 机器人。Beast 已经能通过声呐系统、光电管等装置，根据环境校正自己的位置，开启了对“有感觉”的机器人的研究。

1968 年，世界第一台智能机器人诞生。

2002 年，家用机器人诞生。美国 iRobot 公司推出了吸尘器机器人 Roomba，它能避开障碍，自动设计行进路线，还能在电量不足时，自动驶向充电座。

2014 年，机器人首次通过图灵测试。在英国皇家学会举行的“2014 图灵测试”大会上，聊天程序“尤金·古斯特曼”（Eugene Goostman）首次通过了图灵测试，表现出了具有误导和模仿人类的能力，预示着人工智能进入全新时代。

2016 年，AlphaGo 打败人类。

1.3 人工智能研究的领域

1.3.1 人工智能研究领域

人工智能是一门研究如何使计算机能够模拟人类智能的学科。人工智能研究领域涵盖了广泛的主题和技术，以下是一些重要的研究领域：

（1）机器学习（machine learning）。机器学习是人工智能的核心领域之一，研究如何通过给计算机提供大量数据和算法，使其能够自动学习和改进性能。机器学习可以分为监督学习、无监督学习和强化学习等不同类型。

（2）深度学习（deep learning）。深度学习是机器学习的一个子领域，通过使用多层神经网络模型来学习和表示数据的复杂特征。深度学习在计算机视觉、自然语言处理等领域取得了重大突破。

（3）自然语言处理（natural language processing，NLP）。自然语言处理是研究如何让计算机能够理解和处理人类自然语言的技术，主要任务包括语义分析、情感分析、机器翻译、问答系统等。

（4）计算机视觉（computer vision）。计算机视觉是研究如何使计算机能够理解和分析图像和视频的技术。计算机视觉的应用包括图像识别、目标检测、人脸识别、图像生成等。

（5）语音识别（speech recognition）。语音识别是研究如何让计算机能够识别和转录人类语音的技术。语音识别在语音助手、语音命令等方面有广泛应用。

（6）专家系统（expert systems）。专家系统利用知识库和推理引擎来模拟人类专家解决问题的方法。专家系统广泛应用于诊断、咨询和决策支持等领域。

（7）机器人学（robotics）。机器人学研究设计、制造和控制机器人的技术。机器人学涉及感知、导航、控制和人机交互等方面，旨在实现智能机器人的开发。

（8）强化学习（reinforcement learning）。强化学习是一种让计算机通过与环境互动来学习最佳行为策略的方法。强化学习常应用于游戏、自动驾驶等领域。

（9）知识表示与推理（knowledge representation and reasoning）。研究如何表示和处理知识的技术，包括语义网、本体论、逻辑推理等。

（10）人工智能伦理（AI ethics）。研究AI技术的道德、法律和社会影响，关注数据隐私、算法偏见、责任归属等问题。

这些研究领域相互关联，共同构成了人工智能的综合性学科。在实际应用中，人工智能常常结合多个领域的方法和技术，以解决复杂的现实问题。

1.3.2　人工智能的研究方法

人工智能的研究方法可以大致分为两类：符号处理方法和子符号方法。

1. 符号处理方法

符号处理方法基于物理符号系统假设，主要是通过逻辑推理和知识表示来模拟人类的思维过程。这类方法使用逻辑语句来表达问题域的知识，并通过逻辑推理来推导出问题的解决方案。符号处理方法通常包括以下阶段：知识阶段（描述问题域的知识）、符号阶段（以符号组织表示知识和操作）以及实施阶段（进行符号处理）。符号处理方法通常是自上而下的设计方法，从知识阶段向下到符号和实施阶段。

2. 子符号方法

子符号方法通常是自下而上的方式，从最低层阶段向上构建。这类方法强调模仿生物进化过程，通过模拟简单生物的行为来逐步构建智能系统。子符号方法注重符号基础，其中一种常见的方法是神经网络，它模拟生物神经元的连接和活动。其他子符号方法包括基于控制理论和动态系统分析的方法，以及基于环境自动机的方法。这些方法强调系统与环境的相互作用和适应性。

这两类方法在人工智能研究中都有重要意义。符号处理方法强调知识和推理的表示，适用于基于规则和逻辑的问题。子符号方法强调从底层构建智能系统，注重学习和适应能力。两种方法可以相互补充，在不同的问题领域中有不同的应用。同时，随着人工智能的发展，还出现了许多其他的方法和技术，如深度学习、强化学习等，丰富和拓展了人工智能的研究方法。

1.4 人工智能与机器学习

科学技术的发展日新月异，信息化时代已经到来。在信息化的进一步发展中，智能技术的支持是必不可少的。自1956年正式提出“人工智能”一词以来，人工智能领域吸引了无数研究人员投入其中。机器学习是研究计算机如何模拟或实现人类的学习行为，以获取新的知识或技能，重新组织已有的知识结构以不断改善自身性能的领域。随着机器学习的发展，还出现了各种不同类型的学习方法，如监督学习、无监督学习和强化学习等。监督学习是指使用有标签的训练数据来训练模型，使其能够预测新的输入数据的标签。无监督学习是指使用无标签的训练数据来训练模型，使其能够发现数据中的隐藏结构和模式。强化学习是一种通过试错的方式来学习最佳行为策略的方法，它通过与环境的交互来获得奖励和反馈，从而优化行为策略。

1.4.1 机器学习系统的定义

学习是人类具有的一种重要智能行为，但究竟什么是学习，长期以来众说纷纭。不同学科领域的学者对学习有各自的看法，包括社会学家、逻辑学家和心理学家。至今，关于机器学习的定义仍然没有统一的共识，并且很难给出一个公认的和准确的定义。

Langley（1996）将机器学习定义为“一门人工智能的科学，该领域的主要研究对象是人工智能，特别是如何在经验学习中改善具体算法的性能”。他强调了机器学习是人工智能领域的一门学科，主要关注的是通过经验学习来改善算法的性能。

Mitchell（1997）在其著作 *Machine Learning* 中将机器学习定义为“对能通过经验自动改进的计算机算法的研究”。他将机器学习视为研究如何通过经验和数据来自动改进计算机算法的过程。

Alpaydin（2004）提出了自己对机器学习的定义，他认为机器学习是“用数据或以往的经验，以此优化计算机程序的性能标准”。他强调了使用数据和过去的经验来优化计算机程序的过程。

顾名思义，机器学习是研究如何使用机器来模拟人类学习活动的一门学科。稍微严谨一些的定义是：机器学习是一门研究机器获取新知识和新技能，并识别现有知识的学问。这里所说的“机器”指的是计算机。总而言之，机器学习是一门研究如何使计算机能够通过经验和数据自动改进算法性能的学科。它关注的是如何让计算机具备获取新知识和技能的能力，并能够识别和应用已有的知识。机器学习的定义可能因学者之间的观点和研究重点而有所不同，但其核心目标是通过机器来模拟人类学习的过程。

1.4.2 深度学习的应用领域

深度学习的应用领域非常广泛，以下是一些常见的深度学习应用领域和对应的模型：

图像识别和计算机视觉：卷积神经网络（convolutional neural network，CNN）是最常用的深度学习模型，用于图像分类、目标检测、人脸识别等任务。

语音识别：循环神经网络（recurrent neural network，RNN）和其变种广泛应用于语音识别和语音合成领域。

自然语言处理：深度学习在自然语言处理领域有许多应用，包括文本分类、语义分析、机器翻译等。循环神经网络和注意力机制（如 transformer）是其中常用的模型。

推荐系统：深度学习可以用于个性化推荐和推荐算法的优化，例如使用深度神经网络模型对用户行为和兴趣进行建模。

医学影像分析：深度学习模型在医学影像分析中取得了显著的成果，包括肺癌检测、病理切片分析等。

金融领域：深度学习可以应用于金融风险评估、股票预测等任务，帮助进行数据分析和决策支持。

自动驾驶：深度学习在自动驾驶领域有广泛应用，包括图像识别、对象跟踪、路径规划等。

游戏和虚拟现实：深度强化学习模型可以用于训练智能体在虚拟环境中进行游戏和任务。

人工创作：深度学习模型可以用于图像生成、音乐创作等任务，如生成对抗网络（GAN）可以生成逼真的图像和音频。

总之，深度学习在许多领域都有广泛的应用。随着技术的不断进步和研究的深入，深度学习模型的应用领域还将不断扩展和创新。

1.4.3 机器学习的发展

机器学习是人工智能研究较为年轻的分支，其发展经历了四个时期：

（1）热烈时期（20世纪50年代中叶到20世纪60年代中叶）。在这个时期，机器学习开始引起广泛的研究兴趣和热情。学者们开始探索和研究机器学习的基础理论和方法，如感知器和逻辑回归等。此时，机器学习还处于初级阶段，研究集中在模式识别和自动学习等领域。

（2）冷静时期（20世纪60年代中叶到20世纪70年代中叶）。在这个时期，机器学习进入了一个相对冷静的阶段。由于早期机器学习方法的局限性和实际应用的困难，学术界对机器学习的研究兴趣有所降低。然而，这个时期也为机器学习的发展奠定了基础，一些重要的理论和算法被提出和发展，如决策树和贝叶斯分类器。

（3）复兴时期（20世纪70年代中叶到20世纪80年代中叶）。在这个时期，机器学习重新兴起，并取得了一系列的突破。学者们开始关注更复杂的学习方法和模型，如神经网络和遗传算法等。此时，机器学习开始应用于更广泛的领域，如语音识别、计算机视觉和自然语言处理等。

（4）最新阶段（1986年至今）。从1986年开始，机器学习进入了一个新的阶段。在这个阶段，机器学习作为一门独立的学科逐渐形成，并在高校中设立了相关的课程。此外，集成学习系统、符号学习的耦合、统一性观点等新的研究方向和理论观点也开始兴起。同时，各种学习方法的应用范围不断扩大，一些学习方法已经形成商品，并在实际应用中取得了成功。

机器学习的发展意义主要体现在以下这些方面：首先，机器学习具有惊人的学习速度，能够从大规模数据中快速学习和发现规律；其次，机器学习可以将学习不断延续下去，避免了大量的重复学习，使得知识的积累达到新的高度；最后，机器学习有利于知识的传播，通过机器学习可以将专家的知识和经验传递给更广泛的群体，推动知识的共享和应用。

总之，机器学习作为人工智能的重要分支经历了热烈时期、冷静时期、复兴时期和最新阶段的发展。随着技术的不断进步和应用的广泛推广，机器学习在各个领域的应用前景越来越广阔，并对人工智能的研究和发展产生了深远的影响。

1.4.4 神经元与感知机

1. 感知机

感知机是一种最简单的神经网络单元，它模拟了生物神经元的工作原理。一个感知机单元有输入、输出，信号从输入流向输出。它由三个参数构成，分别是权重（weight）、偏置（bias）和激活函数（activation function）。权重和偏置是感知机学习的关键参数，它们用来控制输入信号对输出的影响。权重表示每个输入信号的重要性，偏置表示对输出的整体偏移。这些参数通过训练过程从数据中学习得到，以使感知机能够准确地进行分类或回归任务。

激活函数是感知机的非线性部分，它将输入信号进行非线性变换，并将结果作为输出。在感知机中，常见的激活函数是符号函数（sign function），其定义为$f(x)=\text{sign}(w\cdot x+b)$，其中$w\cdot x$表示输入信号与权重的点积，$b$表示偏置。符号函数将输入信号的加权和与偏置进行比较，并根据结果返回-1或+1作为输出。在感知机中，输入可能有很多个，为了方便表示，可以使用矩阵来表示输入和权重。假设输入为x，权重为w，那么输入和权重的乘积可以表示为它们的点积。具体而言，如果x和w都是n维向量，则它们的点积为$w\cdot x=w_1x_1+w_2x_2+\cdots+w_nx_n$，如图1-6所示。

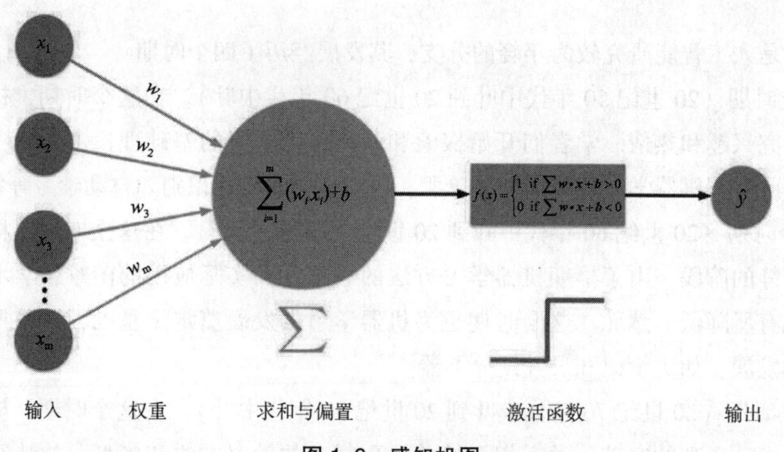

图1-6 感知机图

感知机可以看作是线性函数和激活函数的组合。线性函数是通过权重和偏置的线性组合计算得到的输出，而激活函数则对线性函数的结果进行非线性变换，得到最终的输出。

2. 激活函数的作用

激活函数是神经网络模型中非常重要的一个组成部分，其作用是将神经元的输入信号进行非线性变换，并计算出神经元的输出。激活函数的引入可以使神经网络模型具有更强的表达能力和适应性，从而提高模型的性能和效果。具体来说，激活函数主要有以下作用：

（1）引入非线性：神经网络模型本质上是一种非线性函数拟合器，激活函数的引入可以使神经网络模型具有更强的表达能力和适应性，可以处理更加复杂的任务。线性函数的组合只能产生线性变换，而非线性激活函数能够引入非线性变换，使神经网络能够学习和表示更复杂的模式和特征。

（2）实现神经元的激活和抑制：激活函数可以对神经元的输入信号进行加权和阈值判定，从而实现神经元的激活和抑制。通过设置适当的阈值，激活函数可以控制神经元的激活程度，使得神经元能够对不同的输入产生不同的输出。

（3）去除线性相关性：如果神经网络模型中没有激活函数，则所有的神经元之间都是线性相关的，这会导致模型的表达能力受到限制。通过引入非线性激活函数，可以打破神经元之间的线性相关性，使得神经网络能够学习和表示更加复杂的函数关系。

（4）解决梯度消失问题：在深层神经网络中，使用 sigmoid 函数等传统激活函数可能会导致梯度在反向传播过程中消失，使得模型的训练效果变差。一些新型的激活函数，如 ReLU 函数和 LeakyReLU 函数，能够有效地解决梯度消失问题，使得模型的训练更加稳定和高效。

常见的激活函数包括 Sigmoid 函数、Tanh 函数、ReLU 函数和 Leaky ReLU 函数、ELU 函数等。不同的激活函数具有不同的性质和应用场景，需要根据具体的任务需求来选择最合适的激活函数。在实际应用中，根据网络的层数和复杂度，也可以采用不同的激活函数组合来提高模型的性能和效果，如图 1-7 所示。

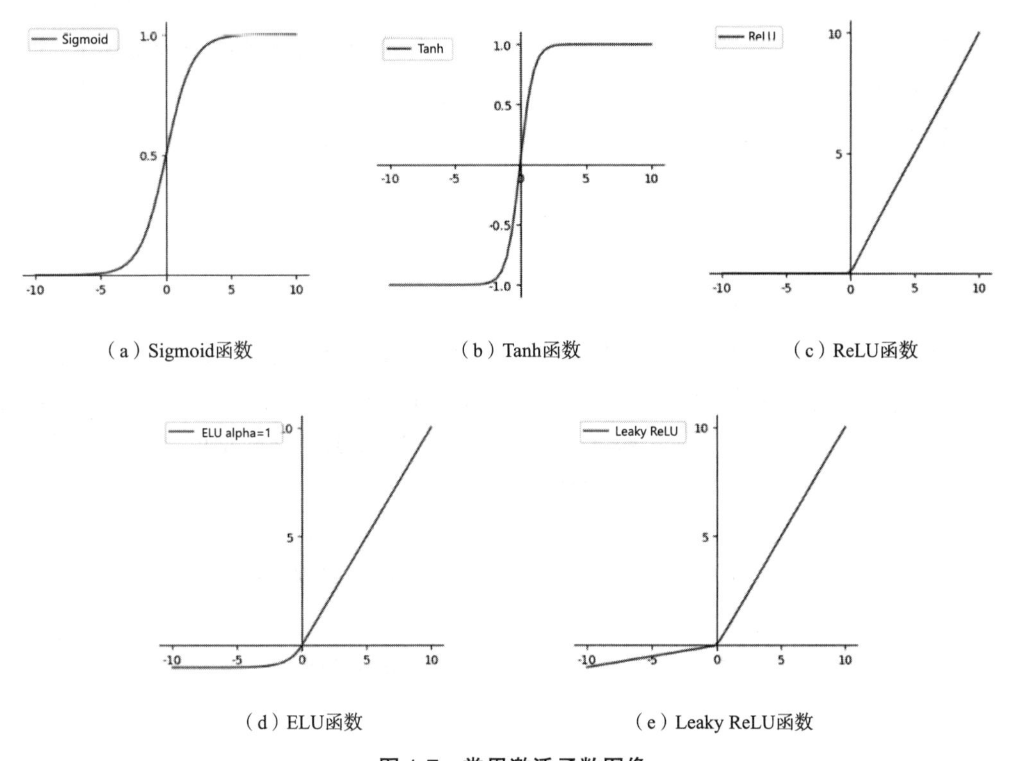

（a）Sigmoid函数 （b）Tanh函数 （c）ReLU函数

（d）ELU函数 （e）Leaky ReLU函数

图 1-7 常用激活函数图像

3. 多层感知机

多层感知机（multilayer perceptron，MLP）是一种前馈神经网络，其中多个神经元以全连接层次相连。它具有层次型结构，包括输入层、中间层（也称为隐层或隐藏层）和输出层。同一层的神经元之间互不连接，不同层之间通过连接权重进行顺序连接。MLP 最重要的特点是其能力具备万能逼近原理（universal approximation theorem）。这意味着 MLP 可以通过调整连接权重和偏置来逼近任何连续函数，只要给定足够数量的隐藏层神经元。这使得 MLP 成为一种强大的函数拟合器，能够处理复杂的非线性问题。

（1）逼近函数。

逼近函数是指通过神经网络模型来逼近某个函数的过程。其中，神经网络模型可以看作是一个函数逼近器，通过学习样本数据来调整模型参数，从而让模型逐渐趋近于真实函数。具体来说，逼近函数可以表示为

$$y = F(x) = f_3(w_3 f_2(w_2 f_1(w_1 x + b_1) + b_2) + b_3)$$

式中，x 表示输入数据；y 表示对应的输出结果；f_1、f_2 和 f_3 分别表示激活函数；w_1、w_2 和 w_3 表示连接权重；b_1，b_2，b_3 表示偏置。这个式子可以看作是一个三层神经网络模型，其中第一层为输入层，第二层为隐层，第三层为输出层。

在训练过程中，逼近函数通过反向传播算法来更新连接权重和偏置，以最小化预测输出与真实值之间的误差。反向传播算法通过计算输出层和隐藏层之间的梯度来调整连接权重和偏置。这样，逼近函数可以通过反复迭代优化过程来逐渐提高模型的拟合能力和预测性能。

（2）误差函数。

模型为 $y=F(x)$，训练集为 $D=\{x_i, y_i\}$，其中 x_i 是输入样本，y_i 是对应的真实输出值。

对于训练样本，模型的预测值为 $\hat{y}_i = F(X_i, w, b)$。模型的目标是让预测误差最小化，即找到最优的模型参数来使预测值与真实值之间的差距最小化。

假设解决回归问题，最常用的误差度量是均方误差（mean squared error，MSE），定义为

$$E = \frac{1}{n}\sum_{i=1}^{n}(y_i - \hat{y}_i)^2$$

其中，n 是训练集中样本的数量。

MSE 是一种衡量预测误差的度量方式，它计算了预测值与真实值之间的差距的平方，并对所有样本求和。通过最小化 MSE，可以使模型的预测值尽量接近真实值，从而提高模型的准确性。为了最小化 MSE，可以使用反向传播算法（backpropagation）来更新模型的参数，即通过计算预测误差对参数的梯度，然后使用梯度下降法来更新参数。这样，模型可以通过反复迭代优化过程来逐渐减小预测误差，提高模型的性能和效果。

（3）梯度下降法。

梯度计算和后向传播是用于更新神经网络模型参数的关键步骤。梯度下降法是一种基于梯度信息的优化算法，用于最小化目标函数。

在神经网络中，使用链式法则来计算梯度，通过将梯度从输出层向输入层传播，更新模型中的参数。

假设要计算某个参数 W 的梯度，根据链式法则，需要计算该参数对目标函数 E 的梯度，以及目标函数对中间变量的梯度。具体地，对于每个中间变量 f，需要计算 f 对前一个中间变量的梯度，并将其乘以前一个中间变量对参数 W 的梯度。

以一个简单的三层神经网络为例：

$$y = F(x) = f_3(W_3, f_2(W_2, f_1(W_1, x)))$$

要计算参数 W_1 的梯度，根据链式法则，可以表示为

$$\frac{dE}{dW_1} = \frac{dE}{df_3}\frac{df_3}{df_2}\frac{df_2}{df_1}\frac{df_1}{dW_1}$$

其中，dE/df_3表示目标函数对第三层输出的梯度；df_3/df_2表示第三层输出对第二层输出的梯度；df_2/df_1表示第二层输出对第一层输出的梯度；df_1/dW_1表示第一层输出对参数 W_1 的梯度。具体计算过程中，首先计算目标函数对输出的梯度 dE/df_3，然后将其乘以第三层输出对第二层输出的梯度 df_3/df_2，再乘以第二层输出对第一层输出的梯度 $df_2/(df_1)$，最后乘以第一层输出对参数 W_1 的梯度 df_1/dW_1。这样就得到了参数 W_1 的梯度。然后，可以使用梯度下降法来更新参数 W_1。梯度下降法的更新规则为

$$W^{t+1} = W^{t} - \eta_t \frac{dE}{dW}$$

其中，η_t 表示学习率，t 表示当前的迭代次数。通过反复迭代更新参数，可以逐渐减小目标函数的值，从而优化模型。总之，梯度计算和后向传播是用于更新神经网络模型参数的关键步骤。通过使用链式法则，可以计算出参数的梯度，然后使用梯度下降法来更新参数。这样，模型可以通过反复迭代优化过程来逐渐减小目标函数的值，提高模型的性能和效果。

逼近函数可以用来处理各种类型的数据，包括图像、文本、语音等。它是人工智能领域中最常用的模型之一，具有广泛的应用场景。

总之，逼近函数是指通过神经网络模型来逼近某个函数的过程。其中，神经网络模型可以看作是一个函数逼近器，通过学习样本数据来调整模型参数，从而让模型逐渐趋近于真实函数。在训练过程中，逼近函数通过反向传播算法来更新连接权重和偏置，以最小化预测输出与真实值之间的误差。

MLP 的层次型结构使得信息可以在网络中流动，每个神经元将收到上一层的输出作为输入，并通过激活函数进行非线性变换。中间层的神经元通过学习逐渐提取和组合输入数据中的特征，最终输出层的神经元将这些特征综合起来，产生最终的输出结果。在训练过程中，MLP 使用反向传播算法来更新连接权重和偏置，以最小化预测输出与真实值之间的误差。反向传播算法通过计算输出层和隐藏层之间的梯度来调整连接权重和偏置。这样，MLP 可以通过反复迭代优化过程来逐渐提高模型的拟合能力和预测性能。

MLP 是一种前馈神经网络，具有层次型结构，其中多个神经元以全连接层次相连。它可以通过调整连接权重和偏置来逼近任何连续函数，并且通过反向传播算法来训练和优化模型。这使得 MLP 成为一种强大的函数拟合器，能够处理复杂的非线性问题。

4. 多层感知机的问题的解决方法

多层感知机是一种常用的神经网络模型，它包含多个隐藏层和一个输出层。然而，多层感知机存在一些问题，包括目标函数的非凸性、局部最优值的问题以及梯度消失或梯度爆炸的问题。通过合适的初始化、正则化、优化算法的选择以及激活函数、批归一化、梯度裁剪等技术的应用，可以缓解这些问题，提高多层感知机模型的性能和效果。具体问题及解决方法如下：

（1）目标函数的非凸性。在多层感知机中，目标函数通常是非凸函数。非凸函数具有多个局部最优值，因此在优化过程中很容易陷入局部最优值而无法找到全局最优解。这意味着模型可能无法充分学习到数据的特征，导致模型的性能下降。其解决方法：使用随机初始化的参数，尝试不同的初始值，增加模型的多样性，提高跳出局部最优值的可能性。使用正则化技术来约束模型的复杂度，避免过拟合。使用更复杂的优化算法，如随机梯度下降的变种（如动量法、Adam 等）来避免陷入局部最优值。

（2）梯度消失或梯度爆炸问题。在多层感知机中，随着网络层数的增加，梯度可能会逐渐消失或爆炸。梯度消失意味着较早的层的参数更新速度非常慢，导致这些层无法有效地学习到数据的特征。梯度爆炸则意味着梯度值变得非常大，导致参数更新过大，使模型不稳定。其解决方法：使用合适的激活函数，如 ReLU（修正线性单元），能够缓解梯度消失问题，因为 ReLU 函数在正区间上具有非饱和性。使用批归一化技术，可以调整每层输入的分布，加速网络收敛减少梯度消失问题。

（3）使用梯度裁剪（gradient clipping）技术，限制梯度的范围，避免梯度爆炸问题。使用残差连接（residual connection）或跳跃连接（skip connection）等技术，能够增加信息的流动性，减少梯度消失问题。

1.5 人工智能与深度学习

1.5.1 深度学习系统的定义

深度学习系统是一种模仿人脑神经网络机制的机器学习系统，是通过建立和模拟人脑的学习过程来解释和处理数据。深度学习系统的核心思想是通过多层次的神经网络来组合低层特征，形成更加抽象的高层表示，以发现数据的分布式特征表示。深度学习系统的定义可以从以下几个方面进行描述：

（1）多层感知器结构。深度学习系统通常采用多层感知器的结构，其中包含多个隐层。这些隐层通过一系列的神经元节点进行连接和传递信息，每一层的输出作为下一层的输入。

（2）无监督学习和监督学习结合。深度学习系统通常采用无监督学习和监督学习相结合的方式进行训练。在无监督学习阶段，每一层的网络通过自我组织和自适应学习的方式进行训练，以学习到数据的隐含结构和特征。在监督学习阶段，使用标注的数据对整个网络进行调整和优化，以使得网络的输出能够准确地预测目标。

（3）分布式特征表示。深度学习系统通过组合低层特征，形成更加抽象和高层的特征表示。这些高层特征能够更好地表征数据的分布和属性，从而提高模型的性能和泛化能力。通过多个层次的特征表示，深度学习系统能够处理更加复杂和抽象的任务。

（4）逐层训练和迭代优化。深度学习系统采用逐层训练和迭代优化的策略。每一层网络通过无监督学习进行训练，将其训练结果作为高一层的输入。然后，通过监督学习对整个网络进行调整和优化，使得网络能够更好地拟合数据和预测目标。

1.5.2 深度学习的现状及发展

深度学习的现状及发展可以追溯到2006年，该领域在学术界和工业界持续升温，并取得了许多重要的进展。以下是深度学习的现状及发展的主要方面：

1. 学术界的热潮

深度学习在学术界引起了广泛的关注和研究兴趣。美国、加拿大和欧洲的许多顶尖大学和研究机构设立了深度学习实验室，并吸引了众多优秀的研究人员加入。深度学习的研究论文数量也持续增加，深度学习相关的国际会议如 NeurIPS、ICML 和 IJCAI 也吸引了越来越多的学者参与。

2. 工业界的广泛应用

深度学习在工业界的应用也取得了显著的进展。2010 年，美国国防部先进研究项目局首次资助深度学习项目，参与方包括斯坦福大学、纽约大学和 NEC 美国研究院等机构。2011 年，微软采用深度学习技术在语音识别领域降低了语音识别错误率 20% ～30%，这是该领域十多年来最大的突破性进展。深度学习在许多大型科技公司如微软和百度等的语音识别、图像识别、自然语言处理等领域得到广泛应用。

3. 应用爆发

2012 年，深度学习被应用于生物制药领域的分子药性预测、Google Brain 项目的建设、Google 和百度的语音识别突破，以及微软亚洲研究院的中英即时口译系统。这些突破为深度学习的发展奠定了重要基础，并为各个领域的应用带来了新的机遇和挑战，具体表现为以下几个方面：

（1）深度学习在生物制药领域的应用：著名生物制药公司默克将深度学习应用于分子药性预测问题。通过从各类分子中学习，深度学习系统能够发现潜在的药物分子，这一应用在世界范围内取得了最好的效果。这一突破为药物研发提供了新的可能性。

（2）Google Brain 项目的发展：Google Brain 项目利用 16 000 个处理器的服务器集群构建了一套具备自主学习能力的神经网络。这个庞大的网络拥有超过 10 亿个节点，能够从大量的输入数据中归纳出概念体系。这一技术的应用将在图片搜索、无人驾驶汽车和 Google Glass 等领域发挥重要作用。

（3）Google 和百度的语音识别突破：在 2012 年的 6 月，Google 公司的深度学习系统在识别物体的精确度上比上一代系统提高了一倍，并且大幅度削减了 Android 系统语音识别系统的错误率。百度引入深度学习以后，语音识别效果的提升超过了过去 15 年里业界所取得的成绩。这些突破为语音识别技术的发展带来了重大的进步。

（4）微软亚洲研究院的中英即时口译系统：微软亚洲研究院在 2012 年展示了中英即时口译系统，这一系统采用了深度学习技术。该系统的错误率仅为 7%，并且发音非常顺畅。这一成果为口译技术的发展提供了新的思路和方法。

4. 欧洲委员会发起了模仿人脑的超级计算机项目

2013 年，该项目投入 16 亿美元，由全球 80 个机构的超过 200 名研究人员共同参与。该项目的目标是在理解人类大脑工作方式方面取得重大进展，并推动更多能力强大的新型计算机的研发。从资助力度、项目范围和雄心而言，该项目可以媲美大型强子对撞机项目。在该项目中，研究人员试图模仿人脑的工作原理，探索神经网络和大规模并行计算等技术，以实现类似人脑的智能和学习能力。他们希望通过构建具有庞大规模和丰富连接的神经网络，使得计算机能够像人脑一样进行复杂的信息处理和学习。这一项目远远超出了当时的计算机技术水平，但其目标是为了推动计算机科学的发展并开辟新的研究方向。

1.5.3　深度学习的优势

与传统的机器学习算法相比，深度学习具有以下几个优势：

（1）自动特征提取：深度学习模型可以自动地从原始数据中提取出更高层次的特征表示，避免了手动设计特征的烦琐过程。传统的机器学习算法通常需要依赖领域专家手动提取特征，而深度学习可以通过多层网络自动学习到更抽象和有用的特征。

（2）非线性函数逼近：深度学习通过一种深层网络结构，实现复杂函数逼近。当隐层节点数目足够多时，具有一个隐层的神经网络可以任意精度逼近任意具有有限间断点的函数。而且，随着网络层数的增加，需要的隐含节点数目指数减小，从而减少了模型的复杂度。

（3）端到端学习：深度学习可以从原始输入直接学习到目标，中间的函数和参数都是可学习的。这种端到端的学习方式可以减少人工介入和手动调整的过程，提高了模型的效率和准确性。

（4）模型可扩展性：深度学习模型可以通过增加层数和参数来增加模型的复杂度，从而适应更加复杂的任务需求。深度学习模型可以通过增加隐层的数量和节点的数量，以及调整网络结构来提高模型的表达能力和性能。

（5）鲁棒性：深度学习模型的鲁棒性相对较强，能够处理一些噪声和不完整的数据。深度学习模型对于输入数据的变化和噪声的干扰具有较好的容忍性，从而提高了模型的泛化能力。

（6）可并行化：深度学习模型的训练可以通过 GPU 等硬件设备进行并行化加速，从而大大缩短模型的训练时间。深度学习模型具有大规模的参数量和计算量，利用并行计算的优势可以加速模型的训练过程。

综上所述，与传统的机器学习算法相比，深度学习具有自动特征提取、非线性函数逼近、端到端学习、模型可扩展性、鲁棒性和可并行化等优势。这些优势使得深度学习在处理大规模的复杂任务和大量数据时具有更好的性能和效果。

1.5.4 结论

深度学习作为核心信息技术引发了一场科技革命，将在多个领域催生变革和跨越式发展。首先，深度学习的应用将显著提升各类信息服务的质量，尤其是在自然语言、图片、声音识别和语言翻译等方面，准确率将大幅提升。未来的信息服务，特别是互联网信息服务的竞争，将集中于深度学习所带来的数据智能。深度学习的应用质量将对信息企业乃至国家的信息安全产生深远影响。其次，深度学习所带来的突破将推动下一代智能汽车的不断完善，尤其是在计算机视觉方面的发展。深度学习在生物和医药领域的应用，如蛋白质分析，也取得了重要成果。这些突破预示着深度学习不仅成为新一代信息科学研究的主流方法，还逐渐演变为一项核心通用技术和基础技术。深度学习在物联网、智能设备、自动驾驶汽车、生物制药、金融和经济调控等多个领域具有非常直接的现实意义。它有可能引爆新的经济增长点，并引导产业和经济社会的发展方向。因此，我们可以断言深度学习的应用绝不会局限于科技和经济领域，相信它将对社会管理、军事等更多领域产生深远影响。深度学习的应用前景广阔，将在各个领域带来创新和变革。

小 结

本章介绍了人工智能的起源和发展历程，研究领域和应用场景，以及机器学习和深度学习的概念。人工智能起源于20世纪50年代，经历了符号推理和专家系统到现代的机器学习和深度学习的发展阶段。研究领域包括自然语言处理、计算机视觉、机器学习、强化学习等，应用场景涵盖智能助理、自动驾驶、医疗诊断、金融风控等。机器学习通过从数据中学习和提取规律，实现自主决策和推理，包括监督学习、无监督学习和强化学习等方法。深度学习利用深层神经网络进行学习和训练，在计算机视觉、自然语言处理等领域取得重要进展。人工智能是研究人类智能的学科，研究领域广泛，应用前景广阔。

习　题

1. 什么是人工智能？
2. 人工智能的研究领域有哪些？
3. 人工智能、机器学习、深度学习三者是什么关系？
4. 深度学习获得发展的原因有哪些？
5. 多层感知机的缺点有哪些？
6. 激活函数的作用是什么？

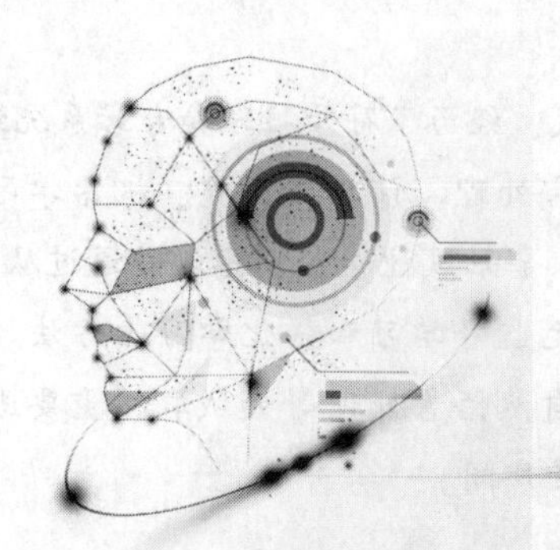

第 2 章

人工智能在各领域中的应用

【本章导学】

随着人工智能关键技术的不断突破，人工智能正在以惊人的速度飞速发展，其应用范围也与日俱增。它不仅在科技领域取得了突破性进展，而且在各个传统行业中正产生着深远的影响。医疗、交通、零售、农业、教育、娱乐等各个领域都在人工智能技术的引领下发生了巨大的转变，这种技术变革为社会带来了前所未有的便利和效率。本章将会详细介绍人工智能在医疗、交通、建筑、零售、农业等领域中的应用现状、应用案例和未来趋势。

【学习目标】

通过对本章内容的学习，读者应该能够做到：

1. 了解人工智能在医疗领域能够帮助医疗工作者解决哪些问题。
2. 了解人工智能是如何保证交通安全的。
3. 了解人工智能在建筑业中应用了哪些技术。
4. 了解人工智能在零售业中发挥了哪些作用。
5. 了解人工智能在农业发展中的重要性以及解决的难题。

2.1　人工智能在医疗领域中的应用

2.1.1　人工智能在医疗领域的应用现状

人工智能在医疗领域的应用越来越广泛，其强大的数据处理和学习能力为医疗行业带来了许多创新和改进，主要体现在以下几个方面：

1. 诊断和影像分析

人工智能技术可以对医学影像进行自动分析和智能化识别，辅助医生进行早期疾病诊断和治疗决策，以帮助提高医学诊断的准确性和效率。在这个领域，人工智能算法通过对大量的医学影像数据进行学习和训练，能够自动地、快速地识别和分析图像中的病变、异常和结构，并提供有价值的医学信息。例如，深度学习算法可以对 CT 扫描、MRI、X 射线等医学影像中的肿瘤、血管等结构进行自动分析和识别。

人工智能诊断和影像分析在医疗领域具有重要的意义和优势。首先，它能够大幅提高影像诊断的准确性和效率。传统的影像分析需要医生花费大量时间和精力，而人工智能算法可以在瞬间完成大规模的图像分析，并帮助医生快速发现病灶，从而有助于早期发现和诊断疾病，提高治疗的成功率。其次，人工智能诊断和影像分析可以降低医疗误诊率。由于医学影像数据复杂多变，有时可能出现医生因疲劳、经验不足或图像质量等原因造成的误判。而人工智能算法不受这些因素的影响，其对图像的解读具有客观性和一致性，有助于减少误诊情况的发生。此外，人工智能诊断和影像分析还为医学研究和临床实践提供了宝贵的数据支持。通过对大量医学影像数据进行整合和分析，人工智能可以发现潜在的病理特征、模式和趋势，为疾病的发病机制和治疗方案的制定提供重要参考。

然而，值得注意的是，尽管人工智能诊断和影像分析在医疗领域有着广泛应用和潜在优势，但它仍然需要与医生的临床判断相结合，形成一个完整的诊疗闭环。医生的临床经验和判断能力是不可替代的，而人工智能算法只是作为辅助工具来提供更精确、快速的影像分析结果，共同促进医学诊断的水平和质量。

2. 医疗决策和治疗

人工智能技术可以用来辅助医生进行医疗决策和治疗规划，通过对大量的医学数据进行深度分析和挖掘，利用人工智能从而生成更加精准和个性化的医疗建议和治疗方案，为医生提供更全面、准确的信息，帮助他们做出更明智的决策，提高患者的治疗效果和生存率。例如，利用机器学习算法可以对患者的病历、生命体征等数据进行分析，帮助医生预测患者的病情和风险，并制订更加有效的治疗方案。

在人工智能医疗决策方面，该技术可以根据患者的临床数据、病历和基因信息等，进行风险评估和疾病预测。通过分析患者的生理指标、症状表现和既往病史，人工智能可以辅助医生判断患者是否患有某种疾病，或者病情的严重程度。这种个性化的诊断和评估有助于医生更早地发现患者的疾病，从而采取更及时、有效的治疗措施。

在人工智能医疗治疗方面，该技术可以根据患者的特定病情和个体特征，为医生量身定制治疗方案。通过对大规模医疗数据的学习，人工智能可以识别不同疾病的最佳治疗方法，并预测患者对不同治疗方案的反应。这样的个性化治疗策略可以最大程度地提高治疗效果，同时减少不必要的药物使用和治疗风险。

然而，尽管人工智能在医疗决策和治疗方面展现出巨大的潜力，但其应用仍需谨慎和审慎。医生的专业知识和临床经验是不可替代的，而人工智能技术仅作为辅助工具，提供有益的参考。此外，人工智能医疗决策和治疗的过程中，隐私保护和数据安全也是必须要高度重视的方面，确保患者的医疗数据得到妥善保护和使用。

3. 药物研发和临床试验

人工智能技术可以对大量的药物数据进行分析和挖掘，从而加速和改进药物研发过程，并在临床试验阶段为新药的安全性和有效性进行一系列创新方法的评估。例如，利用深度学习算法可以预测药物的作用机制和副作用，为药物研发提供指导。这种融合了人工智能和医学领域的合作，为药物研发和治疗提供了前所未有的机遇。人工智能药物研发和临床试验的创新，不仅提高了药物研发的效率和成功率，还有助于降低药物开发的成本。

在药物研发过程中，人工智能技术可以在化学、生物学和药理学等方面发挥作用。通过对大规模的生物分子和化合物数据库进行智能筛选和模拟，人工智能可以辅助药物设计，加速寻找潜在的候选药物。此外，人工智能还可以预测分子结构和相互作用，优化药物的药理学性质，为药物研发过程提供有价值的线索和方向。

在临床试验阶段，人工智能技术能够在医学图像分析、患者数据管理和临床结果预测等方面发挥重要作用。它可以自动分析临床试验中的大量数据，快速发现患者群体中的响应模式和潜在风险，从而为临床试验的结果预测和决策提供科学依据。这种个性化的数据分析有助于加速新药的研发过程，缩短药物上市的时间，让更多患者早日受益于创新药物。

然而，尽管人工智能在药物研发和临床试验中展现出了巨大的潜力，但仍需克服一些挑战。隐私保护、数据安全和算法可解释性等问题需要得到妥善解决，以确保人工智能技术在药物研发和临床试验中的可信度和可靠性。

4. 健康管理和预防

人工智能技术可以用来实现个体化的健康管理和疾病预防，通过利用机器学习算法对个体健康数据的收集、分析、解读和预测，为个体提供个性化的健康管理方案和预防措施，以及早发现潜在的健康风险，从而更好地管理自身健康，降低慢性病的发病率和死亡率，进而提高人们的生活质量和促进健康。例如，利用机器学习算法可以对个人健康数据进行分析和预测，提供健康管理和预防方案。

在健康管理方面，个体的生理指标、健康行为和生活习惯等数据可以被智能设备和传感器实时监测和收集。通过对这些数据进行智能分析，人工智能可以了解个体的健康状态和风险，并根据个体的特征和需求，提供相应的健康管理方案。例如，基于个体的健康数据，人工智能可以制订合理的饮食计划、运动方案和睡眠建议，帮助人们养成健康的生活方式。

在预防方面，人工智能可以利用大数据和智能算法，对人群中的患病趋势进行预测和分析。通过分析大量的健康数据和流行病学信息，人工智能可以快速识别和预测潜在的疾病爆发和传播趋势，为公共卫生部门和医疗机构提供早期预警，从而采取及时有效的措施来控制疾病的传播和发展。

然而，人工智能在健康管理和预防中仍面临一些挑战，比如数据隐私和安全性等问题，需要制定相关政策和措施来确保个体健康数据的合法和安全使用。同时，普及人工智能技术和健康教育也是推进该领域发展的重要任务。

5. 分析医学数据

人工智能技术可以利用深度学习和机器学习等算法自动地从海量的医学数据中学习和提取特征，发现数据潜在的关联和规律，快速识别和分类医学影像，辅助病历文本的信息提取，进一步辅助医生进行疾病诊断和治疗方案的制定。例如，由于大量的健康数据和医疗记录，临床医生在提供以患者为中心的优质护理的同时，往往难以及时了解最新的医学进展。机器学习技术可以快速扫描医疗单位和医疗专业人员整理的电子病历和生物医学数据，为临床医生提供及时、可靠的答案及建议。

在医学领域，数据不断增长，其中涵盖了医学影像、病历数据等各类信息，往往这些数据中蕴含着宝贵的医学信息。然而，传统的数据分析方法面临着数据量庞大、复杂性高和数据关联性强的挑战，导致传统手动分析的效率和准确性受限。而恰恰是人工智能技术为医学数据的处理和分析提供了有效的解决方案。这不仅提高了医学数据分析的效率，更为临床决策和医学研究带来了新的可能性，为患者提供更精准、个性化的医疗服务。

然而，人工智能在医学数据分析中仍面临一些挑战。数据隐私、数据质量、算法可解释性等问题需要得到妥善解决，以确保医学数据的安全和准确性。此外，为了充分发挥人工智能在医学数据分析中的作用，还需要培养更多的专业人才，推动医工融合，促进医学和人工智能技术的紧密结合。

总的来说，人工智能在医疗领域的应用还处于不断探索和发展的阶段，但已经取得了一些令人瞩目的成果。人工智能在医疗领域的应用仍面临一系列挑战。面对这些挑战，一方面，需要加强数据隐私保护、算法可解释性、伦理和法律的规范，确保人工智能技术的安全性和可靠性；另一方面，需要政府、医疗机构、科研机构等多方合作，共同推动人工智能技术在医疗领域的应用，实现更好地为人类健康服务的目标。只有通过持续不断的探索和合作，才能进一步拓展人工智能在医疗领域的应用，为医疗行业带来更多新的机遇，并为人类健康服务做出更大的贡献。

2.1.2　人工智能在医疗领域的应用案例

1. 胸部 X 射线分析

X 射线和计算机断层扫描（CT）是诊断肺部疾病的两种重要医疗手段。这些医学图像为医生提供了诊断疾病的重要依据，使他们能够更精准地对患者进行病情诊断和治疗。正确解释医疗图像通常需要大量的诊断经验，在面对大量患者且时间紧迫的情况下，医生需要可靠的工具来帮助他们做出准确的预测并立即采取行动。正因如此，人工智能在这一领域发挥了巨大作用。

在胸部 X 射线分析中，先进的图像识别算法能够从 X 射线图像中识别出人眼难以察觉的异常，为医生提供更全面的图像分析。同时，机器学习技术能够快速对多个患者进行疾病诊断预测，并协助医生对患者进行分类和分诊，提高医疗资源的利用效率。图 2-1 为胸部 X 射线分析。

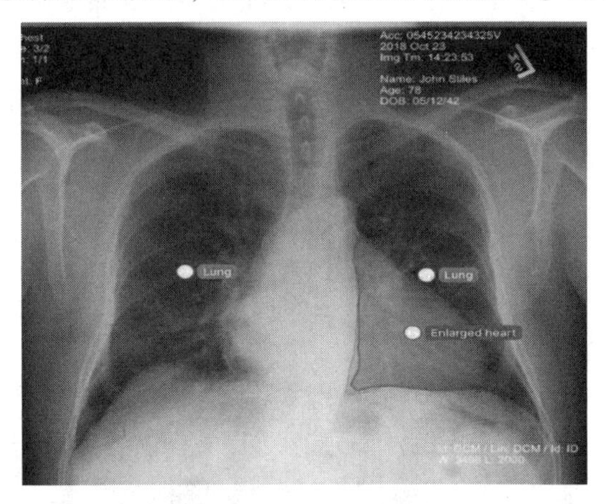

图 2-1　胸部 X 射线分析

2. 肺癌检测

最近的研究表明，AI 在胸部 X 光片中可以有效地检测出之前未被检测到的癌症病变。X 光片等医学图像通常包括大量的信息，而这些信息可能涵盖广泛的密度范围。然而，因为图像显示器的显示能力有限，普通的显示器往往无法同时满足如此广泛的密度范围。为了更好地观察医学图像中感兴趣的区域，医学专业人员经常使用“窗口化”技术，该技术通过动态调整图像的亮度和恢复，将感兴趣的密度范围映射到显示器可见的范围内。“窗口化”让人类和机器能够更加清晰地观察X射线中的细节，超出显示器让我们看到的颜色范围，更准确地识别和分析可能存在的异常或现象。图2-2为“窗口化”人类和机器能够看到X射线中的细节。

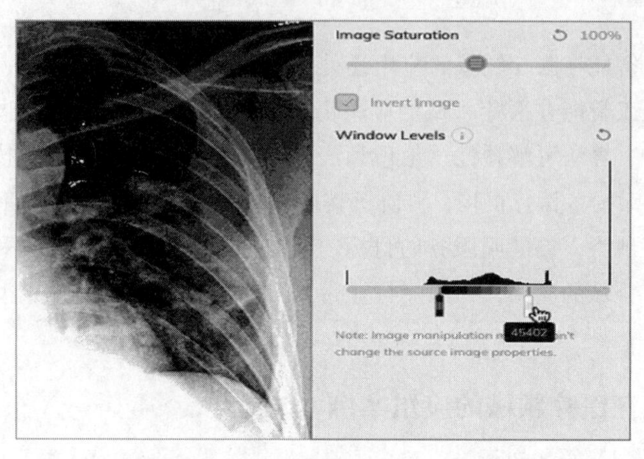

图2-2 “窗口化”人类和机器能够看到X射线中的细节

此外，来自首尔国立大学医院的临床研究人员发现，市面上的AI应用程序在第一次和第二次读取X光片时的表现优于由四名胸部放射科医生组成的团队。这一发现表明，AI在肺部癌症筛查中具有巨大潜力，可以提供更准确和可靠的诊断结果。通过利用AI技术，医疗保健行业能够进一步改善肺癌早期检测和治疗，从而提高患者的生存率和治疗效果。

3. 黑色素瘤检测

皮肤癌是所有癌症中最常见的类型之一，黑色素瘤是最罕见的类型。如果能够在其早期发现，高达86%的黑色素瘤皮肤癌类型是可以预防和治疗的。然而，早期黑色素瘤却很难与良性痣和其他恶性肿瘤区分开来，为了提高治疗黑色素瘤的早期检测准确率，人工智能成为一种有潜力的辅助检测手段。通过利用人工智能技术，可以在早期发现黑色素瘤，为医生提供重要的辅助信息，增加诊断的准确性以及及早治疗的机会。图2-3为人工智能辅助检测黑色素瘤。

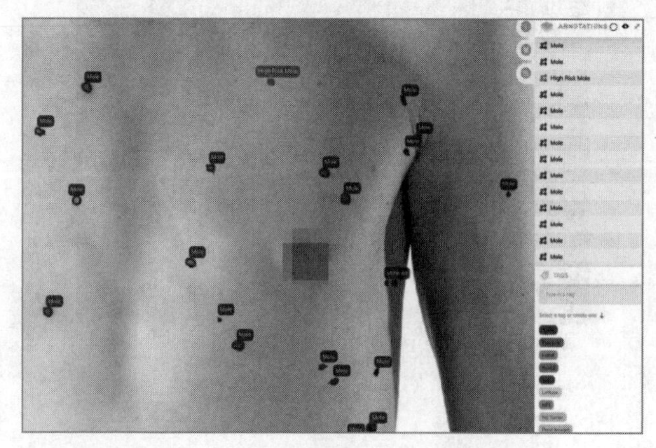

图2-3 人工智能辅助检测黑色素瘤

2019 年，研究人员使用基于卷积神经网络来分析皮肤镜医学成像数据集。训练完该模型后，他们将人工智能与 95 名皮肤科医生的表现进行了比较，研究结果显示，人工智能在该任务中，准确性与人类专家相当，此外，还发现该模型中的人工智能工具表现优于初级和中级皮肤科医生。图 2-4 为人工智能与皮肤科医生的结果准确性对比。

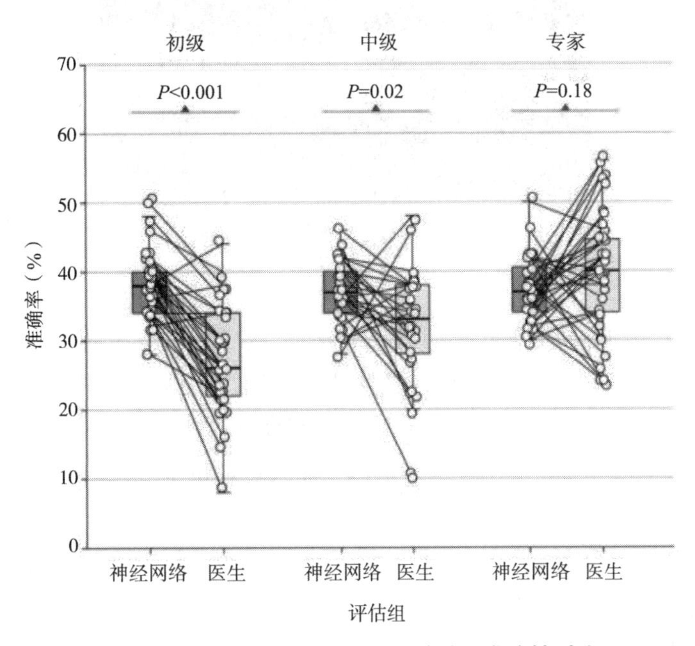

图 2-4 人工智能与皮肤科医生的结果准确性对比

4. CT 和 MRI 扫描分析

CT（computed tomography，计算机断层摄影）和 MRI（magnetic resonance imaging，磁共振成像）是常用的医学影像技术，用于对人体进行非侵入性的诊断和分析。

CT 扫描通过使用 X 射线和计算机算法产生具有不同密度和组织结构的体内横断面图像。它可以提供关于骨骼结构、器官形状和位置以及组织密度的详细信息。CT 扫描在检测和诊断肿瘤、骨折、出血和炎症等方面具有出色的成像能力。

MRI 扫描利用强磁场和无害的无线电波产生人体组织的详细图像。它提供了对器官、软组织和血管的高分辨率表征，对于检测、诊断和监测多种疾病非常有用。MRI 可以提供关于组织构造、病变位置和大小、血流以及脑功能等信息。它在神经科学、心血管病学、肿瘤学等领域有广泛的应用。

其中，MRI 脑部扫描质量增强，它是西班牙的一个科学小组开发了一种深度学习算法，用于提高 MRI 图像的分辨率。这项技术的目标是帮助医疗保健专业人员更准确地识别大脑的相关疾病，包括癌症、言语障碍和身体创伤等。

此外，还包括加速 MRI 图像的生成，它是由 Facebook AI 和 NYU Langone Health 合作开展的一项研究项目，它提供了一种使用 AI 创建 MRI 图像的新颖方法，使扫描过程快四倍。当将此类图像提供给放射科医生时，他们无法区分传统扫描和人工智能生成的扫描。图 2-5 为 CT 和 MRI 扫描分析。

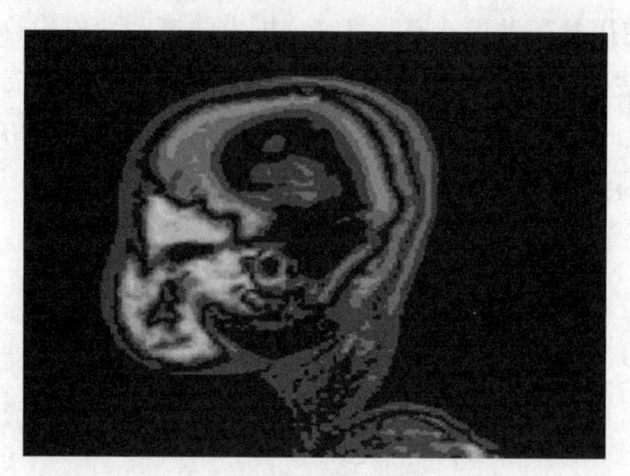

图 2-5 CT 和 MRI 扫描分析

5. 辅助乳腺癌检测

研究证明，乳腺癌的定期筛查对早期发现和及时治疗起着重要的作用，可以显著提高存活率。然而，广泛实施乳腺癌筛查计划也给放射科医生带来了更大的负担和挑战。欧盟乳房筛查指南设定的目标是邀请成员方中高达 70% ～75% 的符合条件的女性参与此类计划，这意味着参与筛查的患者数量将显著增加。这对于医疗保健专业人员来说是一个巨大的挑战，需要更智能、高效的决策支持工具来应对。

人工智能解决方案可以在临床环境中提供决策支持，帮助医疗保健专业人员处理大量的筛查图像和数据。它可以通过自动化图像分析和诊断，帮助识别异常的乳腺结构和病变，快速筛查出潜在的病变，提供更智能化的决策支持，帮助医疗保健专业人员更好地管理和应对乳腺癌筛查的挑战，减轻医生的负担，同时提高准确性和效率。图 2-6 为辅助乳腺癌检测。

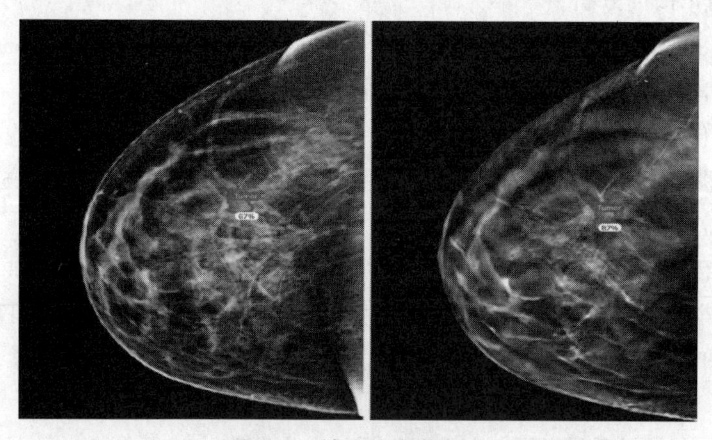

图 2-6 辅助乳腺癌检测

6. 数字病理研究

数字病理学是利用数字化技术和计算机科学的方法来识别、分析和解释病理学数据的学科。它是传统显微镜的新兴分支，使从业者能够虚拟化病理载玻片以进行更深入的分析。它将传统的病理学与数字图像处理、机器学习和人工智能等技术相结合，旨在提高病理学的准确性、效率和可靠性。图 2-7 为数字病理图像识别。

人工智能算法在数字病理学领域具有巨大潜力，可以提供以下方面的帮助：

（1）图像分析和解释：通过应用人工智能算法，可以自动分析数字病理图像，识别异常区域、细胞或组织结构，帮助病理学家快速定位感兴趣的区域，并提供事实依据和解释。

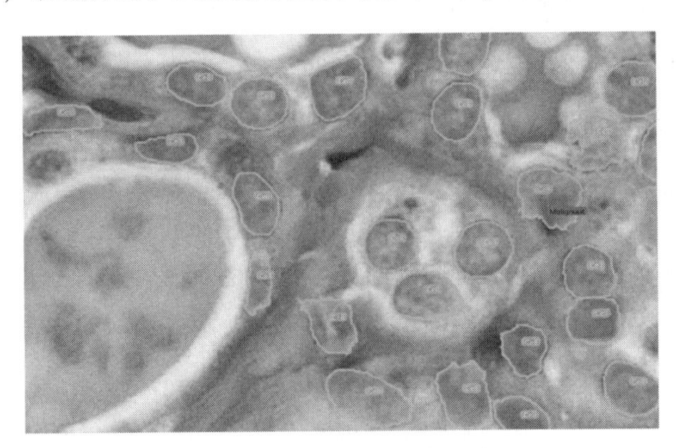

图 2-7　数字病理图像识别

（2）样本组织的详细检查：人工智能算法可以进行高级图像处理和分析，提供更详细的组织结构信息，帮助病理学家进行更全面的样本检查和评估。

（3）与早期病例匹配病理类型：使用机器学习算法，人工智能可以学习从大规模病理图像数据中的潜在模式，识别病例与早期病例的相似之处，提供辅助诊断和匹配的指导。

（4）诊断准确性和早期发现：人工智能算法可以辅助病理学家进行诊断，提供意见，并帮助提高准确性。此外，通过自动化的图像分析和筛查，人工智能可以帮助早期发现潜在的病变和疾病迹象，促进早期治疗和干预。

7. 自动化医疗保健中的行政任务

自动化系统在医疗保健的行政任务中发挥着重要作用，它是数字化医疗领域的一个重要趋势。通过自动化医疗保健中的行政任务，可以减轻医疗工作人员的负担，提高医疗机构的效率和准确性，改善患者的体验和医疗结果，推动医疗保健的创新和进步。图 2-8 为电子病历管理。

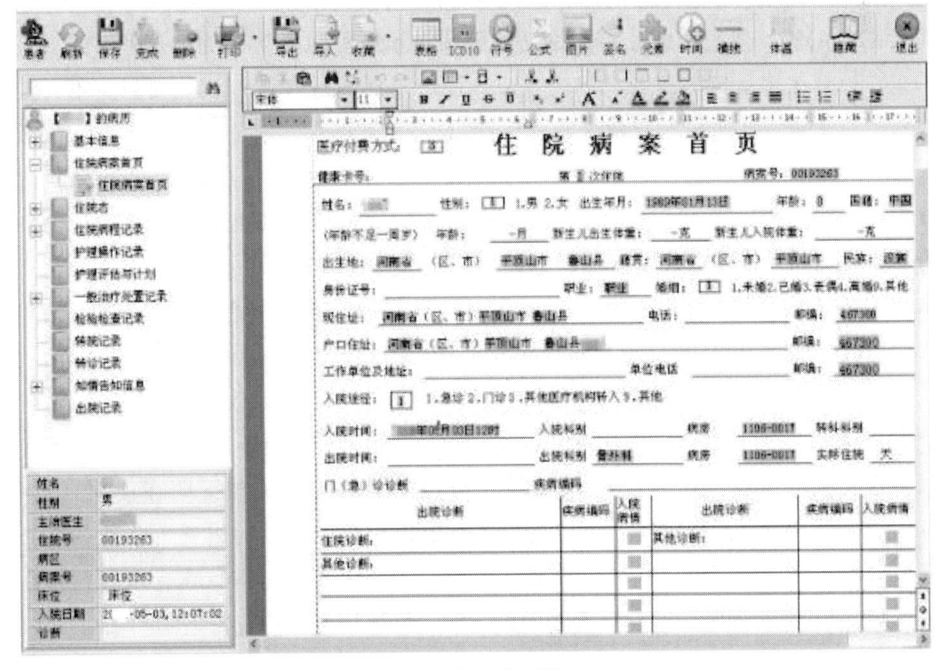

图 2-8　电子病历管理

机器学习和人工智能可以应用于行政任务和医疗管理领域的许多方面，以下是一些常见的示例：

（1）事先授权：机器学习可以应用于自动化事先授权流程。通过对历史数据的学习，系统可以自动判定哪些医疗服务需要事先授权，减少手动审核和处理的工作量，提高操作效率。

（2）医疗理赔管理：机器学习和人工智能可以应用于医疗理赔的自动化处理。通过分析患者的医疗记录和治疗方案，系统可以自动判断理赔申请的合理性和准确性，提高理赔的审核速度和准确度。

（3）病历管理：机器学习可以用于自动化的病历管理系统。通过自然语言处理和文本挖掘技术，系统可以自动识别和提取病历中的关键信息，整理和归档电子病历，方便医生和其他医疗工作者的查阅和使用。

（4）预约、安排和管理：机器学习和人工智能可以应用于预约和安排系统。通过学习每位医生或医疗资源的排班和可用性，系统可以智能地分配病患的预约请求，提高预约和安排的效率。

（5）临床记录创建和处理：机器学习和自然语言处理技术可以用于自动化的临床记录创建和处理。通过学习医学知识和样本数据，并结合医生的输入，系统可以自动创建和处理临床记录，减少医生的工作负担，提高记录的准确性和一致性。

8. 眼科医疗

研究表明，医疗保健系统在提供及时的眼科护理方面正承受着更大的压力。由于人口迅速老龄化，公共医疗系统始终无法保证患者能够及时获得医疗专家的帮助。这种情况可能导致患者无法及时获得眼科专家的帮助，延误诊断和治疗。

眼科治疗的延误会导致不可逆转的伤害，而这些伤害本可以通过早期诊断来避免。例如，视野缺损、视力下降和其他类型的眼病，如糖尿病视网膜病变（DR）、白内障、青光眼、年龄相关性黄斑变性（AMD）等。因此，早期诊断和干预对于这些眼科疾病的治疗非常重要。通过定期眼科检查，以及运用新技术和创新解决方案，促进早期发现和治疗，从而减少不可逆的视觉损害的风险。以下是一些眼科医疗常见的示例：

（1）糖尿病视网膜病变检测：2018 年，美国食品和药物管理局（FDA）批准了第一个用于自主诊断糖尿病视网膜病变的人工智能系统 IDx-DR，该系统使用眼底相机捕捉眼球并在一分钟内进行分析。临床试验表明，在检测患者糖尿病视网膜病变（DR）的早期征兆方面具有 87% 的敏感性和 90% 的特异性。敏感性表示 IDx-DR 能够准确检测出糖尿病患者中患有 DR 的早期征象的能力，而特异性表示 IDx-DR 能够准确排除没有 DR 早期征象的糖尿病患者。

（2）青光眼检测：2020 年进行的一项研究还指出，AI 方法可以改进青光眼诊断程序。该研究利用训练算法来分析 OCT（optical coherence tomography，光学相干断层扫描）图像和眼底照相，以预测青光眼的进展。在 OCT 图像和眼底照相上训练的算法被证明在使用来自单个 VF（visual field，视野）测试的数据时，可以更早更有效地检测青光眼的进展。通过 OCT 技术，眼科医生可以观察和评估视网膜、视神经头部等结构的各个层面和组织状态，以帮助诊断和治疗眼部疾病。VF 测试是一种常用的检测青光眼的方法，可评估患者的视野范围和视力损失。图 2-9 为用于早期青光眼检测的 OCT 图像。

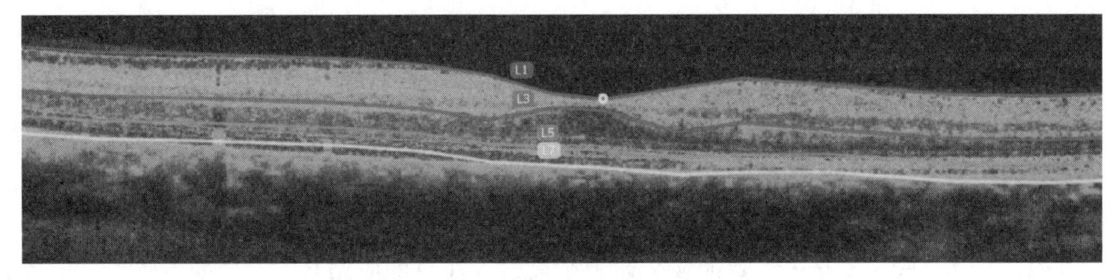

图 2-9　用于早期青光眼检测的 OCT 图像

（3）远程白内障治疗管理：由中国研究人员提出的一种用于远程白内障进展监测和干预的新系统。他们使用深度学习算法创建了一个基于智能手机的人工智能助手，患者可以使用它来办理登记手续。该算法可以分析白内障进展的变化，做出个性化预测，并帮助安排及时的就诊和检查眼睛进展。

2.1.3　人工智能在医疗领域的未来

随着技术的发展和数据的积累，新的人工智能技术和算法不断涌现，人工智能在医疗领域的未来发展前景广阔。以下是一些人工智能在医疗领域发展的潜在方向和应用：

（1）辅助诊断和预测：人工智能可以通过对大规模医疗数据的分析和学习，辅助医生进行快速和准确的诊断。它可以帮助医生提供更准确的疾病预测，并从患者的个体特征中提取有助于诊断和治疗决策的信息。

（2）个性化治疗：人工智能可以根据患者的个体特征、基因组学数据、医疗历史和临床数据，为患者提供个性化的治疗方案。它可以通过医学图像分析、基因组学数据解读等方式，帮助医生制订更有效的治疗计划，提高治疗效果。

（3）医疗数据分析和预测：人工智能可以对海量的医疗数据进行分析，从中发现新的知识、趋势和模式，帮助医疗机构和决策者进行决策和规划。它可以帮助预测疾病的流行趋势、优化资源分配、改进医疗服务等。

（4）机器人辅助手术：人工智能可以结合机器人技术，提供精确的手术辅助。它可以提供高精度的手术操作和导航，减少手术风险和损伤，提高手术成功率。

（5）远程医疗和远程监控：人工智能可以用于开发智能健康监测设备，监测患者的生理参数、活动和病情。它可以通过远程技术与医生和护士进行沟通，并提供远程诊断和监控，为患者提供更便捷和高效的医疗服务。

（6）医药研发和药物发现：人工智能可以加速药物研发过程，通过对大规模数据的分析和模拟，提供更高效的药物筛选和发现方法。它可以帮助寻找新的治疗靶点、预测药物副作用和相互作用，减少药物研发的时间和成本。

2.2　人工智能在交通领域中的应用

2.2.1　人工智能在交通领域的应用现状

在过去的几百年里，交通运输行业经历了多次变革和重大革命。从人类驯服马匹开始，到蒸汽机、电力和内燃机的发明，交通方式和运输工具的发展一直推动着人类社会的进步。如今，我们正处于人工智能在交通领域取得重大突破的阶段。

人工智能技术的发展为交通运输行业带来了巨大的变革和机遇。无论是通过提高可靠性的自动驾驶汽车、增强安全性的道路状况监控，还是优化效率的交通流量分析，人工智能都在交通行业大放异彩。

其中，自动驾驶技术是人工智能在交通领域最引人注目的应用之一。借助传感器、摄像头和先进的算法，自动驾驶汽车能够实时感知和分析道路状况，识别障碍物、交通标志和信号灯，从而安全地行驶。自动驾驶技术不仅能够提高驾驶安全性，减少交通事故，还能有效减少能源消耗和交通拥堵，提供更加高效、便捷的出行方式。

此外，深度学习和机器学习技术在交通领域也展现出巨大的潜力。交通领域的深度学习和机器学习技术有助于创建“智慧城市”，通过智能化的监控系统，可以实时监测车辆停留时间、违规停车情况、交通密度趋势等信息。基于这些数据，决策者可以更好地优化路网规划、交通信号控制和停车管理，提升整体交通效率和出行体验。

2.2.2 人工智能在交通领域的应用案例

1. 自动驾驶车辆

随着人工智能技术的不断进步和应用领域的不断扩展，自动驾驶将为我们的出行带来革命性的变化，并为交通运输行业带来巨大的改变。虽然面临着一些挑战，但这些技术的快速发展为我们带来了更安全、高效和环保的交通出行前景。

早在1939年，通用汽车就推出了自动驾驶技术。然而，直到当前的AI交通时代，才出现了物体检测等计算机视觉技术，使得自动驾驶技术能够快速发展和应用。这些智能系统能解码和理解视觉数据，为自动驾驶带来新的可能性。

自动驾驶汽车听起来很复杂，但构建AI的方法实际上相对简单：通过输入大量相关数据，算法接受训练以检测道路上的特定物体，例如，其他车辆、道路标志、交通信号灯、车道标记和行人。这些数据允许汽车采取正确的行动，如刹车、转弯、加速和减速等。

为了训练模型并增加其可靠性，需要持续提供大量数据。自动驾驶汽车使用摄像头和传感器收集和使用数据。然而，恶劣天气和不平坦地形等条件可能会带来问题，光线不足以及自动驾驶汽车在路上遇到不明物体的可能性等也需要解决。

AI系统不仅局限于自动驾驶汽车，还应用于卡车、公共汽车和飞机等。这些创新对物流和整个供应链中的AI产生了巨大影响。麦肯锡曾预测，自动驾驶卡车将使运营成本降低约45%，同时对环境的影响也将大大减少。

2. 交通信号检测

为了减少由交通信号灯引发的事故，汽车制造商正积极将信号灯识别功能纳入自动驾驶系统。基于AI的系统可以通过在各种场景下训练的计算机视觉模型来识别交通信号灯的灯光颜色，即使在光线不足、恶劣天气和遮挡等复杂情况下也能可靠地执行。这项技术使得汽车能够通过摄像头获取交通信号，并对图像进行实时分析和处理。

自动驾驶车辆的信号灯识别涉及多个关键步骤。首先，车辆上配备的摄像头会捕捉周围环境的图像，并传送给AI系统。其次，通过深度学习算法，计算机视觉模型对这些图像进行处理和分析。在训练阶段，模型使用大量带有标注的数据集，以学习和理解交通信号灯的不同状态，如红灯、绿灯和黄灯。

在实际应用中，摄像头不仅能捕捉交通信号灯的状态，还能识别并跟踪其他交通参与者，如行人和其他车辆。这些信息能够为自动驾驶系统提供重要的环境感知，从而使其做出更加智能和安全的驾驶决策。例如，当摄像头检测到红灯亮起时，自动驾驶汽车会立即采取刹车动作，确保安全停车。图 2-10 为交通信号检测。

图 2-10　交通信号检测

然而，信号灯识别技术仍面临一些挑战。在恶劣天气条件下，如雨雪天气，图像质量可能受到影响，从而降低识别准确性。此外，光线不足、灯光遮挡等因素也可能导致识别错误。因此，持续的研究和改进对于提高信号灯识别技术的稳定性和可靠性至关重要。

总体而言，将信号灯识别功能纳入自动驾驶系统是迈向更安全和智能交通的一大步。随着技术的不断演进和数据集的增加，信号灯识别技术将变得越来越成熟和可靠。这将为自动驾驶汽车提供更强大的环境感知能力，为未来的智能交通系统带来积极的变革。

3. 行人检测

行人检测在自动驾驶领域有着广泛的应用。准确地识别和理解行人的行为意图，是确保自动驾驶汽车安全驾驶的关键因素之一。只有当自动驾驶系统能够可靠地检测周围行人并作出适当反应时，才能有效地避免潜在的交通事故，并为行人提供更安全的交通环境。

在交通领域应用中，行人检测是计算机视觉和模式识别的一个关键问题。由于行人在道路交通环境中的行为难以预测，行人检测的关键并不在于系统识别特定的人类特征，而是确保系统能够准确地区分人与其他物体，并且能够理解行人的下一步动作意图。

为了实现有效的行人检测，研究者们在训练数据方面面临一些有挑战性的问题。不同场景下的照明参数、行人穿着的不同服装和行人不同的走路姿势，以及不断变化的照明条件都需要克服。因此，行人检测需要使用不同类型的特征，包括基于运动的特征、基于纹理的特征、基于形状的特征和基于梯度的特征。有些方法还结合了人体姿势估计，以整理有关特定对象即时行为的信息，并将行人下一步打算做什么的信息传递给自动驾驶车辆，图 2-11 为行人即时行为信息检测。

在行人检测的研究中，不断探索新的算法和技术，以提高行人检测系统的准确性和稳定性。深度学习是目前最受关注的方法之一，它通过大规模的数据集训练神经网络，从而使系统能够自动学习并识别行人的特征。此外，传感器技术的进步也为行人检测提供了更多可能性，如激光雷达和红外传感器等，可以帮助提高在复杂环境中的检测效果。

图 2-11　即时行为信息检测

4. 交通流量分析

交通流量分析在交通领域应用中具有重要意义，它直接影响一个国家的经济发展和道路安全。交通拥堵不仅会耗费大量金钱和时间，给司机和乘客带来压力，还会加剧全球变暖。然而，借助人工智能的机器学习和计算机视觉技术，可以实现更好的交通流量分析，从而解决这些问题。

近年来，计算机视觉的进步使得无人机和基于摄像头的交通流量跟踪和估计成为可能。这些算法能够准确地跟踪和计算高速公路上的交通流量，并分析城市环境中的交通密度。通过这种方式，人们可以及时了解当前交通状况，从而设计更高效的交通管理系统，同时改善道路安全。

闭路电视摄像机在交通流量分析中也扮演着重要角色。它们可以发现危险事件和其他异常情况，并提供有关高峰时段、阻塞点和瓶颈的洞察力。此外，闭路电视摄像机还能够量化和跟踪一段时间内的交通变化情况，以便准确测量交通拥堵情况。

人工智能立体视觉技术的应用也为交通监控和控制带来了新的可能性。它可以监控十字路口和其他开放区域的交通流量，并实时跟踪各种车辆、行人和自行车。通过识别交通参与者的行动轨迹和计算目标与汽车之间的距离，这项技术能够发现潜在的冲突风险。同时，它为城市提供了更多关于十字路口运作方式、队列长度和等待时间的数据，为交通优化提供重要参考。图 2-12 为将行人和骑自行车的人纳入交通流量分析。

图 2-12　将行人和骑自行车的人纳入交通流量分析

5. 停车管理

在当今社会，停车位问题普遍存在，寻找合适的停车位常常会给人们带来巨大的压力。然而，解决停车场问题是全球范围内都在努力解决的重要课题。如今，一些公司已经开始利用计算机视觉技术进行停车管理，通过智能系统实时更新所有空闲车位和可用空间情况。

计算机视觉在停车管理中的应用可以给司机和停车场管理人员带来很多便利。利用计算机视觉的停车管理系统能够通过数据实时监测停车场的车位使用情况。司机们可以通过移动设备访问地图，在地图上查看所有可用的停车位，轻松找到合适的停车位置。同时，这些系统还允许停车场管理人员为可用停车位提供线路指示，引导司机快速、高效地前往可用停车位，最大限度地节省人们的时间和精力。这样的智能化停车管理系统有望提高停车资源的利用率，优化停车流程，减少停车拥堵，为城市交通管理带来积极影响。图 2-13 为智能系统实时监控中的车位。

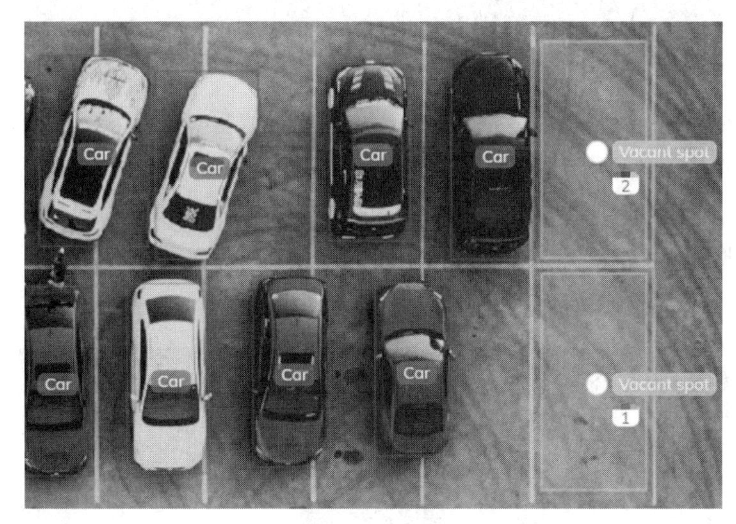

图 2-13　智能系统实时监控中的车位

6. 路况监测

随着人工智能技术的不断进步，计算机视觉在交通领域的应用前景非常广阔。计算机视觉技术可以成功检测路面缺陷，并通过寻找沥青和混凝土的变化来评估周围基础设施的状况。通过这些计算机视觉算法，能够识别道路上的坑洼，并准确地显示道路损坏的程度，为相关机构提供重要信息，以便采取及时行动并改善道路维护状况。

为了实现这一目标，通过收集图像数据，并对这些数据进行处理，从而创建自动裂缝检测和分类系统。这些系统能够对道路表面进行全面分析，快速而准确地识别出潜在的路面缺陷，如裂缝、坑洼等。通过这些检测和分类系统，我们可以实现有针对性的路面修复和预防性维护，从而大大提高道路的使用寿命和安全性，同时减少交通事故的发生。图 2-14 为计算机视觉成功检测出的路面缺陷。

其中一个重要优势是计算机视觉系统的自动化特性，无须人工干预即可实现全面的路况监测。通过安装摄像头并收集图像数据，计算机视觉算法可以在短时间内处理大量图像，实时监测道路状况。这种即时性能够及早发现潜在的路面问题，并采取相应的维护措施。相比之下，这种自动化监测不仅可以节省大量人力物力，还能提高监测的效率和准确性。这将对交通管理和城市规划产生积极影响，为城市交通的可持续发展提供有力支持。

图 2-14　计算机视觉成功检测出的路面缺陷

7. 车牌自动识别

自动车牌识别是一种利用连接在公路立交桥和路灯杆等设施上的计算机视觉摄像系统来捕捉车牌号、位置、日期和时间的技术。一旦图像被捕获，数据会被传输到中央服务器进行处理和分析。这些数据对相关部门提供了非常有利的帮助，并在交通领域应用中发挥着重要作用。图 2-15 为行驶中的车辆车牌信息自动识别。

图 2-15　行驶中的车辆车牌信息自动识别

自动车牌识别技术在交通管理中有着广泛的应用。首先，它可以帮助交警部门迅速识别车牌号码，并与数据库中的车辆信息进行匹配。这为交通违法行为的查处提供了强有力的支持，有助于提高交通管理的效率和准确性。

其次，自动车牌识别技术还可以用于发现车辆的出行模式。通过对车辆的车牌号、位置、日期和时间进行分析，可以获取车辆的出行轨迹和行为习惯，为交通规划和管理提供重要参考。这对于优化交通流量、疏导交通拥堵等问题具有重要意义。

此外，自动车牌识别技术在停车管理和收费管理方面也有着广泛的应用。它可以实时监测停车场的车辆数量和使用情况，帮助停车场管理人员更好地控制停车资源，提高停车效率。同时，在收费管理方面，自动车牌识别技术可以实现快速、准确的车辆识别和收费，为出行提供更加便捷的服务。

2.2.3　人工智能在交通领域的未来

在交通领域，人工智能将在未来发挥越来越重要的作用。交通领域正在积极尝试运用人工智能中更先进的技术和算法来提升机器学习模型的准确率和执行效率。通过应用这些创新技术，我们可以有效减少道路交通事故的发生数量，改善交通流量，并甚至帮助将罪犯绳之以法。

随着科技的不断进步，智慧城市的兴起必将为全球的交通运行效率带来巨大提升，并增强可持续性。这些智慧城市将运用人工智能和机器学习的优势，利用大数据分析和实时信息传递，来优化道路、高速公路以及交叉口的设计和管理，从而使其对所有人来说更加安全和可靠。

总之，随着技术的不断进步和应用的不断拓展，AI 有望为未来交通领域带来以下几方面的发展：

1. 自动驾驶技术

自动驾驶技术是 AI 在交通领域的一项重要应用。未来，我们将看到更多的自动驾驶汽车投入使用，它们将能够在道路上高度自主地行驶，减少交通事故，提高交通流量的效率，节省时间和能源消耗。自动驾驶技术将逐步走向成熟，并融入日常生活中。

2. 智能交通管理

AI 可以通过计算机视觉和大数据分析来实时监测交通情况，包括交通拥堵、车流量、交通事故等，从而优化交通信号控制和交通流量管理。智能交通管理系统将使交通更加高效、安全，并减少交通拥堵。

3. 路况预测和规划

AI 可以通过数据分析和模型预测未来的路况情况，帮助交通管理部门进行交通规划和资源配置。通过智能化的路况预测，可以更好地预防交通拥堵，提前采取措施来疏导交通。

4. 智能交通设施

未来，交通设施将会越来越智能化，例如智能交通信号灯、智能停车系统等。这些设施将利用 AI 技术来实现自适应控制，根据实时交通情况做出智能化的调整，提高交通效率和安全性。

5. 交通运输优化

AI 可以在物流和交通运输领域应用，优化货物运输的路径和调度，提高交通运输的效率，降低物流成本。

6. 共享出行服务

AI 可以为共享出行服务提供更好的匹配和调度，优化共享出行的路线和资源利用，使共享出行更加便捷和高效。

2.3 人工智能在建筑行业中的应用

2.3.1 人工智能在建筑行业的应用现状

在建筑行业中，人工智能的应用领域非常广泛，可以帮助建筑师和施工方提高效率、降低成本，同时也可以为业主提供更好的建筑品质和使用体验。具体的应用现状如下：

1. 智能设计

人工智能在智能设计方面发挥着重要作用。通过利用机器学习等技术，建筑师可以更迅速、准确地生成设计草图，并实时根据需求进行调整。这种智能设计能够加速设计过程，提高设计质量，并为建筑师提供更多创意和选择性。

2. 结构优化

人工智能在建筑结构优化中有着突出的应用价值。通过物理仿真和计算机模拟，人工智能可以对建筑材料和结构进行优化，使其更坚固、耐久，并满足各种建筑需求。这种结构优化不仅可以提高建筑物的安全性和稳定性，还可以减少材料浪费和建造成本。

3. 施工管理

人工智能在施工管理中发挥着重要作用。通过应用物联网、人工智能等技术，实时监测施工现场情况，进行智能化管理。这种智能施工管理可以提高施工质量和效率，避免潜在的问题和延误，并为项目管理人员提供实时数据和决策支持。

4. 能源管理

人工智能在建筑能源管理方面有着巨大潜力。通过数据分析和智能控制技术，人工智能能够优化建筑能源利用，提高能源利用效率，减少能源浪费。这种智能能源管理有助于实现可持续发展目标，节约能源资源，并为业主节约能源费用。

5. 智能维修

人工智能在建筑维修方面提供了创新的解决方案。通过机器学习、图像识别等技术，人工智能可以识别建筑设备的故障，并准确确定维修方案，提高维修效率和质量。这有助于减少维修时间和成本，并确保建筑设备的正常运行。

2.3.2 人工智能在建筑行业的应用案例

1. 个人防护装备检测

在建筑行业，个人防护装备（PPE）的正确使用是预防工伤事故的重要手段，然而施工经理难以面面俱到，确保每个工人都正确佩戴适当的防护设备。在这一点上，物体检测等计算机视觉技术能够发挥巨大作用。通过深度学习技术，可以实现对施工人员是否佩戴各种防护设备的检测，包括安全帽、安全护目镜、手套、高能见度夹克、护耳器等。

计算机视觉技术基于物体检测的算法，可以对工地的监控图像进行实时分析。通过识别和跟踪工人的形象，这些智能系统能够准确判断每个人是否佩戴了所需的 PPE。一旦发现有工人未佩戴适当的防护设备，系统将立即向施工经理发出警报，以便及时采取措施。图 2-16 为施工人员个人防护装备检测。

图 2-16　施工人员个人防护装备检测

这样的应用方案在提高工地安全性方面具有重要意义。它可以帮助施工管理人员及时发现和纠正不符合安全标准的行为，避免潜在的安全隐患。此外，通过数据的积累和分析，可以提供对工人遵守 PPE 规定的统计信息，有助于优化安全培训和管理流程，进一步提升施工工地的安全水平。

2. 工作场所危险检测

在建筑行业，监控个人防护装备合规性虽然可以显著提高工作场所的安全性，但不能完全确保工人的安全。为了更全面地保障工人的安全，人工智能的计算机视觉解决方案在寻找和预防工作场所危险方面发挥着重要作用。

基于人工智能的计算机视觉技术，已经研发出可以跟踪、预测和预防工作场所事故的解决方案。其中，对象跟踪等技术可以识别建筑工地的危险，例如易燃材料的存在或监控危险区域的员工。通过实时监测和分析，这些智能系统能够对潜在的危险进行快速发现和警示。图 2-17 为工作场所潜在危险物品检测。

图 2-17　工作场所潜在危险物品检测

当发现危险情况时，人工智能模型会立即向现场的管理人员和工人提供实时警告信息。这样的实时预警机制使得危险事故可以及时被避免，有效降低了工作场所发生事故的风险。同时，这些数据还可以被记录和分析，为未来的工作场所安全规划和决策提供有价值的依据。

然而，需要指出的是，虽然基于人工智能的计算机视觉解决方案在预防工作场所事故方面具有潜力，但它仅作为辅助工具。建筑工地的安全仍然需要管理人员和工人的积极参与和遵守安全规程。人工智能只能提供监测和预警的功能，最终的安全责任仍然在于人们的决策和行动。

3. 腐蚀检测

在建筑行业中，确保建筑工人的安全是至关重要的任务。除了通过个人防护装备和工作场所危险监测来确保建筑工人的安全，人工智能还提供了其他可以使工作现场更安全、更高效的方法。腐蚀检测对施工作业和人类安全同样重要。传统的腐蚀检测方法通常依赖于认证检查员的人工巡视，这种方法存在主观性、一致性不足和容易出错等问题。然而，利用图像分类和物体检测等人工智能技术在腐蚀检测方面却发挥了重要作用。图 2-18 为通过人工智能技术进行的腐蚀检测。

图 2-18　腐蚀检测

基于神经网络的 AI 解决方案可以有效发现和分类腐蚀。该算法通过使用二进制分类技术，可以识别不同类别的腐蚀，并提供高度准确的判断。通过对训练样本的学习，神经网络能够识别出不同材料表面上的腐蚀情况，并作出准确的判断。相比于传统的依赖人工判断的方法，基于人工智能的腐蚀检测解决方案更为客观、高效，能够提高腐蚀检测的准确性和一致性，见图 2-19。

图 2-19　镀层损失分类等级

将人工智能技术应用于腐蚀检测，具有许多优势。首先，它们可以实现自动化检测，大大减少了人工巡视的工作量。其次，AI 技术的结果通常更加客观和一致，消除了人工检查中主观判断可能带来的不稳定性。此外，基于神经网络的算法还能够学习和适应新的数据，使得其识别能力得到不断提升。

4. 基础设施检查

在建筑行业中，人工智能的应用不仅局限于提高工作场所安全，还扩展到了对基础设施的检查和监测。传统的基础设施检测依赖于人工观察和判断，然而这种方法存在着主观评估容易不可靠的问题。为了提高检查结果的客观性和准确性，人工智能系统成为一个有力的助手。图 2-20 为基础设施的检查和监测。

图 2-20　基础设施的检查和监测

通过人工智能系统的支持，检查员可以进行更客观的评估。通过现场的远程监控，系统能够实时获得建筑工地的最新施工跟踪数据，对基础设施进行监测和分析。这些数据不仅可以跟踪整个建设项目的进度，还能识别基础设施维护的需求和物理位置，同时还能跟踪使用者信息。

5. 建筑结构缺陷检测

在建筑行业中，小裂缝、泄漏和凹痕等看似微小的问题，如果不及时处理，可能会在未来造成严重的结构损害。为了及早发现这些问题并采取相应措施，计算机视觉系统结合相机和无人机技术成为了一种非常适合的方法。通过对象检测、图像分类和图像分割等技术，可以检测和测量图像中小至 0.01% 的缺陷，如建筑物、桥梁、道路、管道或隧道等结构中的问题。利用这些技术，施工经理可以预测未来可能出现的问题，协助投资规划，并有针对性地分配维护和维修资源，从而提高建设和维护的效率。

一项关于混凝土结构检测的研究表明，研究人员使用了深度学习中的 AlexNet CNN 算法，在包含嘈杂背景的图像中，例如：带有阴影和污渍的裂缝或生锈和粗糙表面上的裂缝，该算法在裂缝检测方面取得了令人满意的结果，准确率达到了 98.4%。图 2-21 为混凝土结构缺陷检测。

图 2-21　混凝土结构缺陷检测

6. 预测性维护

在建筑行业中，施工项目的人员健康和安全至关重要，但同样重要的是维护现场设备的“健康”。研究表明，预测性维护可以显著减少机器的停机时间，并延长其使用寿命，使其成本效益更高。由于更换施工设备的费用昂贵，设备无法正常工作会导致项目时间和金钱的浪费。预测性维护的目标是通过评估设备状况，及时发现潜在问题，并在可能中断工作之前进行维护，从而避免这些问题的发生。

与传统的人工检查相比，人工智能和机器学习在预测性维护方面具有巨大优势。人类虽然有能力进行检查和发现问题，但无法全天候可靠地完成这项工作。而当机器学习系统根据大量历史数据进行训练后，它们可以开始预测给定设备组何时需要维护以及需要进行何种维护措施。图 2-22 为用于预测性维护的远程车辆监控。

图 2-22　用于预测性维护的远程车辆监控

机器学习模型在预测性维护中使用分类和回归模型。分类模型可以帮助预测机器在一定数量的步骤（动作或使用）后发生故障的可能性。而回归模型可以预测设备还剩下多少时间需要进行维护。这样的预测性维护系统，使得施工经理可以在设备出现故障之前采取措施，避免因设备损坏而造成的生产中断和额外成本。

2.3.3　人工智能在建筑行业的未来

人工智能在建筑行业的未来充满着潜力和机遇。随着技术的不断发展和创新，人工智能将在建筑领域发挥越来越重要的作用，带来许多方面的改变和革新：

（1）人工智能将进一步提高建筑工地的安全性。计算机视觉技术可以用于监测工人是否正确佩戴个人防护装备，并预测和预防工作场所事故的发生。同时，人工智能可以对建筑材料和设施进行检测，及时发现裂缝、泄漏等问题，提供预测性维护，减少设备故障和意外事故。

（2）人工智能将提高建筑工程的效率和质量。通过自动化和智能化的技术，建筑过程中的很多烦琐任务可以被自动完成，从而节省时间和人力成本。人工智能还可以优化建筑设计，提供更精确的施工计划和资源分配，减少浪费和成本。

（3）人工智能将推动建筑行业向数字化转型。通过数据的收集、分析和应用，建筑企业可以更好地了解项目的进展和性能，做出更明智的决策。人工智能还可以将建筑行业与其他领域相结合，实现智慧城市的建设和发展。

（4）人工智能还将加速建筑行业的可持续发展。智能化的能源管理和资源利用可以帮助建筑企业更加环保和节能。通过优化建筑设计和施工过程，减少资源浪费和碳排放，推动绿色建筑和可持续建设。

2.4　人工智能在零售业中的应用

2.4.1　人工智能在零售业中的应用现状

近年来，越来越多的零售商积极引入人工智能技术，以提升企业内部的运营效率和决策能力，从而实现更高的盈利水平。人工智能为零售商提供了便捷的数据访问渠道，加速了数据处理速度，优化了业务流程，并为业务决策提供了强有力的支持。图像分类、物体检测、光学字符识别、人体姿势估计和活动识别等先进技术已经在零售行业中发挥着重要作用，改善了客户和员工的体验。

通过人工智能的应用，零售商可以实现对顾客行为的深入洞察，从而优化产品展示和推荐策略，提供个性化的购物体验。在零售店内，物体检测技术可以帮助实时监测货架陈列和库存情况，帮助零售商更加高效地管理库存和补货。光学字符识别技术则可以提高对文本信息的自动化处理能力，例如扫描商品条码和识别货架上的价格标签，从而减少人工操作。

此外，人体姿势估计和活动识别技术有助于改进零售店内的安全监控，及时发现和应对潜在的安全风险，保护员工和顾客的安全。同时，这些技术还可以用于优化员工工作安排，确保在高峰时段有足够的员工服务客户，提高服务效率和质量。

研究表明，2023 年全球有近 325 000 家零售商将机器学习技术应用于日常业务中。这表明零售商对人工智能技术的认可和采用程度持续增长。同时，许多零售商已开始收集相关的视觉数据，利用闭路电视、摄像机等设备为未来使用人工智能技术做好充分准备。

2.4.2 人工智能在零售业中的应用案例

1. 无收银员结账

无收银员结账是一种无须人工收银员的快捷结账方式。通过计算机视觉和大数据分析，零售商可以将传统购物转变为智能购物，顾客可以轻松进入商店，将商品添加到购物车，完成支付并离开商店，无须与人工助理或服务人员打交道。无人结账还能利用智能手机应用程序记录、存储和使用每个购物者的数据，借助大数据分析技术，零售商能够更好地识别客户行为，并向客户推荐个性化的商品。

无收银零售店结合数以千计的摄像头、物联网传感器和计算机视觉系统来实现无人结账。这些技术有助于：

（1）检测并了解客户的行为：通过监测和分析客户的行为，零售商能够更好地了解客户的购物喜好和偏好，从而更好地提供服务和推荐商品。图 2-23 为客户行为检测。

图 2-23　客户行为检测

（2）监控产品的移动：借助对象检测算法，系统能够实时监控商品的位置和移动情况，确保商品在正确的位置，并且方便客户的选购。

（3）自动检测价格：通过计算机视觉技术，系统能够自动检测商品的价格，确保客户能够正确支付商品费用，减少价格错误带来的纠纷。

无收银员结账主要带来两大好处：一方面，无收银员结账大大缩短了客户结账的时间，提高了购物效率，增加了顾客的满意度。另一方面，无收银员结账不需要额外雇用收银员或购物助理，从而降低了零售商的运营成本，提高了经济效益。

2. 库存管理

零售业的库存管理在过去几年经历了一场数字革命，现在零售商开始广泛应用人工智能技术，以更好地优化供应链、商品定价和促销策划方案：

（1）优化供应链：人工智能在供应链管理方面的应用可以实现实时数据的采集和分析，帮助零售商更好地了解库存状态、供需关系和物流情况。通过预测销售趋势和顾客需求，零售商可以优化库存规划，减少库存积压和缺货风险，从而提高供应链的灵活性和效率。

（2）优化商品定价：人工智能在商品定价方面的应用可以通过分析市场趋势、竞争对手价格和顾客行为数据，为零售商提供智能化的定价建议。通过动态定价策略，零售商可以根据实时市场情况和顾客需求，调整产品价格，最大限度地提高销售额和利润。

（3）优化促销策划方案：人工智能在促销策划方案上的应用可以通过数据挖掘和预测模型，识别出潜在的促销机会和优惠组合。零售商可以根据顾客购买历史和行为模式，定制个性化的促销方案，吸引更多顾客、提高购物转化率，并增加客户忠诚度。

通过使用计算机视觉系统捕获图像，并结合图像分割和对象检测算法，零售商可以高效跟踪货架上的物品并执行整个库存扫描。这种应用使得库存管理更加智能化和自动化，大大提高了效率和准确性。

在人工智能系统的帮助下，还能够实现以下优化：

（1）提供即时通知：人工智能系统能够及时监测销售情况和缺货情况，并在销售或缺货时立即提供通知，帮助零售商及时采取行动，保持货架充足，并提供良好的购物体验。图 2-24 为商品缺货情况监测。

图 2-24　商品缺货情况监测

（2）提升门店布局：通过分析顾客行为和购物习惯，人工智能可以优化门店布局，使热门商品和促销品更容易被顾客发现，提高购买转化率。

（3）加速 A/B 测试：借助人工智能技术，零售商可以更快地进行 A/B 测试，评估不同促销方案或定价策略的效果，从而更准确地制订营销策略。

（4）制作热图：人工智能系统可以生成热图，展示商品在货架上的受欢迎程度和顾客关注的热点区域，帮助零售商更好地了解商品的受欢迎程度和销售趋势。

（5）预测产品在货架上的停留时间：通过分析历史数据和顾客行为，人工智能可以预测不同产品在货架上的停留时间，从而帮助零售商合理安排库存和补货计划。

（6）预测商店的销售额：基于历史数据和其他因素，人工智能系统可以预测未来商店的销售额，为零售商提供经营决策的参考依据。

3. 客户行为分析

在零售行业，客户行为对零售商至关重要，而人工智能在分析和理解客户行为方面扮演着越来越重要的角色。客户行为的几个关键指标：

（1）可疑活动：人工智能可以通过分析视频监控数据来识别潜在的可疑活动，如盗窃行为或其他违规行为，帮助零售商及时采取措施保障安全。图 2-25 为可疑活动监测。

图 2-25　可疑活动检测

（2）停留时间：通过人工智能技术对顾客在货架前的停留时间进行测量和分析，零售商可以更好地了解客户的兴趣和购物行为，优化货架陈列，提高商品转化率。

（3）注视时间：借助人工智能视觉分析，零售商可以跟踪顾客对特定产品的注视时间，从而了解客户对商品的关注程度和吸引力。

人工智能系统在零售行业具有广泛的应用，尤其在通过分析闭路电视、摄像机镜头数据方面表现出色。它能够识别潜在的可疑活动，并及时向工作人员发出信号，实现有效的盗窃检测。此外，人工智能摄像头还能识别其他类型的行为，如人身攻击，有助于保护零售商的声誉并提供更多的安全保障。

除此之外，人工智能技术和视频分析能够帮助零售商测量和分析客户在货架前的停留时间，更好地了解店内客户需求，优化商品陈列，提高特定产品的转化率，从而提升盈利能力。改善停留时间和注视时间有助于了解购物者与不同商品的互动方式，借助数据洞察力，零售商可以做出更明智的决策，满足客户需求。

另外，人工智能技术还可以实现个性化服务，如交叉销售和追加销售等，从而进一步改善店内体验，增强客户忠诚度。通过分析数据，零售商还可以确定零售货架相对于其他货架的营销价值，并据此决定商品的放置位置和摆放视线水平，优化产品展示和营销策略。

4. 审核产品布局和货架图

在零售行业，对货架进行审核一直是一个耗时且手动完成的过程。不仅如此，人工审核还难以完全准确，错误率较高。现在借助人工智能技术，特别是计算机视觉的应用，这一流程得以自动化，并能更好地审查货架状况，包括价格和产品位置等。零售商可以借此了解货架的实际情况，并进行必要的商店布局改进。

此外，计算机视觉还可用于分析哪些商品受到消费者欢迎并迅速售罄。这有助于商店管理层更好地决定何时重新补充货物，以及哪些商品应该重点关注，哪些商品可以忽略。从本质上讲，人工智能将能够为零售商提供两个关键的 KPI：

（1）货架图合规性：人工智能系统通过对货架图的分析，能够评估货架上商品的合规性，从而让零售商了解产品陈列的实际情况，确保符合规划和布局。

（2）现场可用性：通过监测销售和库存，人工智能可以准确地估计目前商店内的可用产品数量。

一旦其中任何一个 KPI 低于定义的阈值，员工就会收到通知，并可以采取行动，保持货架的合规性和货品充足。图 2-26 为使用计算机视觉跟踪快速移动的货物。

图 2-26　使用计算机视觉跟踪快速移动的货物

5. 人群分析

在零售行业，通过使用物体检测技术可以对进出商店的顾客进行检测。基于物体检测技术的人工智能算法可以精确地识别商店中进出的顾客。通过实时监测顾客的进入和离开，可以得到准确的客流量数据。零售商可以利用这些客流量数据来进行各种指标的分析，从而了解人们购买产品的原因、在店内的整体行为和对产品的反应（如情绪分析）以及客户偏好等。

此外，人群计数在零售行业还有其他多种应用。它可以帮助零售商更好地了解和管理客户的排队情况，员工的变动情况，并提供整体分析数据，以帮助零售商改进商店的经营管理。图 2-27 为使用对象检测在超市中进行人群分析和人数统计。

图 2-27 使用对象检测在超市中进行人群分析和人数统计

6. 零售光学字符识别

在零售行业，收集大量的定价和产品数据一直是零售商面临的主要挑战。零售商需要获取准确的数据，但传统流程烦琐，需要耗费大量的人力和时间成本。为应对这一问题，光学字符识别（OCR）利用计算机视觉技术，让零售商能够将书面文本、收据和其他文件转换成数字化形式，以便机器可以实现以下目标：

（1）扫描：OCR 能够快速而准确地扫描书面文本、收据和其他文件，并将它们转换为可处理的数字化数据。

（2）阅读：通过 OCR 的技术，机器可以准确地阅读和理解这些数字数据。

（3）自然语言处理：结合自然语言处理算法，OCR 可以对这些数字数据进行进一步处理，使其变成有意义的数据。

一方面，借助 OCR 技术，零售商能够更方便地对数据进行编辑和搜索，从而提高数据的可用性和利用率。另一方面，OCR 技术还可以简化发票和退货等流程，为零售商带来更高效的运营。此外，在零售管理方面，零售商可以利用 OCR 扫描产品和库存数据，加速管理流程，实现自动化处理和集中管理库存信息。同样，OCR 在收据扫描方面也具有巨大优势，100% 自动化的处理方式为零售商节省了大量时间，同时带来更大规模的数据量，有助于更好地研究产品和了解买家行为。基于这些数据，零售商能够灵活调整库存，并优化定价策略，以提升销售和客户满意度。图 2-28 为用于零售库存管理的 OCR。

图 2-28　用于零售库存管理的 OCR

2.4.3　人工智能在零售业的未来

未来零售行业将越来越倚重人工智能技术来研究产品、定价和管理库存，而这种趋势也将在消费者的购物方式上体现。这一趋势将为零售商和消费者带来更多便利和提升客户体验的机会。

对于零售商而言，能够更精确地研究产品趋势和市场需求，通过智能算法进行定价，以更好地满足消费者的购买意愿。同时，人工智能可以实时监测库存情况，预测需求量，帮助零售商做出更加智能和高效的库存管理决策，减少过剩和缺货的情况，提高运营效率。

对于消费者而言，人工智能将为其提供更加个性化和智能化的购物体验。通过消费者历史数据和偏好分析，人工智能可以为每位消费者提供个性化的产品推荐和优惠信息，使其购物更加便捷和满足。同时，智能结账系统和无人商店等技术的应用，将加速购物流程，减少排队等待时间，提升消费者的购物体验。

随着人工智能技术的不断发展和创新，智能货架传感器系统、无收银员结账和更完善的货架图等技术将在零售业广泛应用：

（1）智能货架：智能货架传感器系统可以实时监测货架上的商品，及时补充和调整库存，提高库存管理的效率。

（2）无收银员结账：无收银员结账技术将加速支付过程，减少排队时间，提升购物的便捷性和效率。

（3）货架图：更好的货架图可以让零售商更清晰地了解商品陈列和销售情况，帮助他们做出更精准的定价和促销决策，从而提升业务能力。

2.5 人工智能在农业中的应用

2.5.1 人工智能在农业中的应用现状

全球人口正面临着爆炸式增长，预计到2050年，地球上的人口将达到99亿，届时粮食需求预计将猛增35%至56%。再加上气候变化使水和耕地等资源变得更加稀缺，粮食产量将严重不足。幸运的是，科学技术为我们提供了一个可持续的解决方案，即人工智能技术在农业中的应用。

农业正进入一个全新的发展阶段，即科技农业。利用人工智能技术，农民可以对作物和土壤进行实时监测，从而更好地了解植物的健康状态和土壤的养分情况。此外，人工智能还能够帮助农民及时检测和预测疾病，降低疾病对农作物的影响，提高农作物的产量和质量。

人工智能在农业中的应用潜力不仅无限，而且越来越多的企业也对其产生了浓厚的兴趣并加大了投资。

2.5.2 人工智能在农业中的应用案例

1. 作物和土壤监测

土壤中的微量和常量营养素是作物健康和产量质量的关键因素。通过监测作物的生长阶段和了解作物与环境之间的相互作用，可以优化生产效率。传统上，土壤质量和作物健康是通过人类观察和判断来确定的，但这种方法不准确且不及时。现在，利用无人机捕获航拍图像数据，并将其用于智能监测作物和土壤情况已成为现实。

人工智能可以对这些航拍图像数据进行分析和解释，实现以下功能：

（1）跟踪作物健康：利用计算机视觉模型，可以准确监测作物的生长状态，及时发现作物的营养不良、疾病或害虫侵害等问题。

（2）做出准确的产量预测：通过分析航拍图像数据和相关数据，人工智能可以预测作物的产量，并帮助农民做出合理的决策和规划。

（3）发现作物营养不良：人工智能技术能够快速处理大量的航拍图像数据，从中提取关键的作物营养信息。通过与专家制定的营养指标进行对比，人工智能能够准确和快速地识别出作物的营养不良情况。

（4）观察作物成熟度：计算机视觉模型在准确识别作物生长阶段方面比人类观察更具优势。农民不再需要长途跋涉到田间进行频繁的观察，而是依靠人工智能快速了解作物的成熟度，从而更好地管理农作物。图2-29为西红柿成熟度检测。

（5）土壤检测分析：土壤中的有机物（SOM）对作物的生长至关重要。传统的土壤评估方法需要农民采集样本并送至实验室进行耗时耗力的分析。然而，研究人员使用计算机视觉模型分析手持显微镜图像数据后发现，其对含沙量和SOM的估计准确性与实验室的分析结果相当。因此，通过计算机视觉，可以消除作物和土壤监测的大量困难和费时体力劳动，并且在很多情况下，算法模型比人类分析更准确、可靠。

图 2-29　西红柿成熟度检测

2. 昆虫和植物病害检测

利用基于深度学习的图像识别技术，我们现在可以实现植物病虫害的自动化检测。这项工作结合图像分类、检测和图像分割方法，构建了可以对植物健康进行密切关注的模型。

研究人员在苹果黑腐病图像上训练了深度卷积神经网络，该网络根据植物学家对疾病严重程度的四个主要阶段进行了标注。研究表明，这种基于人工智能的模型能够以高达 90.4% 的准确率识别和诊断病害的严重程度。

此外，研究人员还采用改进的 YOLO v3 算法，应用于番茄植株上多种病虫害的检测。他们使用数码相机和智能手机在番茄温室中拍摄照片，并确定了 12 种不同的病虫害案例。经过对具有不同分辨率和特征大小的图像进行训练，这一模型实现了高达 92.39% 的病虫害检测准确率，并且检测时间仅为 20.39 ms。

另外，还开发了计算机视觉系统用于昆虫检测，可以判断作物中是否存在害虫，并对害虫数量进行计数。该模型基于 YOLO 算法的对象检测和粗计数方法，以及使用全局特征的支持向量机（SVM）的分类和精细计数方法。研究结果显示，该模型能够以 90.18% 的准确率识别蜜蜂、苍蝇、蚊子、飞蛾、金龟子和果蝇，并以 92.5% 的准确率进行计数。图 2-30 为植物害虫检测。

3. 牲畜健康监测

人工智能的计算机视觉算法在农业中具有广泛的应用潜力。它可以实现动物的计数、疾病检测、异常行为识别和重要活动的监控。通过结合摄像机和无人机数据收集等技术，农民可以更全面地了解动物的健康状况和行为情况，为农业生产提供更有效的决策支持。

图 2-30　植物害虫检测

（1）动物的计数：它可以识别并记录在特定区域内出现的动物数量，无须人工干预，从而提供准确、高效的动物计数结果。

（2）疾病检测；通过分析动物的外观特征和行为模式，这些算法能够及时识别出患有疾病的个体，并通知农民进行相应的治疗和预防措施，减少疾病在动物群体中的传播。

（3）异常行为识别：人工智能的计算机视觉技术可用于识别动物的异常行为，例如，异常的移动模式或特定行为的异常频率。

（4）重要活动监控：通过将计算机视觉技术与摄像机和无人机数据收集相结合，农民可以定期监控动物的活动，特别是重要活动，例如分娩。图 2-31 为对鸡的饮水、进食和休息进行监测。

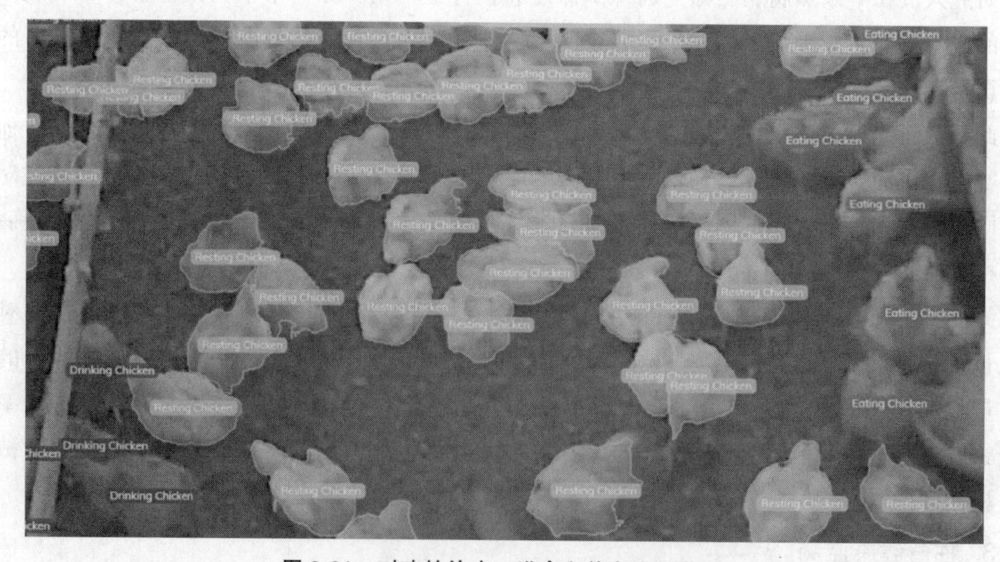

图 2-31　对鸡的饮水、进食和休息进行监测

4. 航空监测

人工智能在农业中的应用可以利用无人机和卫星图像分析帮助农民监测作物和畜群。这种

技术使农民能够及时了解作物的健康状况，一旦出现问题，如病虫害或缺水，人工智能系统会立即通过通知提醒农民，使其能够及时采取相应的管理措施，避免或减轻损失。此外，航空成像技术还可以提高农药喷洒的精度和效率，确保杀虫剂只喷到预定的地方，既能够节省资金，又能够保护周围的环境减少污染。图 2-32 为从航拍图像中检测牛群。

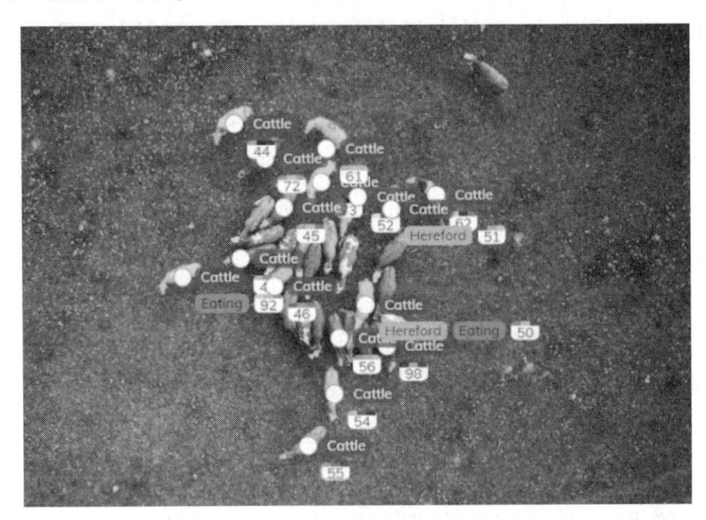

图 2-32　从航拍图像中检测牛群

5. 生产分级和分类

基于人工智能的计算机视觉技术在农业中具有广泛的应用前景。计算机视觉技术可以通过检测水果和蔬菜的大小、形状、颜色和体积来自动进行分类和分级。相比受过训练的专业人员，计算机视觉在准确性和速度方面表现更加出色。这一技术不仅帮助农民节省了大量繁重的体力劳动，还提高了农产品的质量和品质。

此外，计算机视觉技术能够快速准确地发现农作物中的疾病，有助于农民及时采取相应的防治措施。配备了计算机视觉 AI 的无人机还可以自动在田间均匀地喷洒杀虫剂或化肥。通过实时识别目标喷洒区域，无人机能够在喷洒面积和喷洒量方面实现高精度的施肥作业。这种技术的应用显著降低了对农作物、人类、动物和水资源的污染风险。图 2-33 为无人机在田间作业。

图 2-33　无人机在田间作业

2.5.3 人工智能在农业中的未来

随着全球气候、环境和粮食需求的巨大变化，人工智能将在21世纪的农业领域发挥重要作用，并以以下方式改变农业：

(1) 人工智能能够提高时间、劳动力和资源的效率。通过运用人工智能技术，农业生产过程可以实现智能化和自动化，从而大大减少传统农业中的人工工作量。无人机、机器人和自动化设备的应用可以代替人工进行种植、收割和处理等农业活动，提高工作效率和生产效益。

(2) 人工智能可以提高农业生产的环境可持续性。通过准确的数据分析和预测，人工智能可以帮助农民实现精准施肥、灌溉和病虫害防治。农业生产可以减少对化学肥料和农药的依赖，减少对水资源的浪费，降低环境污染和生态破坏。

(3) 人工智能可以实现更智能的资源分配。通过大数据分析和智能决策支持系统，人工智能可帮助农民做出更加准确的种植计划和资源配置，最大限度地提高土地、水源和肥料等资源的利用效率。这不仅可以提高农作物的产量和质量，还能减少浪费和损失，实现更加可持续的农业发展。

(4) 人工智能提供了实时监控的能力，促进农产品的健康和质量。通过物联网和传感器技术，人工智能可以实时监测和收集农田的环境参数、作物生长状态和病虫害情况等信息。这样一来，农民可以及时了解农田的状况，采取相应的管理措施，保证农产品的良好品质和健康食品的供应。

随着人工智能关键技术的不断突破，人工智能正在以惊人的速度飞速发展，它不仅在科技领域取得了突破性进展，而且在各个传统行业中正产生着深远的影响。本章主要介绍了人工智能在医疗、交通、建筑、零售、农业等领域中的应用现状、应用案例和未来趋势。

1. 人工智能在医疗领域有哪些应用？
2. 人工智能有哪些措施保证交通安全？
3. 请列举人工智能在建筑行业的一些应用案例。
4. 人工智能是怎么帮助零售业提高业务效率和客户体验的？
5. 人工智能在农业中的应用有哪些？

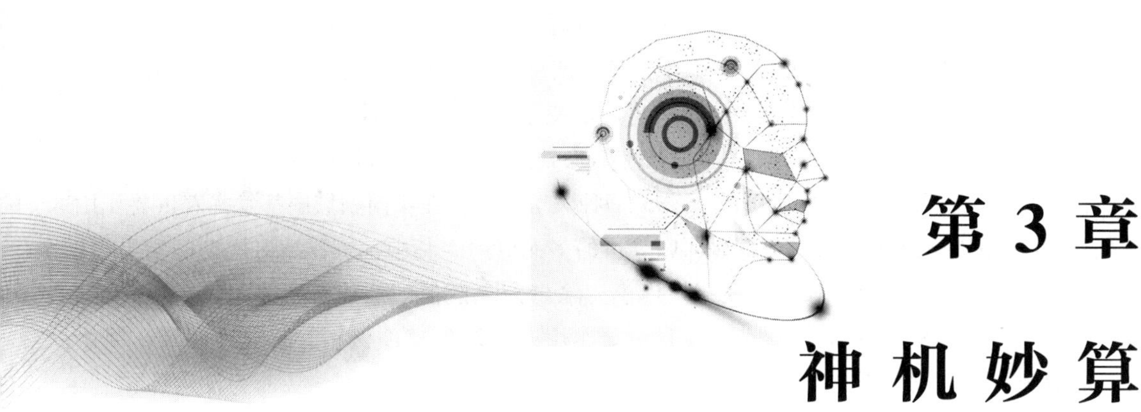

第 3 章 神机妙算

【本章导学】

在探究人工智能时，回归分析扮演着至关重要的角色。回归分析是一种强大的工具，用于研究和解释自变量与因变量之间的关系，从而实现对未来趋势的预测。在本章中，我们将深入探讨回归分析的基本概念、不同类型的回归模型和实际应用，以及如何评估和优化回归任务。整个章节逻辑清晰，旨在帮助读者深刻理解回归分析的精髓，并为读者呈现具体的线性回归案例，为进一步探索人工智能打下坚实基础。

【学习目标】

通过对本章内容的学习，读者应该能够做到：

1. 了解回归任务的相关概念。
2. 了解回归任务的应用领域。
3. 理解线性回归的相关基本知识。
4. 了解线性回归的优缺点。
5. 了解回归模型的评价指标。
6. 了解如何让回归任务更准确。

3.1 回归任务概述

3.1.1 回归的概念

回归是一种统计学和机器学习领域中的方法，用于分析和建模变量之间的关系。回归的主要目标是预测一个或多个连续数值型的因变量（也称为目标变量），基于一个或多个自变量（也称为特征或预测变量）之间的关系。

回归任务（regression task）是一种机器学习和统计分析中常见的任务类型，基于一个或多个自变量（也称为特征或属性）之间的关系，旨在建立一个数学模型，来预测一个或多个连续数值型的因变量（也称为目标变量）。回归任务通常用于探索和建立变量之间的关联，以便进行预测、分析和解释。

在回归分析中，我们尝试找到一个数学模型，该模型可以描述自变量与因变量之间的关系，并且可以用于预测未来的观测数据。回归模型通常使用线性或非线性方程来表示变量之间的关系，其中包含了一些参数（回归系数），这些参数会根据给定的数据进行拟合。

在研究人工智能的应用中，回归分析作为一种关键方法，在不同领域中都发挥着重要作用。从机器学习模型输出的角度，深入探讨回归分析的多元应用。其中，机器学习模型的输出类型可以分为两大类：分类模型和回归模型。当模型输出为离散值，例如布尔值，我们将其归类为分类模型。这类模型在许多情境下具有重要作用，如垃圾邮件识别、医学诊断等。例如，在动物分类中，可以利用分类模型来判断某个动物是否属于猫的类别，从而为动物保护、生态研究等领域提供一种工具，帮助人们更好地理解和保护不同种类的动物。图 3-1 为分类模型区分猫。

相较之下，回归模型则专注于处理连续值输出问题。当需要预测连续性结果，如股票价格、气温变化等，回归模型成为重要工具。通过回归模型，可以基于已有数据和趋势，建立数学模型，实现对未来趋势的预测。例如，房地产领域中，回归模型可以用于理解并预测房屋价格如何随着表面面积的变化而变化。这种分析可以在房地产市场定价、投资决策等方面提供有价值的信息。图 3-2 为表面面积和价格之间的关系。

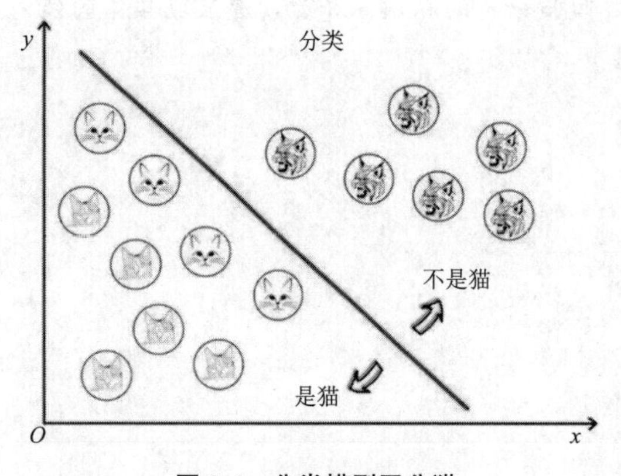

图 3-1 分类模型区分猫

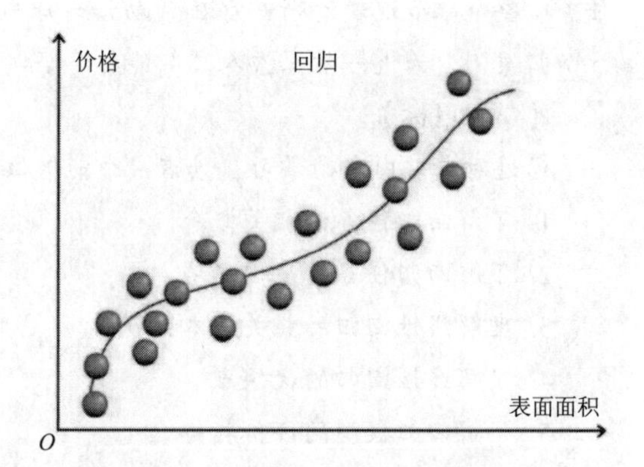

图 3-2 面积和价格之间的关系

这两种类型的模型在不同领域中相互交织，为实际问题提供了多样化的解决方案。分类模型可以用于判定和识别，回归模型则能够深入分析数据的趋势与关联。通过深入探究回归分析，我们能够更好地利用机器学习的能力，为各个领域的问题提供更准确、高效的解决方案。

3.1.2 回归案例分析

在人工智能领域的回归分析中，我们关注的是连续变量的预测问题。连续变量是那些可以在一定范围内取无限多个可能值的变量，在数值上呈现出连续的特性。回归分析旨在通过分析自变量（或特征）与连续因变量之间的关系，构建出数学模型，以便准确地预测未来的连续数值结果。

以小宝宝身高预测为例，试图通过小宝宝的年龄来预测小宝宝的身高，身高可以有无限多个可能的值，如 50 cm、51 cm，甚至在 50 和 51 之间还存在无限多个值。这种预测结果是某一个确定数，而具体是哪个数有无限多种可能的问题，这类问题称为回归问题。预测的这个变量

（身高）因为有无限多种可能，在数轴上是连续的，所以称这种变量为连续变量。

回归问题涉及了建立数学模型，通过分析输入特征（如小宝宝的年龄）和输出结果（身高）之间的关系来进行预测。这种模型的目标是捕捉变量之间的趋势和模式，以便在未来的场景中进行准确的预测。在回归分析中，常使用线性回归等方法，通过拟合出最佳的数学函数来描述输入特征与连续输出之间的关系。

3.1.3 回归应用场景

回归问题涉及预测连续变量的值，这些值在一定范围内可以取无限多个可能的数。这种问题在实际中广泛应用，从医学研究到经济预测，都需要利用回归分析来进行精准的预测和解释。回归分析是一种用于探究变量之间关系的统计分析方法，适用于很多领域和场景，包括但不限于以下几个方面：

金融领域：用于研究经济变量之间的关系，如收入和消费、物价和通货膨胀等。

市场营销：用于研究市场营销中的因果关系，如广告投入和销售额、价格和销售量等。

能源领域：用于研究能源需求及价格的关系，如实际 GDP 与能源需求及能源价格的关系等。

城市规划：用于预测和分类等任务，如房价预测、客户流失预测等。

工业制造：用于研究工程中的因果关系，如温度和电阻、工艺参数和产品质量等。

1. 金融领域

在金融领域，线性回归可以用于预测股票价格、货币汇率、利率等。它可以帮助投资者做出决策，例如：买入或卖出股票，或者何时进行外汇交易。

以下是一个关于预测股票价格的线性回归的例子：

假设要预测某家公司的股票价格，可以收集一段时间内的历史数据，包括公司的财务指标（如营业收入、利润等）以及市场因素（如整体市场指数、利率等）。这些指标可以作为自变量，而股票价格则作为因变量。

通过线性回归分析，可以建立一个数学模型，通过对历史数据进行回归分析，可以估计出回归系数的值，从而建立起预测模型。一旦模型建立完成，我们就可以利用新的财务和市场数据，输入到模型中，预测出未来某个时间点的股票价格。这样的分析有助于投资者更好地理解财务指标与股票价格之间的关系，从而在制订投资策略时更有依据。

2. 市场营销

在市场营销领域，线性回归可以用于预测产品销售额、市场份额等。它可以帮助企业决定营销策略，例如：如何定价、如何推广产品、销售额预测等。

以下是一个关于预测销售额的线性回归的例子：

假设一个公司想要预测其产品在不同广告投入下的销售额。他们可以收集一段时间内的数据，包括每个广告渠道的投入金额、促销活动、竞争对手的市场份额等作为自变量，而销售额则作为因变量。

通过线性回归分析，可以建立一个模型来描述广告投入和其他因素与销售额之间的关系。通过对历史数据进行回归分析，可以估计出这些回归系数的值，从而建立预测模型。当公司希望投入新的广告活动时，他们可以将新的投入数据代入模型，预测出相应的销售额。这有助于市场营销团队更好地理解各种因素对销售额的影响，从而制订更精确的市场策略。

3. 能源领域

在能源领域，线性回归可以用于预测能源需求和供应情况。它可以帮助能源公司制订能源生产计划和能源供应策略，例如：如何控制能源生产和配送、能源消耗预测等。

以下是一个关于能源消耗预测的线性回归的例子：

假设一家工厂想要预测其能源消耗量，他们可以收集一段时间内的数据，包括生产量、温度、生产设备的使用时间等作为自变量，而能源消耗量则作为因变量。

通过线性回归分析，可以建立一个模型来描述这些因素与能源消耗量之间的关系。通过对历史数据进行回归分析，可以估计出这些回归系数的值，从而建立能源消耗量的预测模型。当工厂需要调整生产计划或管理能源成本时，他们可以将新的数据输入模型中，预测出不同情况下的能源消耗量。这种分析可以帮助工厂更好地理解不同因素对能源消耗的影响，从而采取相应的措施来降低能源消耗，提高能源利用效率。

4. 城市规划

在城市规划领域，线性回归可以用于预测城市发展趋势和土地利用情况。它可以帮助城市规划和管理部门制订城市规划和发展策略，例如：如何分配土地资源、如何控制城市扩张、人口增长的预测等。

以下是一个关于人口增长预测的线性回归的例子：

假设一座城市希望预测未来几年内的人口增长情况。他们可以收集过去几年的人口数据，同时考虑一些影响因素，如就业机会、教育资源、生活质量等，作为自变量，而人口增长率则作为因变量。

通过线性回归分析，可以建立一个模型来描述这些因素与人口增长率之间的关系。通过对历史数据进行分析，可以估计出这些回归系数的值，从而建立一个预测模型。当城市规划师需要预测未来的人口增长趋势时，他们可以将新的数据输入模型中，预测不同情况下的人口增长率。这种分析方法可以帮助城市规划师更好地理解不同因素对人口增长的影响，从而采取适当的规划措施，确保城市能够满足未来的人口需求，提供足够的社会资源和服务。

5. 工业制造

在工业制造领域，线性回归可以用于预测生产效率和产品质量。它可以帮助工业制造公司制定生产计划和生产控制策略，例如如何分配生产资源、如何控制生产成本、预测设备故障等。

以下是一个关于设备故障预测的线性回归的例子：

假设一个工厂想要预测一台机器的故障时间，他们可以收集该机器的运行数据，如温度、压力、运行时间等作为自变量，而故障时间则作为因变量。

通过线性回归分析，可以建立一个模型，描述这些因素与机器故障时间之间的关系。通过对历史数据进行回归分析，可以估计出这些回归系数的值，从而建立一个预测模型。当工厂需要预测某台机器的故障时间时，他们可以将新的运行数据输入模型中，预测不同条件下的故障时间。这种分析方法可以帮助工厂更好地了解不同因素对设备故障的影响，从而采取维护和保养措施，减少生产中的停工时间和损失。

3.2 从房价预测中理解线性回归

3.2.1 房价预测背景介绍

房价预测是一个经典的机器学习问题，影响房价最大的因素就是房屋的面积和地段，这里主要分析房屋面积对房价的影响。

现在有一个房价数据集，图3-3为不同的房屋面积对应不同的价格。

房屋面积/m²	房价/万元
85	178
153	315
120	250
95	195
130	280

图3-3 不同的房屋面积对应不同的价格

比如当房子面积是85 m^2时，房子的价格是178万元；当房子的面积是153 m^2时，房子的价格是315万元，现在假设一套房子的面积是100 m^2，那么能通过这些数据集评估出房子价格吗？

这个问题就是初中学习的$y=kx+b$的问题，x就是房屋面积，y就是价格，基于上述数据计算出k和b，然后就可以代入$x=100$，求出y了。

换种方式理解：可以将房屋面积作为自变量（x），房价作为因变量（y），然后使用线性回归模型来拟合这些数据。线性回归模型的形式为

$$y=\beta_0+\beta_1 x+\varepsilon$$

其中，β_0和β_1是回归系数，表示截距和斜率，ε是误差项。通过拟合数据，我们可以估计出这两个系数的值，从而建立起面积与房价之间的线性关系模型。

通过分析回归系数，我们可以解释模型对于房价预测的影响。使用线性回归模型，我们可以进行房价预测。例如，假设有一套房屋面积为100 m^2，我们可以通过代入回归模型中，计算出预测的房价：

$$\hat{y}=\beta_0+100\beta_1$$

3.2.2 线性回归

1. 线性回归概述

线性回归（linear regression）是指全部由线性变量（一次项）组成的回归模型，它假设自变量和因变量之间存在着线性关系，并且可以用一个线性方程来描述这种关系。

线性回归描述两个及两个以上变量之间的线性关系，按涉及变量的多少，可分为一元线性回归和多元线性回归。

(1) 一元线性回归。

一元线性回归是用来描述单个变量和对应输出结果的关系。在一元线性回归中，只涉及一个自变量（通常表示为x）和一个因变量（通常表示为y），用于建立一个线性关系模型来预测因变量y在给定自变量x值时的值。

一元线性回归的模型形式如下：

$$y = \beta_0 + \beta_1 x + \varepsilon$$

其中，y表示因变量，x表示自变量，β_0和β_1分别表示截距项和自变量x的回归系数，ε表示误差项。一般而言，假定误差项ε的期望为0，或假定对所有x而言ε具有同方差性，对一元线性回归模型两边求数学期望得到：$\hat{y}=\beta_0+\beta_1 x$，如图3-4所示。

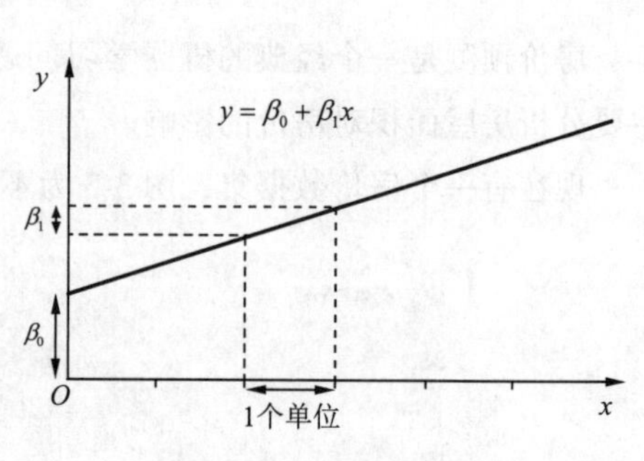

图3-4 一元线性回归

(2) 多元线性回归。

因为在实际的建模过程中遇到的问题往往更加复杂，用单个变量不能满足描述输出变量的关系，所以需要用到更多的变量来表示与输出之间的关系，也就是多变量线性回归。

多变量线性回归也称为多元线性回归。它用于建立多个自变量和一个因变量之间的线性关系模型。在多元线性回归中，假设因变量可以由多个自变量以及一个截距项线性组合而成，通过最小化预测值与实际观测值之间的误差来拟合数据，从而找到最优的回归系数。

多元线性回归的模型形式如下：

$$y = \beta_0 + \beta_1 x_1 + \beta_2 x_2 + \cdots + \beta_n x_n + \varepsilon$$

其中，y表示因变量，$x_1, x_2, \cdots, x_n$表示不同的自变量，$\beta_0, \beta_1, \beta_2, \cdots, \beta_n$表示回归系数，$\varepsilon$表示误差项。每个自变量都乘以对应的回归系数，最终通过线性组合得到预测值。

2. 线性回归的特点

线性回归是一种常用的回归分析方法，具有以下优点和缺点：

(1) 线性回归的优点：

① 建模速度快，不需要很复杂的计算，在数据量大的情况下依然运行速度很快，适用于大规模数据集。即使在高维数据集中，线性回归仍能保持较快的运行速度。

② 可以根据系数给出每个变量的理解和解释。线性回归的系数可以量化每个变量对因变量的影响程度，这使得能够评估和比较变量的重要性。

③ 对异常值很敏感。线性回归对异常值较为敏感，异常值可能对模型的拟合和预测结果产生较大的影响。在使用线性回归时需要注意异常值的处理。

④ 在小数据集上表现很好。相比于复杂的机器学习模型，线性回归在小数据集上表现较好。当可用的数据有限时，线性回归提供了一个可靠的建模方法。

⑤ 结果可解释，并且易于说明。线性回归提供了一个简洁直观的数学模型，可以通过系数的解释来理解和解释每个变量对因变量的影响，这使得结果易于说明和解释。

(2) 线性回归的缺点：

① 不适用于非线性数据。线性回归仅能处理线性关系的数据，对于具有非线性关系的数据，线性回归的表现可能受限。

② 预测精确度较低。由于线性回归假设了线性关系，其预测精确度在复杂数据集上可能较低。对于具有复杂模式和非线性关系的数据集，应选择更适合的模型。

③ 容易出现过度拟合。线性回归可能存在过度拟合的风险，特别是在特征较多或数据噪声较大的情况下。适当的正则化或特征选择技术可以帮助减轻过度拟合问题。

④ 分离信号和噪声的效果不理想，在使用前需要去掉不相关的特征。

⑤ 不了解数据集中的特征交互。线性回归假设自变量之间不存在显著的特征交互作用。这可能导致无法准确地捕捉数据中特征之间的复杂关系。

3. 线性回归的应用

线性回归在各个领域都有广泛的应用，以下是几个具体的例子来说明线性回归的应用：

（1）一元线性回归举例。

通俗地讲，一元线性回归就是指自变量只有一个，研究单变量对因变量的影响，比如身高（x）对体重（y）的影响、汽车速度（x）对刹车距离（y）的影响等。

假设你正在研究人们的身高与体重之间的关系，并收集了一组数据，图 3-5 为身高和体重之间的数据关系。

身高/厘米	体重/kg
160	55
170	60
175	65
180	70
185	75
190	80

图 3-5　身高和体重之间数据关系

在这个例子中，身高（x）是自变量，体重（y）是因变量。可以使用一元线性回归来分析身高与体重之间的关系。模型的形式为

$$y = \beta_0 + \beta_1 x + \varepsilon$$

其中，β_0 和 β_1 是回归系数，ε 是误差项。通过对这些数据进行一元线性回归分析，可以估计出回归系数的值，即 β_0 为 20，β_1 为 0.3。这表示每增加 1 cm 的身高，体重平均增加 0.3 kg。

通过一元线性回归模型，可以预测不同身高的人的体重，从而了解身高与体重之间的关系，并在需要时进行相关的分析和决策，比如评估健康指标或者制订体重管理计划。

（2）多元线性回归举例。

多元线性回归则是研究多个自变量对因变量的影响，比如：影响体重的因素不仅仅有身高，可能还有一些其他因素。

当谈论多元线性回归时，关注的是多个自变量（也称为特征）和一个因变量之间的关系。当考虑多元线性回归时，我们可以举一个关于体重与多个因素之间的关系的例子。

假设正在研究影响个体体重的因素，除了身高，还考虑了年龄和代谢率作为可能的影响因素。收集了一组数据，图 3-6 为身高、年龄、代谢率和体重之间的数据关系。

身高/cm	年龄/岁	代谢率/(kcal/d)	体重/kg
160	25	1800	55
170	30	2000	60
175	28	1900	65
180	35	2100	70
185	40	2200	75
190	32	2000	80

图 3-6　身高、年龄、代谢率和体重之间的数据关系

在这个例子中，体重（y）是因变量，而身高（x_1）、年龄（x_2）和代谢率（x_3）都是自变量。我们可以使用多元线性回归来分析这些因素与体重之间的复杂关系。模型的形式为

$$y = \beta_0 + \beta_1 x_1 + \beta_2 x_2 + \beta_3 x_3 + \varepsilon$$

通过对这些数据进行多元线性回归分析，可以估计出回归系数的值。例如，估计结果可能为

$$\hat{y} = 20 + 0.1x_1 + 0.3x_2 + 0.01x_3$$

这表示体重不仅受身高影响，还受年龄和代谢率的影响。每增加 1 cm 的身高会使体重平均减少 0.1 kg，每增加 1 岁的年龄会使体重平均增加 0.3 kg，每增加 1 kcal 的代谢率会使体重平均增加 0.01 kg。

通过多元线性回归模型，可以更全面地了解多个因素对个体体重的综合影响，从而进行更深入的分析和预测，以便做出更准确的结论和决策。

3.2.3　岭回归

1. 岭回归概述

岭回归（ridge regression）是一种经典的线性回归分析方法，是用来解决线性多重共线性问题的线性回归模型，也称为岭迹分析。

分析岭回归之前首先要说明共线性（collinearity）的概念：共线性是自变量之间存在近似线性的关系，因为回归分析需要我们了解每个自变量与输出之间的关系，高共线性就是说自变量间存在某种函数关系，如果两个自变量（x_1 和 x_2）之间存在函数关系，那么当 x_1 改变一个单位时，x_2 也会相应改变，这样就没办法固定其他条件来对单个变量对输出的影响进行分析了，因为所分析的 x_1 总是混杂了 x_2 的作用，这样就造成了分析误差，所以回归分析时需要排除高共线性的影响。

岭回归模型是在线性回归基础上引入 L2 正则化的一种扩展，用于处理多重共线性，提高模型的稳定性和泛化能力。通过合理选择正则化参数，可以在数据拟合和模型复杂度之间取得平衡，得到更可靠的回归分析结果。

岭回归的模型可以表示为

$$y = \beta_0 + \beta_1 x_1 + \beta_2 x_2 + \cdots + \beta_p x_p + \alpha \sum_{i=1}^{p} \beta_i^2$$

式中，y 表示预测的因变量值；$x_1, x_2, \cdots, x_p$ 是自变量；$\beta_0, \beta_1, \beta_2, \cdots, \beta_p$ 是回归系数。

岭回归的目标是最小化损失函数和正则化项之和，以获得稳定的回归系数估计。公式最后一项就是 L2 正则化项，α 是正则化参数，通过调整 α 的值控制正则化的强调，平衡数据拟合和

模型复杂度，从而获得更加稳健和可靠的回归系数估计。

2. 岭回归的特点

岭回归通过引入 L2 正则化来调整普通线性回归模型，以解决自变量之间高度相关性带来的挑战。具有以下优点和缺点：

（1）岭回归的优点：

① 岭回归可以解决特征数量比样本量多的问题。岭回归通过引入 L2 正则化项，可以有效应对特征数量多于样本数量的情况，防止过拟合并提高模型的稳定性。

② 岭回归可以判断哪些特征重要或者不重要，类似于降维的效果。岭回归可以根据系数的大小来评判特征的重要性，通过调整正则化参数，可以使一些特征系数缩小甚至趋近于零，实现了类似于降维的效果，同时提高了模型的解释性。

（2）岭回归的缺点：

① 如果指数选择不当容易出现过拟合。如果正则化参数选择不当，岭回归可能会面临过拟合的问题。过小的正则化参数可能导致对训练样本过度拟合，而过大的正则化参数可能导致欠拟合。

② 难以对数据特征之间具有相关性的非线性数据或多项式回归进行建模。岭回归是一种线性模型，难以很好地处理数据特征之间具有相关性的非线性数据或多项式回归。对于这些情况，需要使用其他非线性模型或多项式回归等更适合的方法。

③ 很难很好地表达高度复杂的数据。岭回归在对高度复杂的数据进行建模时可能受限。某些复杂关系和模式可能无法被线性模型准确表达和捕捉。

3. 岭回归应用

假设在分析医疗数据时，想研究一组患者的生命期望（y），可能会考虑年龄（x_1）、体质指数（BMI）（x_2）、吸烟情况（x_3）和家族病史（x_4）等因素。假设你收集了一组医疗数据（见图 3-7），包括这些因素以及患者的实际生命期望。

年龄	BMI	吸烟情况	家族病史	生命期望
50	25.5	是	有	75
65	30.2	否	无	82
45	22.7	否	有	68
70	28.1	是	无	78
55	24.6	是	有	72

图 3-7　医疗数据

在这个例子中，你可以使用多元线性回归来探究这些因素与患者生命期望（y）之间的关系。假设你想建立一个模型来预测患者的生命期望，模型如下：

$$y = \beta_0 + \beta_1 x_1 + \beta_2 x_2 + \beta_3 x_3 + \beta_4 x_4 + \alpha \sum_{i=1}^{p} \beta_i^2$$

通过多元线性回归，你可以根据数据集来估计回归系数 β_0、β_1、β_2、β_3、β_4，这些系数表示了每个因素对患者生命期望的影响。通过引入 L2 正则化（岭回归），可以控制回归系数的大小，以减少模型的复杂度和过拟合的风险。

在这个例子中，你可能会发现年龄和家族病史对生命期望的影响比较显著，而吸烟情况和BMI可能也会有一定影响。岭回归可以帮助你更稳定地估计回归系数，从而得出更准确的结论。

3.2.4 套索回归

1. 套索回归概述

套索回归（lasso regression）是一种用于线性回归的稳定性正则化方法，它可以在拟合数据时有效地减少模型的复杂度，并具有变量选择的功能。

套索回归模型是一种用于线性回归的正则化模型，其目的是在建模过程中对模型参数进行约束，从而实现特征选择和降低模型的复杂性。套索回归模型通过在线性回归的基础上引入L1正则化项，来对模型的回归系数进行惩罚，从而使得某些系数趋近于零，实现特征的稀疏性。

套索回归的模型形式可以表示为

$$y = \beta_0 + \beta_1 x_1 + \beta_2 x_2 + \cdots + \beta_p x_p + \lambda \sum_{i=1}^{p} |\beta_i|$$

式中，y 表示因变量（待预测的值）；$x_1, x_2, \cdots, x_p$ 是自变量（特征）；$\beta_0, \beta_1, \beta_2, \cdots, \beta_p$ 是回归系数；式中最后一项就是L1正则化项。

套索回归的目标是最小化以下目标函数：

$$\text{损失函数(误差)} + \lambda \sum |\beta_i|$$

式中，损失函数用于衡量模型预测值与实际观测值之间的误差；$|\beta_i|$表示模型的回归系数的绝对值之和；λ 是正则化参数，用于控制正则化的强度。通过调整 λ 的值，可以实现对模型的正则化程度调节，从而控制特征的稀疏性和模型的复杂性。

2. 套索回归的特点

套索回归是一种线性回归的变体，通过引入L1正则化项来实现特征选择和模型稀疏性的优化。具有以下优点和缺点：

（1）套索回归的优点：

① 特征选择。套索回归可以自动选择对目标变量具有最强预测能力的特征，将其他特征的系数缩小甚至趋近于零。这有助于剔除对模型预测能力贡献较小的特征，提高模型的解释性和泛化能力。

② 稀疏性。相比传统的线性回归方法，套索回归更倾向于生成稀疏模型。这意味着套索回归中的部分特征系数会取零值，从而实现了模型的稀疏性。通过稀疏性，套索回归可以更容易地进行模型解释和特征筛选，减少冗余特征的影响。

③ 克服多重共线性问题。多重共线性是指自变量之间存在高度相关性的情况。套索回归通过引入L1正则化项，可以有效地克服多重共线性问题，提高特征系数的稳定性和可靠性。

④ 可解释性。套索回归产生的模型相对简洁，具有较好的可解释性。通过特征系数的大小及正负符号，可以推断变量对目标变量的影响方向和强度。

（2）套索回归的缺点：

① 对数据特征之间具有相关性的非线性关系建模困难。套索回归是一种线性模型，难以很好地处理数据特征之间存在非线性关系的情况。对于这些情况，需要使用其他非线性模型或多项式回归等更适合的方法。

② 可能出现过拟合问题。如果正则化参数选择不当，套索回归可能会面临过拟合的问题。过小的正则化参数可能导致对训练样本过度拟合。

③ 对于样本量小于特征量的问题。当特征数量远大于样本数量时，套索回归可能无法进行有效的特征选择，也就是无法正确地选择相关特征，导致模型性能下降。

3. 套索回归应用

假设你是一名医学研究员，正在研究心脏病发病风险与不同生活习惯因素之间的关系。你收集了一组数据（见图 3-8），其中包括了个体的吸烟指数（x_1）、饮酒频率（x_2）、运动时间（x_3）以及其心脏病发病风险得分（y）。

吸烟指数	饮酒频率	运动时间	心脏病发病风险得分
10	2	30	5.6
5	1	45	3.8
15	3	20	7.2
3	1	60	2.9
8	2	40	4.5

图 3-8 心脏病发病风险与不同生活习惯因素之间的数据

你想建立一个套索回归模型，以便确定哪些生活习惯因素对心脏病发病风险的影响最大，并且在建模过程中进行特征选择。

通过应用套索回归，你可以建立以下模型：

$$y = \beta_0 + \beta_1 x_1 + \beta_2 x_2 + \beta_3 x_3 + \lambda \sum_{i=1}^{3} |\beta_i|$$

在这个模型中，β_0、β_1、β_2、β_3 是回归系数，代表了各自变量对心脏病发病风险的影响程度。

通过套索回归，你可以调整正则化参数 λ，以控制特征的稀疏性。较大的 λ 值将导致模型更倾向于选择对心脏病发病风险有较大影响的因素，而过滤掉其他不相关的因素。

通过套索回归，你可以得到一个模型，其中包含对心脏病发病风险影响最大的因素，如吸烟指数、饮酒频率等。这将帮助你更好地理解不同因素对心脏病风险的影响程度，并且可以为进一步的医学研究提供有价值的线索。

4. 套索回归和岭回归比较

（1）岭回归与套索回归的相似处。

① 解决多重共线性问题：岭回归和套索回归都用于解决线性回归中的多重共线性问题，即自变量之间的高度相关性。

② 正则化技术：两者都在原线性回归的损失函数中加入了正则化项，以减少模型的复杂度，防止过拟合。

③ 参数调整：两者都通过调整正则化参数（岭回归中的 α，套索回归中的 λ）来平衡模型的拟合能力和泛化能力。

（2）岭回归与套索回归的区别。

① 岭回归引入的是 L2 正则化项，而套索回归引入的是 L1 正则化项。

② L1 正则化项可以导致某些参数变为零，从而实现特征选择，而 L2 正则化项不会导致参数变为零。

③ 由于 L1 范数惩罚的稀疏性，套索回归的计算量通常小于岭回归，尤其是在高维数据集上。

3.2.5 弹性网络回归

1. 弹性网络回归概述

弹性网络回归（elastic net regression）是一种结合了岭回归和套索回归的线性回归模型。它综合了岭回归和套索回归的优点，同时解决了它们各自的一些限制。它引入了 L1 和 L2 正则化项，通过调节两个正则化参数来平衡岭回归和套索回归的影响，从而实现特征选择和模型稀疏性的优化。

弹性网络回归模型的目标函数可以表示为

$$\text{ElasticNet}(\beta)=\sum(Y-\boldsymbol{X}\beta)^2+\lambda p\sum|\beta|+\frac{\alpha(1-p)}{2}\sum\beta^2$$

其中，Y 是目标变量，$\boldsymbol{X}$ 是特征矩阵，β 是回归系数，λ 控制 L1 正则化的强度，影响特征选择，α 控制 L2 正则化的强度，影响模型的复杂度，混合参数 p 控制 L1 正则化和 L2 正则化的比例。通过调节这两个正则化参数，弹性网络回归可以在特征选择和模型稀疏性之间取得平衡，从而优化模型的性能。

2. 弹性网络回归的特点

虽然弹性网络回归结合了岭回归和套索回归的优点，但每种模型仍有自己的特点：

弹性网络回归的优点是可以处理高度相关的特征，并且能够产生稀疏权重系数和平滑的权重系数，但运算时间稍长。

3. 弹性网络回归的应用

弹性网络回归广泛应用于特征选择和回归预测中。它可以处理高维数据集，抵制噪声干扰和过拟合现象。同时，它还可以处理缺失值和异常值的数据，具有较强的健壮性。

假设你是一名市场营销分析师，正在研究广告投入与产品销售额之间的关系。你收集了一组数据（见图 3-9），包括不同广告渠道的投入金额（x_1）、社交媒体宣传次数（x_2）、电视广告播放次数（x_3），以及对应的产品销售额（y）。

广告投入/万元	社交媒体宣传次数	电视广告播放次数	销售额/万元
100	20	10	500
80	15	8	420
120	25	12	550
90	18	9	460
110	22	11	530

图 3-9 广告投入与产品销售额之间的关系数据

你想建立一个弹性网络回归模型，以确定不同广告渠道的投入金额以及宣传次数对产品销售额的影响。

通过应用弹性网络回归，你可以建立以下模型：

$$y = (Y - (x_1\beta_1 + x_2\beta_2 + x_3\beta_3))^2 + \lambda p(|\beta_1| + |\beta_2| + |\beta_3|) + \frac{\alpha(1-\beta)}{2}(\beta_1^2 + \beta_2^2 + \beta_3^2)$$

在这个模型中，β_1、β_2、β_3 是回归系数，代表了各自变量对销售额的影响程度。

正则化参数 λ、α、p 来控制 L1 和 L2 正则化的权重，从而影响模型的稀疏性和拟合程度。

通过弹性网络回归，你可以找到对销售额影响最大的广告投入和宣传次数，同时排除对销售额影响较小的因素。弹性网络回归可以帮助你建立一个更精确和解释性强的销售预测模型。

3.2.6 二次回归

1. 二次回归概述

二次回归（quadratic regression）是回归分析中的一种方法，用于建立自变量（特征）与因变量之间的关系模型。与线性回归不同，二次回归允许考虑自变量的平方或更高次项，从而可以捕捉到自变量与因变量之间的非线性关系。

假设存在一个点集，用一条线去拟合它分布的过程。如果拟合曲线是一条直线，则称为线性回归，图 3-10 为线性回归。如果是一条二次曲线，则被称为二次回归，图 3-11 为二次回归。

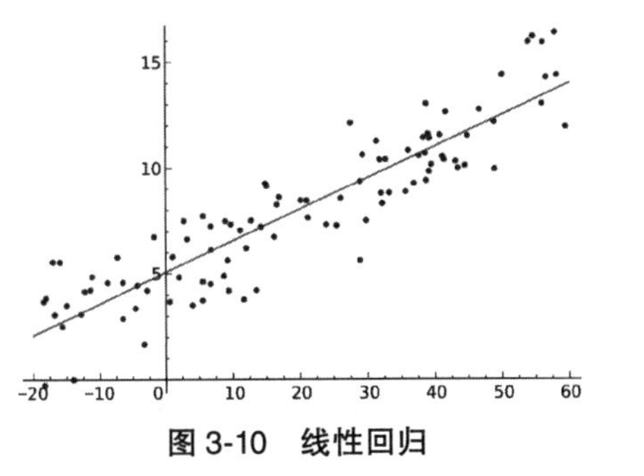

图 3-10　线性回归

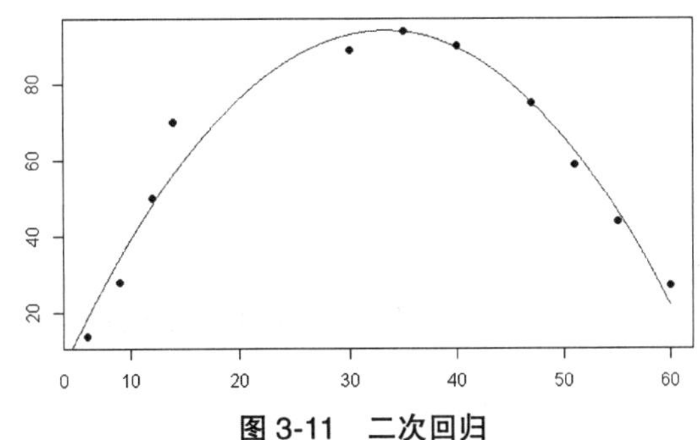

图 3-11　二次回归

在二次回归中，模型的形式可以表示为

$$y = \beta_0 + \beta_1 x + \beta_2 x^2 + \varepsilon$$

式中，y 是因变量（预测的结果）；x 是自变量（特征）；β_0、β_1、β_2 是回归系数，代表了自变量的权重；x^2 表示自变量 x 的平方；ε 表示模型无法捕捉的随机误差。

二次回归的关键之处在于引入了自变量的平方项，这样模型可以更好地拟合曲线关系。通过拟合实际数据，可以估计出回归系数的值，从而建立起一个能够描述自变量和因变量之间非线性关系的模型。通过使用二次回归，可以更准确地预测因变量在不同自变量取值下的变化趋势，进而做出更有针对性的决策。

2. 二次回归的特点

二次回归是一种非线性回归方法，使用二次多项式函数来拟合数据。它具有以下特点：

（1）捕捉非线性关系：二次回归可以更好地捕捉数据中的非线性关系。通过引入二次多项式函数，可以建模数据中的弯曲形状和曲线趋势，更准确地描述变量之间的关系。这使得二次回归在存在明显的非线性关系的情况下比线性回归更适用。

（2）更灵活的拟合能力：相比线性回归的直线拟合，二次回归可以拟合更加曲线的模型形状。这使得二次回归可以适应更多样的数据分布并提供更精确的预测。

（3）拟合的灵敏度：二次回归对数据的变动更加敏感。小的数据变化可能会导致二次回归模型系数的显著变化。这可能是优点，当数据变化很明显时，二次回归可以更好地反映这种变化。然而，这也可能是缺点，当数据带有噪声或极端值时，模型容易出现过拟合。

（4）参数解释：二次回归模型的系数具有直观的解释。二次回归模型的系数可以用来衡量变量对模型曲线的形态和方向的影响。正的二次系数表示曲线的凹形（往上开口），而负的二次系数表示曲线的凸形（往下开口）。

3. 二次回归的应用

二次回归的应用范围很广，适用于许多实际问题，如物理学、生物学、工程学等领域中存在着非线性关系的数据。

假设你是一名生物学研究员，正在研究一种植物的生长高度与环境温度之间的关系。你已经收集了一组数据，包括不同温度下植物的生长高度。图 3-12 为植物的生长高度（y）与环境温度（x）之间的关系数据。

温度/(℃)	植物生长高度/(cm)
15	20
20	25
25	28
30	24
35	18

图 3-12　植物的生长高度与环境温度之间的关系数据

你认为植物的生长高度可能与温度之间存在一个抛物线关系，即温度越接近某个特定值，生长高度会达到最大值。

通过应用二次回归，可以建立以下模型：

$$y = \beta_0 + \beta_1 x + \beta_2 x^2 + \varepsilon$$

在这个模型中，β_0、β_1、β_2 是回归系数，代表了温度（x）和温度平方（x^2）对植物生长高度（y）的影响程度。ε 表示误差项，即模型无法捕捉的随机变化。

二次回归模型允许你考虑温度与植物生长高度之间的非线性关系，从而更准确地描述植物生长的模式。通过估计回归系数，你可以找到生长高度达到最大值的温度，并且可以预测在其他温度下的植物生长高度。

3.2.7　多项式回归

1. 多项式回归概述

多项式回归（polynomial regression）是研究一个因变量与一个或多个自变量间多项式关系的回归分析方法。多项式回归模型是非线性回归模型中的一种，也可以做如下理解：

（1）研究一个因变量与一个或多个自变量间多项式的回归分析方法，称为多项式回归。

（2）如果自变量只有一个时，称为一元多项式回归；如果自变量有多个时，称为多元多项式回归。

（3）在一元回归分析中，如果因变量y与自变量x的关系为非线性的，但又找不到适当的函数曲线来拟合，则可以采用一元多项式回归。在这种回归技术中，最佳拟合线不是直线，而是一个用于拟合数据点的曲线。

多项式回归的模型形式可以表示为

$$y = \beta_0 + \beta_1 x + \beta_2 x^2 + \beta_3 x^3 + \cdots + \beta_n x^n + \varepsilon$$

式中，y是因变量（预测的结果）；x是自变量（特征）；$\beta_0, \beta_1, \cdots, \beta_n$是回归系数，代表了自变量的权重；$x^2, x^3, \cdots, x^n$表示自变量的高次项；$\varepsilon$表示模型无法捕捉的随机误差。

通过引入高次项，多项式回归可以更精确地逼近数据中的非线性关系，从而提供更准确的预测和分析。多项式回归在实际应用中非常灵活，可以适应各种数据形态，包括弯曲的、非线性的关系。

2. 多项式回归的特点

多项式回归是一种非线性回归方法，其优点和缺点如下：

（1）多项式回归的优点：

① 能够拟合非线性可分的数据，更加灵活地处理复杂的关系，可以根据系数给出每个变量的理解和解释。通过引入多项式函数，可以更好地捕捉数据中的非线性关系，提高模型的拟合度。通过增加多项式的阶数，可以更精细地描述数据中的曲线趋势或特定的模式。

② 因为需要设置变量的指数，所以它是完全控制要素变量的建模。可以通过指定变量的指数来准确地定义模型，也可以通过选择不同的指数，可以控制变量在模型中的影响和作用方式。

③ 需要一些数据的先验知识才能选择最佳指数。为了选择最佳的指数，通常需要一些先验知识或者领域专业知识，以指导我们在多项式回归中选择合适的变量指数。选择最佳的指数取决于多个因素，包括研究问题的特性、数据的特点以及领域专家的见解。

④ 建模快速，简单的关系对于小数据非常有效。对于小数据和简单的关系，建模速度和简单性是非常重要的考虑因素。在这种情况下，可以使用简单的建模技术来快速获得有效的结果。

（2）多项式回归的缺点：

① 如果指数选择不当容易出现过拟合。选择的多项式阶数过高或不适当，多项式回归容易出现过拟合问题。过高的阶数可能会导致模型对噪声和随机变动过于敏感，使得模型在训练集上表现很好，但在新数据上的预测能力较差。

② 难以对数据特征之间具有相关性的非线性数据或多项式回归进行建模。多项式回归在对数据特征之间具有相关性的非线性数据进行建模时较为困难。在存在高度相关性的特征时，多项式回归的结果可能不够稳定或不符合实际。

③ 很难很好地表达高度复杂的数据。多项式回归相对于其他更复杂的非线性回归方法，在表达高度复杂数据模式和关系方面可能存在一定的限制。当数据具有非常复杂的模式或特征之间的相互作用时，多项式回归的能力可能不足以很好地捕捉这些复杂性。

3. 多项式回归的应用

假设你正在分析某城市的空气质量，你可能会关注空气中各种污染物的浓度与相关因素的关系。假设你想探究温度和湿度对空气中二氧化硫（SO_2）浓度的影响，可以使用多项式回归来建立模型。图 3-13 为温度和湿度对空气中二氧化硫浓度的影响数据。

温度/℃	湿度/%	SO_2浓度/10^{-6}
25	60	0.8
30	65	0.9
20	50	0.6
15	45	0.5
28	55	0.7

图 3-13　温度和湿度对空气中二氧化硫浓度的影响数据

可以使用多项式回归来探索温度（x_1）和湿度（x_2）对 SO_2 浓度（y）的综合影响。假设选择二次回归，模型形式为

$$y = \beta_0 + \beta_1 x_1 + \beta_2 x_2 + \beta_3 x_1^2 + \beta_4 x_2^2 + \beta_5 x_1 x_2 + \varepsilon$$

式中，β_0 是截距项，代表当温度和湿度都为零时的二氧化硫浓度。β_1 和 β_2 分别是温度和湿度的一次项系数，代表它们对二氧化硫浓度的线性影响。β_3 和 β_4 分别是温度和湿度的二次项系数，代表它们对二氧化硫浓度的非线性影响。β_5是温度和湿度的交叉项系数，代表温度和湿度共同作用对二氧化硫浓度的影响。ε 是误差项，代表模型未能解释的随机变异。

通过拟合这个模型，我们可以得到回归系数$\beta_0,\beta_1,\beta_2,\beta_3,\beta_4,\beta_5$的估计值，从而得到更准确地描述温度、湿度与 SO_2 浓度关系的模型。

这个示例能够帮助理解多项式回归在多个因素影响下的应用，由于现实数据的复杂性，实际建模可能涉及更多的因素和变量。

3.2.8　线性回归与多项式回归的区别

1. 线性回归

（1）线性回归模型适用场景。

通过绘制数据的散点图可以初步判断数据是否适合使用线性回归模型。图 3-14 为适合线性回归散点图。通过散点图观察到数据点近似呈现线性分布的趋势，那么线性回归模型可能是适用的。线性关系的特征包括数据点在散点图上基本分布在一条直线附近、没有明显的曲线形状、随着自变量的增加，因变量呈现近似线性的增加或减少等。

（2）线性回归拟合。

线性回归模型适用于数据呈现线性关系的情况，即使数据不满足正态分布也可以进行拟合。线性回归通过拟合最小二乘法来估计模型参数，以线性关系描述自变量与因变量之间的关系。对于不满足正态分布的数据，线性回归模型仍然可以提供有效的拟合结果，特别是在数据呈现明显的线性趋势时。线性回归模型对于简单的关系具有很好的解释能力，计算效率高，参数估计也相对简单。

这组数据不属于正态分布，用线性回归就可以很好地进行拟合，如果用多项式回归拟合度

会很差。图 3-15 为线性回归拟合。

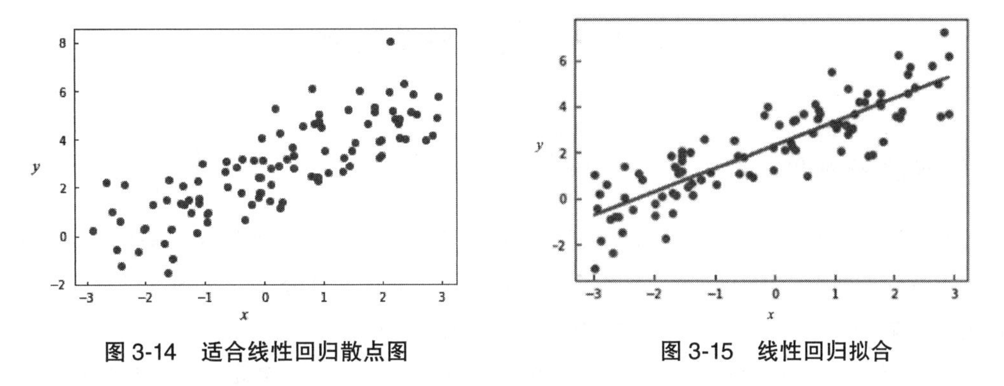

图 3-14 适合线性回归散点图　　图 3-15 线性回归拟合

2. 多项式回归

（1）多项式回归模型适用场景。

在实际应用中，我们通常通过绘制散点图和观察数据的分布形态来初步判断是否适合使用多项式回归模型。给定的数据趋势如果表现为明显的曲线形状，例如二次曲线、指数曲线、对数曲线等，而不是简单的直线趋势，那么多项式回归模型可能适用于拟合这种数据。图 3-16 为适合多项式回归散点图。

（2）多项式回归拟合。

多项式回归拟合是指使用多项式回归模型来拟合数据，并找到最优的多项式阶数和模型参数，以更好地描述自变量和因变量之间的非线性关系。在多项式回归拟合过程中，我们通过增加多项式的阶数来灵活地拟合非线性关系。多项式回归拟合的目标是通过最小化观测值与模型预测值之间的残差平方和，来估计多项式的阶数和模型参数的最优值。通过选择合适的多项式阶数，可以更准确地拟合数据的非线性趋势。

显然，图 3-17 为多项式回归拟合，这组数据用线性回归拟合效果很差，如果用多项式回归拟合程度很高。

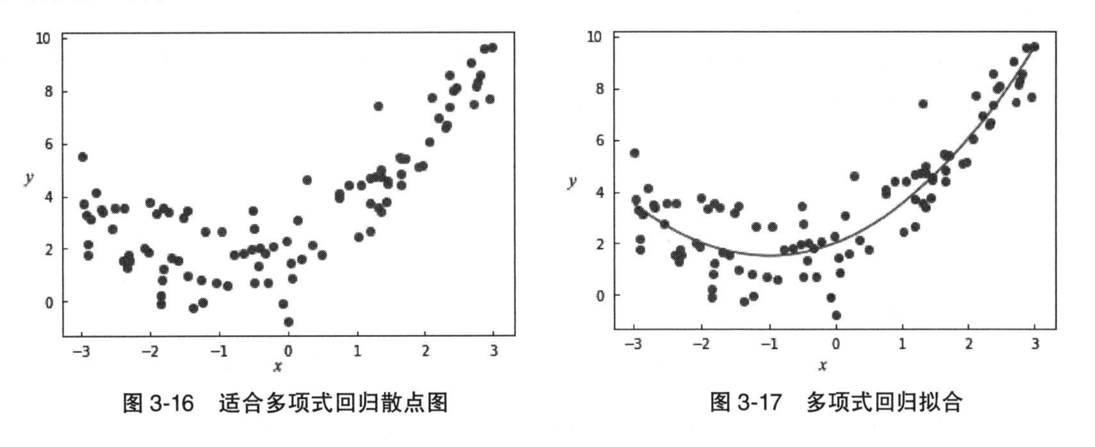

图 3-16 适合多项式回归散点图　　图 3-17 多项式回归拟合

3.3 窥探预测结果

3.3.1 神经元模型

神经元模型是模拟生物神经元行为的数学模型，用于构建人工神经网络（artificial neural networks）进行信息处理和学习任务。神经元模型以生物大脑中的神经元为基础，通过模拟神经元之间的连接和信号传递，实现对输入数据的处理和模式识别。

在神经元模型中，一个神经元可以看作是一个基本的信息处理单元。它接收来自其他神经元的输入信号，并根据这些输入信号的权重进行计算或者处理，在经过激活函数（activation function）的作用后，生成输出信号，并将其传递给其他神经元。

根据生物神经元的模型抽象出如图 3-18 所示的数学结构：用向量 $\boldsymbol{x}=(x_1,x_2,x_3,\cdots,x_n)^{\mathrm{T}}$ 表示神经元的输入，然后经过函数映射 $f:\boldsymbol{x}\to y$，展开为标量形式的表达式 $f(\boldsymbol{x})=w_1x_1+w_2x_2+\cdots+b$。

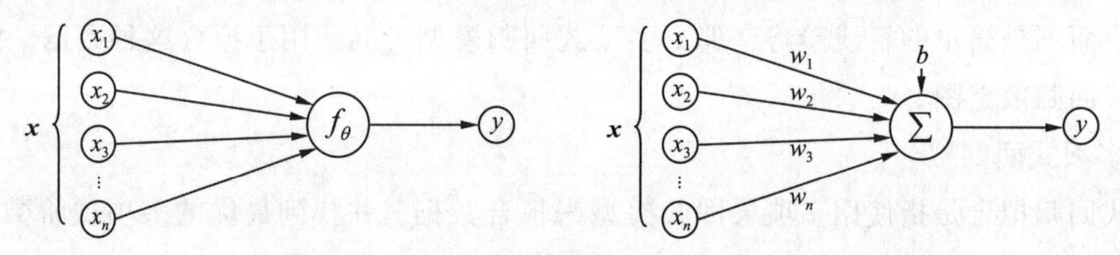

图 3-18　生物神经元的模型抽象出数学结构

这里需要注意的是，本书专注于探讨房价的影响因素，因此只关注房屋的面积这一变量。基于这个考虑，简化了神经元模型的标量表达式为 $f(x)=w_1x_1+b$。

在这个模型中，参数 $\Theta=\{w_1,w_2,\cdots,w_n,b\}$ 确定了神经元的形态，通过固定这些参数，就可以确定神经元的处理逻辑。值得强调的是，在深度学习领域，$\boldsymbol{w}=(w_1,w_2,\cdots,w_n)$ 称为权重，以数组的形式表示；b 称为偏置。

通过上述描述，可以建立预测模型，并根据自变量和因变量的记录值构建一元线性回归方程 $y=\boldsymbol{wx}+b$。通过训练数据来确定模型中的权重 $\boldsymbol{w}$ 和偏置 b 的值，最终实现对房价的预测。其中：

- $\boldsymbol{x}$ 是神经元的输入向量，表示房屋的面积。
- $\boldsymbol{w}$ 是权重，衡量了面积对房价的影响程度。
- b 是偏置，表示在没有面积影响时的房价。

3.3.2 损失函数

损失函数（loss function）是机器学习和统计建模中的一个关键概念，用于衡量模型预测结果与实际观测值之间的差异。损失函数的设计目的是量化模型的预测误差，使我们能够通过调整模型参数来最小化这个误差，从而使模型更准确地拟合数据。

不同的机器学习任务和模型类型可能会使用不同的损失函数。以下是一些常见的损失函数：

（1）均方误差（mean squared error，MSE）：用于回归问题，计算实际值与预测值之间的平均平方差。

（2）平均绝对误差（mean absolute error，MAE）：用于回归问题，计算预测值与真实值之间的绝对差值的平均值，更加关注误差的绝对大小。

（3）交叉熵损失（cross entropy loss）：用于分类问题和概率估计，衡量预测结果与真实标签之间的差异。

（4）对数损失（log loss）：用于二分类问题，基于对数函数衡量模型输出与真实标签之间的差异。

（5）感知损失（perceptron loss）：用于感知机模型，在误分类样本上增加一定的损失。

（6）Hinge 损失：用于支持向量机模型，促使决策函数与正确类别的间隔最大化。

通过上述描述，由于观测误差的存在，希望找到一组最贴合的直线去拟合若干的数据的点。选择均方误差函数，表达式为

$$L=\frac{1}{n}\sum_{i=1}^{n}(\boldsymbol{w}x^{(i)}+b-y^{(i)})^2$$

这里需要注意的是，选择适当的损失函数取决于任务的性质和模型的特点。通过优化算法（如梯度下降）来最小化损失函数，模型将逐步调整参数以更好地拟合数据，从而提高在新数据上的泛化性能。我们需要搜索一组最优的参数 w，b，使得损失函数的值最小，而寻找最优的 w（权重）和 b（偏置）最常用的方法就是梯度下降法。

3.3.3 梯度下降法

梯度下降法（gradient descent）是一种优化算法，用于调整模型的参数以最小化损失函数。它是机器学习和深度学习中常用的优化方法之一。

梯度下降法的基本思想是通过计算损失函数对参数的梯度（导数），找到使损失函数下降最快的方向，然后沿着这个方向更新参数，逐步逼近损失函数的最小值。这个过程可以类比于在山上找到最低点的路径，每一步都是朝着下坡方向走。

梯度下降法可以用一个形象的例子来解释：假设我们身处一片山脉，要去最低的山谷处找宝藏。但是我们被蒙着眼睛看不到山脉的全貌并且不知道自己在哪里，那么该如何用最快速度找到宝藏呢？最简单的策略就是走一步看一步。走一步要解决两个问题：方向和步长，方向决定向哪走，步长决定走多远。决定方向最简单的策略就是在当前所处的位置上感受哪个方向是“最陡”的，向下最陡的方向就是我们下一步要走的方向。决定了方向后该如何选择“步长”？走的步子太大可能错过最低的低谷；走的步子太小又浪费时间，因此我们要根据经验来选择一个适中的步长走下一步。就这样走一步决定一步，一步一步走到最低的低谷，我们就可以获得宝藏，可以简称这个策略为“最陡方向下降”。

我们将上述例子抽象成一个数学问题，就可以很清楚地理解梯度下降算法的数学表示。梯度下降算法中所谓的“梯度”就是上文中“最陡的方向”的概念，“梯度下降算法”实际上就是上文所述的“最陡方向下降”。

当应用到函数中，就是找到最优解（最优解也就是要求得的一元线性关系的权值和偏置项）。梯度下降法又实现在模型的反向传播中。因为梯度的方向就是函数变化最快的方向。之前介绍均方误差作为损失函数的时候，希望损失函数达到最小，也就是误差达到最小。此时就应用梯度下降法对均方误差求梯度。需要对 w，b 参数不断地迭代更新，直到找到使均方误差最小

的值。图 3-19 为梯度下降算法的数学解释。

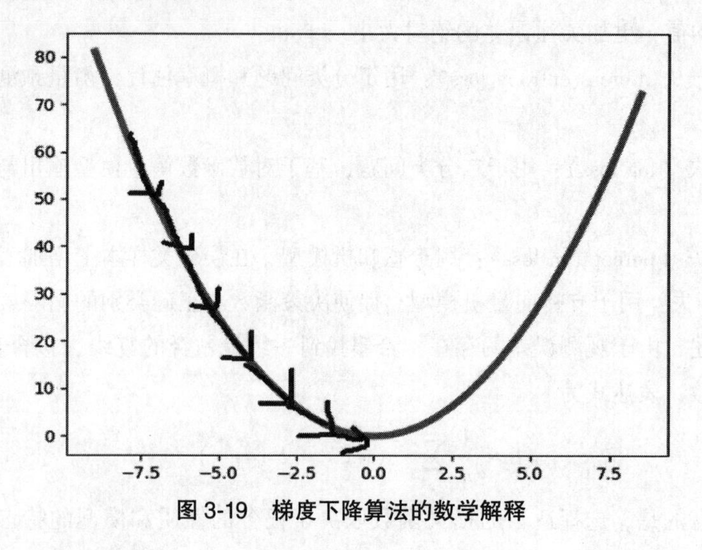

图 3-19　梯度下降算法的数学解释

3.3.4　回归模型评价指标

回归模型评价指标用于衡量回归模型预测结果与实际观测值之间的差异，帮助我们判断模型的性能和准确度。以下是常见的回归模型评价指标：

1. 平均绝对误差

平均绝对误差是一种常用的回归模型评价指标，用于衡量模型预测值与实际观测值之间的平均绝对差值。在计算的时候，先对真实值与预测值的误差求和，然后再取平均值。MAE 的计算公式如下：

$$\mathrm{MAE}=\frac{1}{n}\sum_{i=1}^{n}\left|y_i-\hat{y}_i\right|$$

式中，n 是样本数量；y_i 是实际观测值；$\hat{y}_i$ 是模型预测值。

MAE 衡量了模型的预测误差大小。MAE 范围：$[0,+\infty)$，当预测值与真实值完全吻合时等于 0，即完美模型，误差越大，该值越大。较低的 MAE 值表示模型的预测误差相对较小，更接近真实数据。MAE 在评价模型性能时具有直观性，但可能受到异常值的影响。

2. 平均绝对百分误差

平均绝对百分误差（mean absolute percentage error，MAPE）是一种常用的回归模型评价指标。它用于衡量模型的平均预测误差的百分比。平均绝对百分误差是对 MAE 改进后，通过计算真实值与预测的误差百分比避免了数据范围大小的影响。MAPE 的计算公式如下：

$$\mathrm{MAPE}=\frac{100\%}{n}\sum_{i=1}^{n}\left|\frac{y_i-\hat{y}_i}{y_i}\right|$$

式中，n 是样本数量；y_i 是实际观测值；$\hat{y}_i$ 是模型预测值。

MAPE 可以帮助我们了解模型的平均预测误差在实际观测值中所占的百分比。它是一个百分比指标，通常以百分比形式表示。较低的 MAPE 值表示模型的预测误差相对较小，更符合实际情况。然而，MAPE 也有一些限制，特别是在实际观测值接近零或为零的情况下，可能会导致分母为零或非常接近零，使得指标不稳定。

3. 均方误差

均方误差是一种常用的回归模型评价指标，用于衡量模型预测值与实际观测值之间的平均平方差。这个指标在计算时，先对实际值与预测值的误差平方后求和，再取平均值。

MSE 的计算公式如下：

$$\text{MSE} = \frac{1}{n}\sum_{i=1}^{n}(y_i - \hat{y}_i)^2$$

式中，n 是样本数量；y_i 是实际观测值；$\hat{y}_i$ 是模型预测值。

MSE 衡量了模型的预测误差的平方大小。较低的 MSE 值表示模型的预测误差相对较小，更接近真实数据。当预测值与真实值完全吻合时等于 0，即完美模型，误差越大，该值越大。MSE 在评价模型性能时广泛使用，然而，由于平方项的存在，MSE 对大误差值更加敏感，可能会受到异常值的影响。

4. 均方根误差

均方根误差（root mean squared error，RMSE）是一种回归模型评价指标，是均方误差（MSE）的平方根。它用于衡量模型预测值与实际观测值之间的平均平方根差异，从而评估模型的预测精度。

RMSE 的计算公式如下：

$$\text{RMSE} = \sqrt{\text{MSE}} = \sqrt{\frac{1}{n}\sum_{i=1}^{n}(y_i - \hat{y}_i)^2}$$

式中，n 是样本数量；y_i 是实际观测值；$\hat{y}_i$ 是模型预测值。

与 MSE 不同，RMSE 对预测误差进行了平方根操作，因此 RMSE 更加关注大误差值。与 MSE 相比，RMSE 在一定程度上降低了异常值的影响，因为平方根操作能够减轻较大误差值的权重。较低的 RMSE 值表示模型的预测精度相对较高，更接近真实数据。当预测值与真实值完全吻合时等于 0，即完美模型，误差越大，该值越大。

5. *R*2 分数

*R*2 分数，也称为决定系数（coefficient of determination），是一种常用于回归模型评价的指标，用于衡量模型对目标变量的解释能力。使用均值作为误差基准，看预测误差是否大于或者小于均值基准误差。*R*2 分数的取值范围在 0 到 1 之间，越接近 1 表示模型对目标变量的解释能力越强，越接近 0 表示模型解释能力较弱。

*R*2 分数的计算公式如下：

$$R2 = 1 - \frac{\text{RMSE}}{\text{var}} = 1 - \frac{\sum_{i=1}^{n}(y_i - \hat{y}_i)^2}{\sum_{i=1}^{n}(y_i - \hat{y}_i)^2}$$

式中，n 是样本数量；y_i 是实际观测值；$\hat{y}_i$ 是模型预测值；$\bar{y}_i$ 是实际观测值的平均值。

*R*2 分数衡量了模型预测值与实际观测值之间的差异占总变异的比例。如果模型的预测值很接近实际观测值，那么分子中的差异会很小，*R*2 分数会接近 1。如果模型的预测值离实际观测值较远，分子中的差异会较大，*R*2 分数会接近 0。当模型的预测效果等于随机猜测时，*R*2 分数可能会为负。

3.4 让回归任务更准确

3.4.1 回归任务优化策略

回归任务优化策略的目标是提高回归模型的准确性。提高回归模型的准确性对于实际问题具有重要意义。它不仅可以提高预测精度和决策依据的可靠性，还可以提高资源利用效率和企业竞争力，对于个人和组织来说都具有积极的影响。提高回归模型准确性的方法包括：

1. 获取更多的数据

增加数据，数据可以"告诉"我们更多的信息，而不是仅仅依靠假设和弱相关性来构建模型，更多的数据无疑能带来更好更精确的模型。获取更多的数据是提高回归模型准确性的重要方法之一。数据量越大，模型能够更好地学习数据中的模式和关系，从而提高预测的准确性。当数据量不足时，模型可能会过拟合，无法很好地泛化到新数据。

2. 处理丢失和异常值

处理丢失和异常值是提高回归模型准确性的另一个重要方法。训练数据中异常值的存在往往会降低模型精度或导致模型有偏见，使得最终的预测不准确，需要正确地分析与其他变量的行为和关系。通过处理丢失和异常值，可以使模型更稳健地进行训练和预测，提高回归模型的准确性和泛化能力。例如：使用插值等方法来填补丢失的数据，使数据集更完整；或者如果异常值数量较少，可以考虑删除这些异常值，以减少其对模型的影响等。

3. 特征工程

特征工程是提高回归模型准确性的关键步骤，它涉及从现有数据中提取更多信息，根据新功能提取新信息。这些特征可能具有较高的解释训练数据方差的能力，从而提高模型精度。例如：可以尝试不同的特征选择、降维技术（如主成分分析）和特征组合方法，以提高模型的表现。

4. 特征提取和特征选择

特征提取和特征选择的目标都是提高模型性能，但方法和适用场景略有不同。合理的特征提取和特征选择能够简化模型，减少计算复杂度，同时提供更好的解释性和预测性能。

特征提取是从原始数据中创建新的特征，以更好地捕捉数据的模式和关系。这些新特征可以是原始特征的组合、转换或衍生。特征提取可以通过以下方式实现：时间特征、文本特征、图像特征等。

特征选择是找出最好的属性子集的过程，它更好地解释了自变量与目标变量的关系。从原始特征中选择一部分最相关的特征，以降低维度、减少模型复杂度和噪声的影响。特征选择有助于减少过拟合，提高模型的泛化能力。

5. 算法调优

算法调优是为了使回归模型在给定数据上达到最佳性能而进行的过程。通过调整模型的超参数、选择合适的算法以及优化训练过程，可以提高回归模型的准确性和泛化能力。参数调优的目标就是为每个参数找到最优值，提高模型的准确率。常用的算法调优方法有超参数调优、特征选取等。

3.4.2 过拟合与欠拟合

过拟合（overfitting）和欠拟合（underfitting）是机器学习中常见的两个问题，涉及模型在训练和测试数据上的性能表现。

1. 过拟合

过拟合指的是模型在训练数据上表现非常好，但在未见过的测试数据上表现较差的现象。过度拟合了训练数据中的噪声和随机性，导致在测试集（或新数据）上表现不佳。过拟合的原因可以是模型过于复杂，或者训练数据过少。在过拟合的情况下，模型对于训练数据中的噪声和异常值过于敏感，而无法泛化到新的数据上。

2. 欠拟合

欠拟合指的是模型在训练数据和测试数据上的表现都较差，无法很好地捕捉数据中的模式和关系。欠拟合的特点是模型过于简单，模型没有足够的柔性去适应数据的变化，从而无法准确地进行预测。

解决过拟合和欠拟合问题的方法有所不同：

（1）针对欠拟合我们可以增加特征维度、使用较少的训练样本等方式来进行模型优化：

① 当线性回归模型欠拟合时通常使用增加特征维度来进行优化。

② 通过增加特征多项式来让模型更好地拟合数据。比如有两个特征 x_1、x_2，可以增加两个特征的乘积 x_1x_2 作为新特征 x_3，通过增加特征维度的方法让模型更好的拟合样本数据。

（2）针对过拟合可以增加惩罚项、减少特征输入个数、使用更多的训练样本等来进行模型优化：

降低模型的复杂度、减少迭代次数等方式来进行模型优化。比如，模型训练 10 次的时候在训练集和测试集上表现都不错，但是最终模型训练了 20 次，结果是在训练集上表现很好，在测试集上表现一般，此时可以适当降低训练次数。

3.4.3 线性回归案例

1. 任务背景（鲍鱼年龄预测）

鲍鱼的经济价值与其年龄呈正相关。因此，准确检测鲍鱼的年龄对于养殖者和消费者确定其价格非常重要。然而，目前决定年龄的技术是相当昂贵且低效的。养殖者通常会切开贝壳并通过显微镜计算环数来估计鲍鱼的年龄。此方法耗时费力，如何依据其他的一些参数来推测鲍鱼的年龄？

2. 数据集介绍

鲍鱼年龄数据集共有九列，第九列为年轮，即标签值，反映的是鲍鱼的年龄。前面八列为特征值，分别代表性别、长度、直径、高度、整体重量、去壳后重量、脏器重量、壳的重量，特征值中除了性别为离散值外，其余数据均为连续值。图 3-20 为鲍鱼部分数据。

	性别	长度	直径	高度	整体重量	去壳后重量	脏器重量	壳的重量	年轮
0	F	0.565	0.450	0.165	0.8870	0.3700	0.2390	0.2490	11
1	M	0.590	0.440	0.135	0.9660	0.4390	0.2145	0.2605	10
2	M	0.600	0.475	0.205	1.1760	0.5255	0.2875	0.3080	9
3	F	0.625	0.485	0.150	1.0945	0.5310	0.2610	0.2960	10
4	M	0.710	0.555	0.195	1.9485	0.9455	0.3765	0.4950	12

图 3-20　鲍鱼部分数据

性别列共有三个值，分别为雄性、雌性、未成年。图 3-21 为各性别的数据量，使用柱状图直观查看各个性别的数据量。观察可得，数据集按性别划分非常均衡。

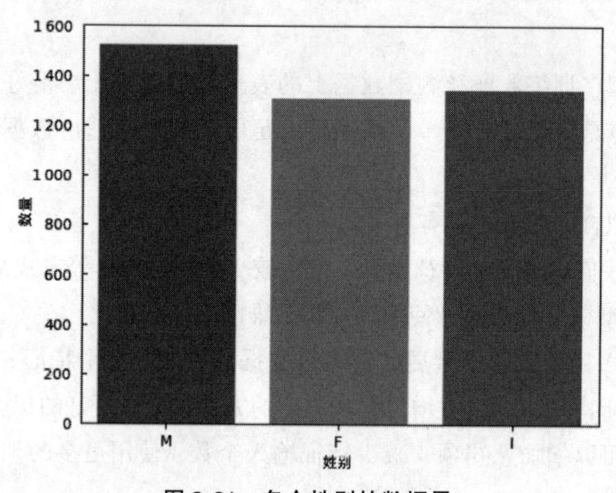

图 3-21　各个性别的数据量

如图 3-22 所示为不同属性之间的相关性，用除了性别以外的其余 8 列数据作为输入，画出热力图反映不同属性之间的相关性，数值越接近 1 表示相关性越大。观察可得，长度（Len）和直径（Dia）之间存在明显的线性关系。

3. 模型训练

将原始数据以 8∶2 的比例分为训练集和测试集，选取所有的特征列进行模型训练，共训练三个模型，分别为线性回归、岭回归、套索回归。

4. 模型效果

（1）三个模型的 MAE 指标分别为 1. 601 6，1. 598 4，1. 640 2。

（2）三个模型的 MSE 指标分别为 5. 300 9，4. 959，5. 1。

5. 最终结论

通过指标对比可以看出，岭回归在本任务表现相对比较优秀。

6. 优化策略

（1）从单独的特征列分析，可以考虑将原数据中的性别分布这一列，分为成年、未成年两部分，重新训练模型后查看效果有无提升。

（2）从属性相关性分析，可以将相关性比较高的特征进行剔除，比如长度和直径之间存在明显的线性关系，训练模型时考虑只选择其中一个特征。

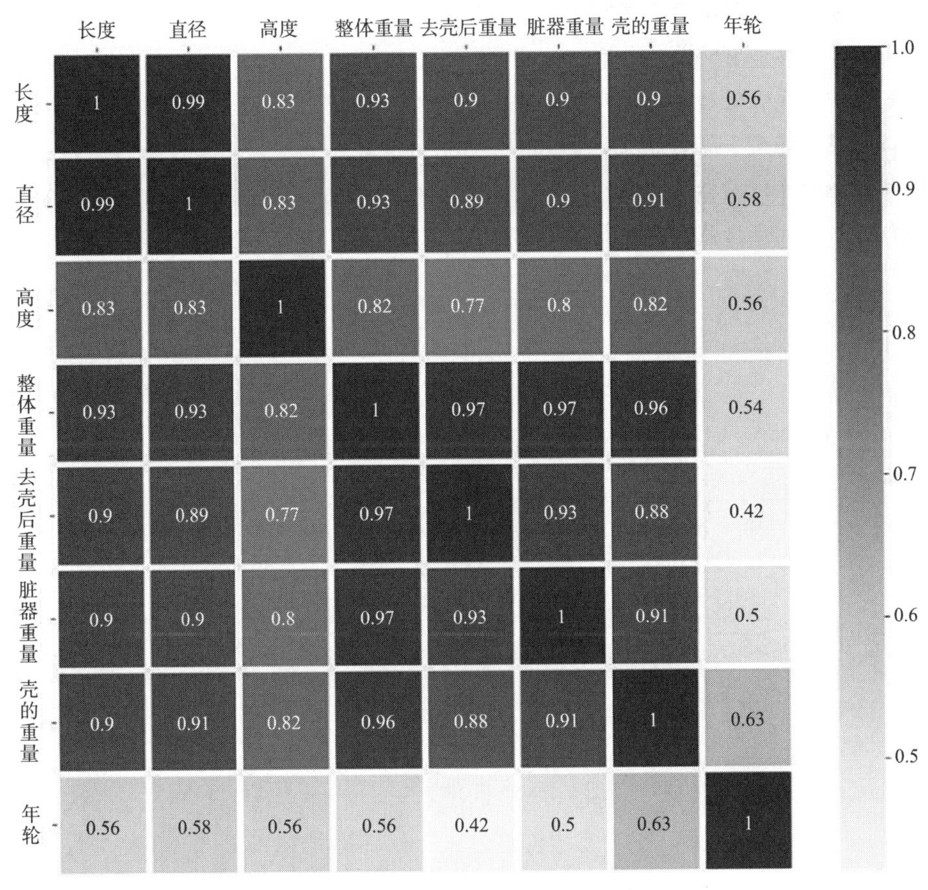

图 3-22 不同属性之间的相关性

（3）从数据本身缺陷分析，发现异常值可以进行手动调整，已知鲍鱼年龄最大不会超过100岁，如果数据中出现超过100岁的数据，那么可以将该条删除。

（4）从数据量分析，可以搜集更多的数据来提升模型效果。

（5）从模型分析，可以考虑使用其他的模型，比如决策树等。

小 结

回归分析是一种强大的工具，用于研究和解释自变量与因变量之间的关系，从而实现对未来趋势的预测。本章主要介绍了回归分析的基本概念、不同类型的回归模型和实际应用，以及如何评估和优化回归任务。

习 题

1. 什么是回归任务？
2. 回归和分类任务的区别有哪些？

3. 回归任务的应用领域有哪些？
4. 常用的回归算法有哪些？
5. 对线性回归模型进行举例说明。
6. 通俗的解释梯度下降的原理。
7. 回归模型的评价指标有哪些？
8. 回归算法的优化措施有哪些？

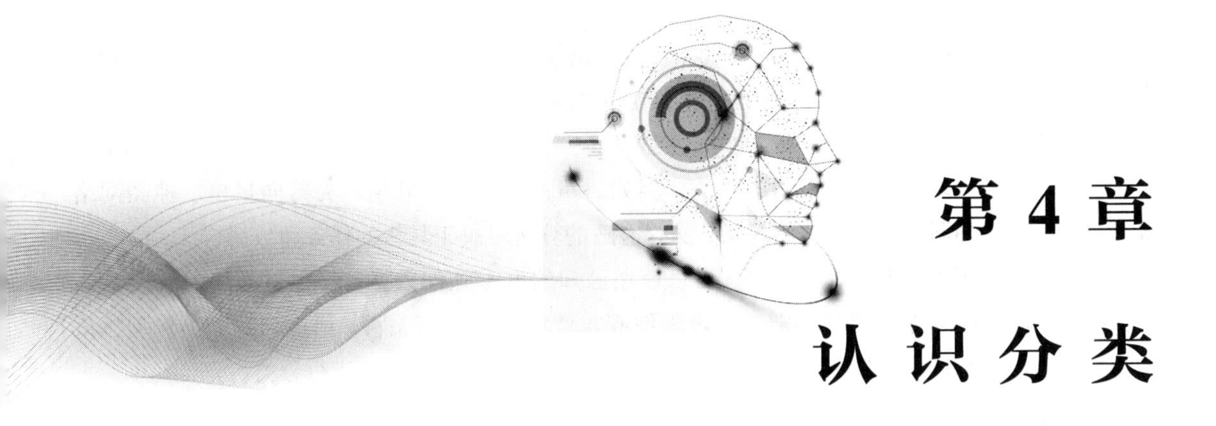

第 4 章 认识分类

【本章导学】

人工智能领域中，分类任务扮演着核心角色。它的目标是将数据分组至不同类别，以便能够对数据进行有意义的组织、分析和预测。本章将深入研究分类任务的不同方面。从介绍分类任务的基本概述，到探讨特征提取和介绍不同类型的分类器，以及通过鸢尾花分类实例揭示多类别分类问题，最后深入研究二分类。通过逐步探索，读者将全面了解分类任务，从而更好地将其应用于实际场景中。

【学习目标】

通过对本章内容的学习，读者应该能够做到：

1. 了解分类任务的相关概念。
2. 了解分类任务的目的。
3. 了解分类任务的流程。
4. 了解分类任务的应用领域。
5. 了解常用的特征提取算法。
6. 了解分类器的相关概念。
7. 了解常用分类器的相关知识。

4.1 分类任务概述

4.1.1 分类任务概念

分类任务是机器学习和自然语言处理领域中非常常见的任务之一。分类的直观理解就是给定样本的各类属性，根据模型或者某种规则将样本划分到若干不同的类别中。分类的官方定义：通过学习得到一个目标函数 f，把每个属性集 x 映射到一个预先定义的类标号中。这个目标函数 f 通常被称为分类模型（classification model）。

为了更好地理解分类任务，让我们来审视其中的关键概念。在分类问题中，通常会给定一组记录，这些记录构成了训练集。每条记录都由一个元组 (x,y) 表示，其中 x 是属性集，包含了描述样本特征的数据，而 y 是类标签，表示样本所属的类别。通过这些已知的样本和其类别信息，目标是构建一个分类模型 f，使其能够准确地将新的、未知的样本分配到正确的类别中。

分类任务的核心是训练一个机器学习模型，该模型能够根据输入数据的特征来预测其所属类别。分类模型可以采用多种不同的算法，例如决策树、朴素贝叶斯、支持向量机、神经网络等。这些算法有不同的特点和适用场景，选择合适的算法取决于具体的任务和数据特征。

一个常见的例子是电子邮件分类。可以使用已知的电子邮件数据，将每封邮件的属性（如发件人、主题、内容等）与其类别（垃圾邮件或非垃圾邮件）相关联。通过训练分类模型，该模型可以学习识别垃圾邮件和非垃圾邮件的特征，然后对新收到的邮件进行分类。

4.1.2 分类任务目的

分类任务的目标是将输入数据分为不同的预定义类别或标签。分类模型按照目的划分可分为描述性建模和预测性建模。

预测性建模是一种广泛应用于实际问题的方法。预测性是指建立完模型后用在一个未知的样本，确定它的类别。它侧重于使用分类模型对未知样本进行预测，即确定新样本属于哪个类别。这种方法的典型应用包括垃圾邮件过滤，图像识别等。例如：在电子邮件分类中，预测性建模可区分一封电子邮件是垃圾邮件还是非垃圾邮件；类似地，在图像识别中，可以使用预测性建模来判断一幅图像是猫还是狗。

描述性建模则注重对模型的解释性和特征的解释。描述性是指建立了一个分类模型之后，就可以得到哪些特征对哪些类别有决定性的作用，是一个解释性的工具。描述性建模在解释数据背后的规律和因果关系方面非常有用。例如：在房地产市场中，可以使用描述性建模来了解人们为什么买房。

4.1.3 分类任务举例

为了更好地理解分类任务，可以将其通俗地解释为预测某个样本所属的类别。在分类任务中，目标是对数据进行分类，将其归为不同的类别。这些类别可以表示为二分类问题（只有两个类别）或多分类问题（有多个类别）。这里以健康预测、癌症诊断和星座分类等示例来说明：

（1）健康预测：在健康预测中，尝试将人的健康状态分类为“健康”或“不健康”。这是一个二分类问题，其中“健康”被称为正例，而“不健康”被称为负例。

（2）癌症诊断：在癌症诊断中，希望根据医学检查结果来确定一个人是否患有癌症。这也可以是一个二分类问题，其中“患癌”是正例，而“未患癌”是负例。

（3）星座分类：在星座分类中，试图根据出生日期将一个人归入不同的星座类别，如水瓶座、天蝎座或射手座。这是一个多分类问题，因为有多个可能的星座类别。

分类任务的目标是训练一个分类器，该分类器能够根据数据的特征将其准确地归类到不同的类别中。对于二分类问题，我们关注正例和负例的区分；而对于多分类问题，我们致力于在多个类别之间进行准确分类。

4.1.4 分类任务流程

分类任务的一般流程包括训练和测试两个主要步骤：

（1）训练集由具有已知类别标签的记录组成，用于训练分类模型。通过训练集，模型可以学习不同类别之间的特征和模式，并建立分类规则。

（2）测试集用于评估模型在未知数据上的性能和泛化能力。测试集中的样本没有在训练过程中使用过，因此可以用来模拟模型在实际应用中遇到未知类别的情况。通过对测试集进行分类预测，可以评估模型的准确性、精确性、召回率等指标，以确定模型的质量和可靠性。

分类模型应用于类别标签未知的新数据。模型可以通过对新数据的特征进行分析和判断，预测其所属的类别或类别的概率。这样可以对未知数据进行分类，实现对新样本的快速和自动标记。

以上是一般的分类任务流程的两个主要步骤，具体步骤可能因任务的复杂性、数据的特点和问题的需求而有所不同。分类任务的流程通常包括以下步骤：

（1）数据收集：收集包含已知类别的训练数据和待分类的测试数据。训练数据应尽可能代表待分类数据的真实情况。

（2）数据预处理：对数据进行预处理以准备分类任务，包括数据清洗、去除噪声、特征选择、特征提取、特征转换等操作。预处理的目的是提取能够代表样本的特征，并减少数据中的噪声和冗余信息。

（3）特征工程：根据任务的特点和数据的特征，进行特征工程，包括特征构建、特征转换、特征归一化等操作。目的是提取有用的特征，使得分类模型能够更好地学习和预测。

（4）数据划分：将训练数据划分为训练集和验证集。训练集用于训练分类模型，而验证集用于评估模型的性能和调整参数。

（5）模型选择：根据任务的要求和数据的特点，选择合适的分类算法或模型。常用的分类算法包括朴素贝叶斯、支持向量机、决策树、随机森林、神经网络等。选择合适的算法可以提高分类模型的准确性和泛化能力。

（6）模型训练：使用训练集对分类模型进行训练。训练的过程是通过最小化损失函数来调整模型的参数，使其能够更好地拟合训练数据。

（7）模型评估：使用验证集对训练好的模型进行评估。常用的评估指标包括准确率、精确率、召回率、F1值等。评估结果可以帮助我们了解模型的性能，并进行调整和改进。

（8）参数调优：根据评估结果和领域知识，对模型进行调优。可以通过调整算法的参数、特征选择、添加正则化项等方法来提高模型的性能。

（9）模型应用：使用调优后的模型对未知样本进行分类预测。根据输入样本的特征，模型会给出所属类别的预测结果。

（10）模型评估和优化：根据实际应用的反馈和误差分析，对分类模型进行评估和优化。可以通过更新训练数据、调整特征工程、重新训练模型等方式来提高分类准确性和适应新的场景需求。

整个分类任务流程是一个迭代的过程，需要根据实际情况进行数据调整、模型优化，以达到更好的分类效果。同时，随着应用环境和数据的变化，分类模型也需要进行定期评估和更新。

4.1.5　分类任务应用领域

分类任务是一种用于探究变量特征与结果关系的方法，适用于很多领域和场景，包括但不限于以下几个方面：

（1）金融领域：用于研究经济变量之间的关系，如欺诈检测、信用评级以及公司破产预测等。

（2）市场营销：用于研究市场营销中的因果关系，如商品定价、客户分类等。

（3）生物领域：用于研究生物数据中的从属关系，如生物种类的分类、身体机能预测等。

（4）电商领域：用于研究用户购买意向及产品的关系，如个性化推荐、预测用户是否活跃等。

（5）广告宣传领域：用于研究宣传投入及后期营收的关系，如定向广告投放预测等。

（6）通信领域：用于手机等移动端预测和分类任务，如垃圾短信预测、骚扰电话预测等。

1. 金融领域

在金融领域，分类模型具有广泛的应用，可用于多种关键任务，包括欺诈检测、信用评级、网络安全、贷款违约预测以及公司破产预测等。这些应用帮助金融机构实现自动化的风险评估和决策，从而提高业务效率，减少风险损失，以及确保金融稳定。

金融领域一直以来都注重风险控制，无论是在投资理财还是借贷放款方面。特别是在互联网金融领域，微额借款（通常指借款金额在500～1 000元之间）因其服务对象的特殊性，被公认为是风险最高的领域之一。为了有效管理这种高风险领域，金融机构寻求使用分类模型来分析申请借款用户的信用状况，以预测他们是否会逾期还款。

通过利用分类模型，金融机构可以实现以下目标：

（1）欺诈检测：识别潜在的欺诈行为，包括信用卡欺诈、虚假交易等，以保护客户和机构的资产。

（2）信用评级：根据客户的信用历史和个人信息，对其进行信用评级，帮助决策是否批准贷款或信用卡申请。

（3）网络安全：检测和预防网络攻击，确保客户的金融信息和交易数据的安全性。

（4）贷款违约预测：预测贷款借款人是否会违约，帮助金融机构制定风险管理策略。

（5）公司破产预测：对企业进行财务分析，以预测其是否面临破产风险，有助于投资决策和风险控制。

在特别关注的微额借款领域，分类模型可以分析申请借款用户的信用历史、收入情况、借款用途等因素，以确定其是否有还款能力和意愿。这种分析有助于降低不良贷款风险，提高贷款组合的质量。

2. 市场营销

市场营销领域分类算法的应用非常广泛，只要是牵涉到把客户、人群、地区、商品等按照不同属性区分开的场景都可以使用分类算法。例如：通过人群分类来评估酒店或饭店如何定价，通过商品分类来考虑市场整体营销策略等。

根据用户累计下单次数、累计购买商品数量、距离最后一次下单时间的间隔天数、最长购买周期、最短购买周期、累计消费额等特征，可以将客户分为以下三类：

（1）忠诚客户：这些客户通常具有较高的累计下单次数和购买商品数量，他们购买频繁，对品牌或产品有高度忠诚度。他们可能需要特别的奖励和促销来保持其忠诚度。

（2）流失客户：这些客户已经有一段时间没有下单了，距离最后一次下单时间较长。他们的购买行为不稳定，可能已经对品牌或产品失去兴趣。识别流失客户并采取措施以重新吸引他们成为活跃客户是市场营销的一个挑战。

（3）普通客户：这是一个中间类别，包括那些购买不太频繁但也不完全流失的客户。对于这些客户，市场营销策略可能需要有针对性地促使他们更频繁地购买。

通过将客户进行分类，市场营销团队可以制订更具针对性的策略和活动。例如，对于忠诚客户，可以提供定制化的奖励计划，以保持其忠诚度；对于流失客户，可以实施重新激活策略，例如发送优惠券或个性化的推荐；对于普通客户，可以通过定期的促销活动来鼓励更多的购买。

3. 生物领域

随着现代科学技术的不断进步和社会与经济的快速发展，生物医学领域的研究也越来越得到人们的关注。从某种意义上说，研究分类模型在生物领域的应用是现阶段重要的研究方向之一，利用模型服务于生物研究已经成为生物领域发展必不可少的一步。

生物医学领域的分类模型应用涵盖了广泛的应用场景，其中之一是预测衰老标记。年龄不仅仅是身份证上的数字，它还与人体的生理状况和健康状态紧密相关。通过分析多项生理指标，分类模型能够预测一个人的实际年龄，这项工具将可以用于患者评估自己的衰老。

具体而言，分类模型可以基于患者的生理数据，如血压、心率、血糖水平等，来估算他们的实际年龄。这种预测不仅有助于了解个体的生理老化程度，还可以用于评估患者的整体健康状况。例如：如果一个人的生理年龄明显大于其实际年龄，这可能表明他的健康状况存在问题，需要更密切的监测和治疗。

4. 电商领域

分类技术在电商领域的应用是多种多样的。通过对用户需求和行为进行分析，电商企业可以在商品推荐、销售预测等领域拥有更强大的数据分析能力，从而实现更好的运营效率和用户体验。

在电商网站中，数以百万计的商品图片需要进行分类处理。例如，对于“拍照购”和“找同款”等应用功能，必须对用户提供的商品图片进行分类。这样可以提高用户体验，提供更准确的搜索结果和相关商品推荐。

为了提高电商推荐系统的效果，还可以提取商品图像的特征，并将这些特征提供给推荐和广告系统使用。通过对图像数据进行学习，可以实现对商品图像的分类和划分。这样的分类过程可以建立图像特征与商品属性的关联，从而为推荐系统提供更准确的依据。

利用分类技术对电商数据进行处理和分析，可以帮助电商企业更好地了解消费者的偏好和行为，预测销售趋势，优化库存管理，并提供个性化的推荐服务。分类技术在电商领域的应用还可以帮助识别欺诈行为和异常交易，提高电商平台的安全性。

此外，分类技术也可以在其他领域为电商企业创造差异化的竞争优势。例如，在客户服务和售后支持中，通过对用户问题和需求进行分类处理，可以提供更快速、准确的响应和解决方案。

5. 广告宣传领域

用户在上网浏览过程中，可能产生广告曝光或点击行为。对广告点击进行预测，可以指导广告主进行定向广告投放和优化，使广告投入产生最大回报。

为了实现广告点击的预测，研究人员使用了一份庞大的数据集，其中包含了100万名随机用户在六个月内的广告曝光和点击的详细日志数据。在这个数据集的基础上，研究旨在预测每位用户在接下来的8天内是否会在各监测点上发生点击行为。

这项研究的背后是为了实现广告点击的精确预测，以便广告主可以更精细地决定广告的投放策略。通过分析用户的历史行为、广告曝光情况以及监测点的数据，研究人员可以训练出有效的分类模型，以识别哪些用户在未来的8天内可能会点击广告。这种预测对于广告主非常有价值，因为它能够帮助他们将广告有针对性地展示给最有可能产生点击行为的用户，从而提高广告的点击率和转化率。

6. 通信领域

基于短信文本内容，结合机器学习算法和大数据分析挖掘，智能地识别垃圾短信及其变种成为当务之急。

垃圾短信识别与智能过滤技术的关键在于研究短信内容中的特征，并利用机器学习算法进行分类。首先，需要收集和整理大量的垃圾短信样本数据，以建立训练集。然后，通过对短信内容的文本挖掘和特征提取，可以获取短信中的关键信息，例如：词汇、短语、语法结构等。接下来，利用机器学习算法，例如：支持向量机、随机森林、神经网络等，构建垃圾短信分类模型，并利用训练集进行模型训练和优化。通过不断调整算法参数和模型结构，提高垃圾短信识别的准确率和效果。

为了应对不断变化的垃圾短信形式，还可以利用大数据分析技术进行短信内容的实时监控和分析。通过对海量垃圾短信数据进行挖掘和分析，可以发现新的垃圾短信变种、推测垃圾短信传播途径，并及时更新分类模型，提高识别效果。

垃圾短信识别与智能过滤技术的研究和应用对于保障用户通信安全、维护运营商声誉具有重要意义。通过智能过滤技术的应用，可以有效识别并防止垃圾短信的传播，提高用户的通信体验和安全感。

4.2 特征提取与特征表述

4.2.1 特征提取概述

特征提取是数据预处理的一部分，它涉及从原始数据中选择、转换和提炼出最相关和有价值的信息。在特征提取过程中，从原始特征中创建新特征集合，这些新特征通常更具代表性，能够更好地描述数据。

特征提取是从原始特征中提取新特征的过程，假设有 n 个原始特征（或属性）表示为 A_1, $A_2, \cdots, A_n$，通过特征提取，可以得到另外一组特征，表示为 $B_1, B_2, \cdots, B_m(m<n)$，注意到，这里用得到的新特征替代了原始特征，最终得到 m 个特征。

特征提取的作用在于减少数据维度和重新组合原始特征，以便于后续的使用。简单来说就是：减少数据维度，整理已有的数据特征。具体它可以从以下两个方面发挥作用：

首先，特征提取可以减少数据的维度。在大数据场景下，随着特征数量的增加，数据的维度也会增加，这可能导致维度灾难和计算复杂度的增加。通过特征提取，可以将原始特征进行压缩、选择或变换，从而将数据的维度减少到一个更合理的范围。这不仅有助于节省存储空间和计算资源，还能够提高后续算法的计算效率和准确性。

其次，特征提取可以整理已有的数据特征。在实际应用中，原始数据的特征可能存在冗余、噪声或不具有直接的可解释性。通过特征提取，可以将相关性较高的特征进行组合，挖掘出更具代表性和区分性的特征，从而提高模型的性能。

4.2.2　特征提取步骤

特征提取作为机器学习和数据分析中的关键步骤之一，它有助于将原始数据转换为可供机器学习模型使用的有意义的特征。其具体步骤和方法可以根据具体问题和数据的特点来选择，以下是通用的特征提取步骤：

（1）数据收集和预处理：首先需要收集和获取原始数据。对于数字型数据，常常需要进行数据清洗、缺失值处理、异常值检测等预处理操作，以确保数据的质量和一致性。

（2）特征选择：在特征提取之前，可以进行特征选择的步骤，通过评估和筛选原始特征的重要性和相关性，选择出对问题具有关键作用的特征。这有助于降低计算复杂度和减少噪声特征的影响。

（3）特征转换：在特征提取的过程中，有时需要对数据进行转换，以便于后续的处理和分析。常用的特征转换方法包括数值标准化（如归一化或标准化）、对数变换、指数变换等，旨在将数据映射到合适的尺度和分布，以提高算法的稳定性和收敛性。

（4）特征提取方法选择：根据具体问题和数据类型，选择合适的特征提取方法。常用的特征提取方法包括基于统计分析、信息论、频谱分析、降维等。具体的方法可以根据数据的分布、问题的要求和数据特征的理解来选择。

（5）特征提取操作：根据选择的特征提取方法，对原始数据进行特征提取操作。这可以包括提取统计特征（如平均值、方差等）、频域特征（如能量、频谱等）、时间序列特征、频数特征等。

（6）特征组合和生成新特征：除了提取原始特征外，可以根据领域知识和问题的背景，进行特征组合和生成新特征。例如，通过组合特征的乘积、差异或比例，可以获得更丰富的特征表达。

（7）特征评估和选择：在完成特征提取后，可以进行特征的评估和选择，以进一步筛选出对问题有用的特征。可使用相关性、方差、信息增益等指标进行评估，也可利用特征重要性的算法进行选择，如基于决策树的特征选择算法等。

图像特征提取在计算机视觉领域起着关键作用。下面对传统的图像特征提取流程进行整理和补充，传统的图像特征提取流程通常包括三个关键步骤：预处理、特征提取、特征处理。

1. 预处理

预处理阶段的主要目标是消除图像中的噪声和不必要的信息，同时突出重要的特征。以下是一些常见的预处理方法：

（1）图片裁剪：根据任务需求，对图像进行剪裁以保留感兴趣的区域。

（2）调整图片尺寸：将图像调整为标准大小，以确保后续处理的一致性。

（3）图片归一化：对图像的亮度、对比度等进行归一化处理，以减少光照变化的影响。

（4）灰度化：将彩色图像转换为灰度图像，简化处理过程，同时保留重要信息。

2. 特征提取

特征提取是图像处理的核心阶段，目的是从图像中提取出具有代表性的信息。传统的局部特征主要分为以下几类：

（1）角点特征：角点是图像中突出的点，通常与物体的边缘和角度相关。常见的角点检测算法包括 Harris 角点检测和 Shi-Tomasi 角点检测。

（2）梯度特征：梯度表示图像中像素值的变化情况，常用于边缘检测和纹理描述。Sobel 和 Canny 是常见的梯度算法。

（3）边缘特征：边缘表示图像中物体边界的特征，可通过边缘检测算法如 Sobel、Prewitt、Canny 来提取。

（4）纹理特征：纹理描述图像中重复的纹理模式，常用于纹理分类。常见的纹理特征提取方法包括局部二值模式（LBP）和灰度共生矩阵（GLCM）。

3. 特征处理

特征处理阶段的目标是进一步优化特征集，排除冗余信息和减少计算复杂度。常见的特征处理方法包括：降维，通过减少特征的维度来降低计算复杂性，常用的降维方法有主成分分析、奇异值分解（SVD）和线性判别分析。

4.2.3 特征提取方法

特征提取是机器学习和数据分析中的关键步骤，它有多种方法。以下是一些常用的特征提取方法：

（1）统计方法：通过统计某些特征在数据集中出现的频率或分布情况来提取特征。例如，计算词语的词频或 tf-idf 值，或者分析数据集中各个类别的分布情况。这些统计特征有助于捕获数据的重要性和分布情况。

（2）模型方法：通过训练一个模型，来提取出数据中最有用的特征。例如，使用深度神经网络或卷积神经网络等模型，来提取图像或文本数据中的特征。这些模型能够自动学习最相关的特征表示。

（3）预处理方法：通过对数据进行预处理，来提取出数据中最有用的特征。例如，使用图像增强或文本预处理等方法，来提取图像或文本数据中的特征。这些方法可以帮助减少数据中的噪声并突出关键特征。

（4）降维方法：通过将高维数据降维到低维，来提取出数据中最有用的特征。例如，常用的降维方法包括主成分分析和线性判别分析。这些方法有助于减少数据的复杂性，同时保留关键信息。

1. 主成分分析

主成分分析（principal component analysis，PCA）是一种常用的降维方法，用于提取数据中的主要特征。

PCA 的目标是将原始数据投影到一个新的坐标系中，新的坐标轴被称为主成分，其特点是能够最大化数据的方差。通过选择最大方差的主成分，可以保留数据的主要信息并减少数据的维度。

简单来说，就是将数据从原始的空间中转换到新的特征空间中，例如，原始的空间是三维的(x,y,z)，x、y、z分别是原始空间的三个基，可以通过某种方法，用新的坐标系(a,b,c)来表示原始的数据，那么a、b、c就是新的基，它们组成新的特征空间。在新的特征空间中，可能所有的数据在c上的投影都接近于0，即可以忽略，那么就可以直接用(a,b)来表示数据，这样数据就从三维的(x,y,z)降到了二维的(a,b)。

（1）PCA的流程：

① 对原始d维数据集做标准化处理。

② 构造样本的协方差矩阵。

③ 计算协方差矩阵的特征值和相应的特征向量。

④ 选择前k个最大特征值对应的特征向量，其中$k \leqslant d$。

⑤ 通过前k个特征向量构建映射矩阵$\boldsymbol{W}$。

⑥ 通过映射矩阵$\boldsymbol{W}$将d维的原始数据转换为k维的特征子空间。

（2）PCA的优点：

① 完全无参数限制。最后的结果只与数据相关，与用户是独立的。

② 用PCA技术可以对数据进行降维，达到对数据进行压缩的效果。

③ 各主成分之间正交，可消除原始数据成分间的相互影响。

④ 计算方法简单，易于在计算机上实现。

（3）PCA的缺点：

① 如果用户对观测对象有一定的先验知识，掌握了数据的一些特征，却无法通过参数化等方法对处理过程进行干预，可能会得不到预期的效果，效率也不高。

② 贡献率小的主成分往往可能含有对样本差异的重要信息。

2. 线性判别分析

线性判别分析（linear discriminant analysis，LDA）是一种经典的特征提取和降维方法，常用于解决分类问题。

LDA的主要目标是通过找到一个投影坐标系，将数据在低维空间中最大限度地分离不同类别之间的差异，同时最小化同一类别内部的方差。

不同于PCA方差最大化理论，LDA算法的思想是将数据投影到低维空间之后，使得同一类数据尽可能地紧凑，不同类的数据尽可能分散。

（1）LDA的流程：

① 对d维的原数据集进行标准化处理。

② 对于每一类别，计算d维的均值向量。

③ 构造类间的散布矩阵$\boldsymbol{Sb}$以及类内的散布矩阵$\boldsymbol{Sw}$。

④ 计算的特征值及对应的特征向量。

⑤ 选取前k个特征值所对应的特征向量，构造一个d维的转换矩阵$\boldsymbol{W}$。

⑥ 使用转换矩阵$\boldsymbol{W}$将样本映射到新的特征子空间。

（2）LDA的优点：

① LDA在样本分类时信息依赖均值而不是方差的时候，比PCA分类的算法更优。

② 在降维过程中可以使用类别的先验知识经验，而像PCA这样的无监督学习则无法使用类别先验知识。

（3）LDA的缺点：

① LDA与PCA都不适合对非高斯分布的样本进行降维。

② LDA降维最多降到类别数 $K-1$ 的维数。

③ LDA在样本分类信息依赖方差而不是均值的时候降维效果不好。

④ LDA可能过度拟合数据。

3. 二者比较

与PCA相比，LDA更适用于监督学习问题，因为它考虑了类别信息，可以提高模型的分类性能。然而，LDA的一个限制是在应用之前需要知道数据的类别标签，因此不适用于无监督学习。LDA和PCA都是常用的降维技术，但它们的目标、原理和应用有很大的区别。以下是LDA和PCA的主要比较：

（1）相同点：

① 两者均可以对数据进行降维。PCA通过找到数据中的主要方差方向来实现降维，LDA通过优化类别间和类别内的距离来实现降维。

② 两者在降维时均使用了矩阵特征分解的思想。PCA通过对数据的协方差矩阵进行特征值分解来找到主成分。LDA则通过对散布矩阵和类内散布矩阵的广义特征值问题进行求解来找到判别特征。

③ 两者都假设数据符合高斯分布。PCA通常假设数据符合高斯分布，因为它是基于协方差矩阵的特征分解。LDA更多地依赖于类别信息，它的假设更加关注数据在不同类别之间的分布。因此，LDA的高斯分布假设通常是关于类别内部数据的。

（2）不同点：

① LDA是有监督（训练样本有标签）的，而PCA是无监督（训练样本无标签）的。LDA是一种有监督的方法，它需要训练样本有标签信息，以便在降维的同时优化分类性能。而PCA是无监督的，它只关注数据的方差结构而不考虑类别信息。

② LDA降维最多降到类别数 $K-1$ 的维数，而PCA没有这个限制。LDA降维的维度通常受到类别数目的限制，这是因为在高于 $K-1$ 这个维度的情况下，投影后的数据不再有判别性。而PCA没有这个限制，它可以降低到任何维度。

③ LDA除了可以用于降维，还可以用于分类。它通过学习类别信息来选择最佳的投影方向，从而提高分类性能。PCA则通常用于数据的降维和去除冗余信息。

④ LDA选择分类性能最好的投影方向，而PCA选择样本点投影具有最大方差的方向。LDA选择最佳的投影方向以最大化类别间差异，这使得投影后的数据在类别之间更加分离。而PCA选择投影方向以最大化方差，它更关注数据的分布。

⑤ LDA可能会过拟合数据。LDA有可能在某些情况下过拟合数据，特别是当样本数相对较少时。这是因为它试图最大化类别间差异，可能会受到有限的样本数据的影响。因此，在使用LDA时需要小心处理。

4.3 分 类 器

4.3.1 分类器概述

分类任务的目标是训练一个分类器，该分类器能够根据数据的特征将其准确地归类到不同的类别中。在人工智能领域，分类器是在已有数据基础上构造出一个分类模型，该模型能够把数据库中的数据记录映射到给定类别中的某一个，从而应用于数据预测。分类器的应用广泛，涵盖了多个步骤和概念，下面是一个关于分类器相关概念的逻辑整理：

1. 特征提取

特征提取是分类器的基础，它通过从数据中提取有用的特征，以便分类器能够更好地进行分类。在图像识别中，可从图像中提取出颜色、形状等特征；在语音识别中，可提取声音的频率、能量等特征。通过选择与分类任务相关的特征，能更有效地表征和区分不同的类别。

2. 训练集和测试集

为了训练一个分类器，需要准备一组已知类别的数据作为训练集。通常将训练集分成两部分：一部分用于训练分类器，另一部分用于测试分类器性能。通过在训练集上学习模型参数，然后在测试集上评估分类器的性能，可以了解分类器的泛化能力和预测准确性。

3. 分类算法

选择合适的分类算法对分类器的性能至关重要。常见的分类算法包括朴素贝叶斯、决策树、支持向量机等。这些算法基于不同的原理和假设，适用于不同类型的数据和问题场景。根据具体任务需求选择最合适的算法，以获得最佳的分类效果。

4. 模型评估

评估分类器的性能对于了解其预测能力是必要的。通常使用精确率、召回率、F1 值等指标来评估分类器的准确性、召回率和综合性能。通过评估分类器的性能，可以对其进行改进和优化。

5. 优化方法

为了提高分类器的性能，可以采用一些优化方法，如特征选择、参数调整等。特征选择是从所有特征中选择最相关的特征进行分类；参数调整是在算法中调整参数以达到最优性能。通过优化方法，可以改善分类器的预测能力和效果。

4.3.2 构建分类器的步骤

分类器的构造和实施一般遵循以下几个步骤：

1. 数据准备

选定样本（包含正样本和负样本），将所有样本分成训练样本和测试样本两部分。训练样本用于训练分类器，它包含一些已经标记好的样本，其中正样本属于我们感兴趣的类别，而负样本则不属于该类别。而测试样本用于评估其性能，它包含一些未知类别的样本，既包括正样本也包括负样本。通过将测试样本集输入已经训练好的分类器，可以获得分类器对未知数据的分类结果。

2. 训练分类器

在训练样本上执行分类器算法，根据样本的特征和对应的类别标签，构建分类模型。不同的分类算法有不同的训练过程和参数设置，例如：朴素贝叶斯算法通过统计特征与类别的条件概率来学习模型，决策树算法通过构建一棵树来进行分类。除了朴素贝叶斯和决策树算法，还有很多其他分类算法，如支持向量机、逻辑回归、神经网络等，在训练过程和参数设置上也各有特点。根据具体问题和数据特点，选择适合的分类算法，并在训练过程中进行合适的参数调整，以构建出具有较好分类性能的分类模型。

3. 执行分类模型

在测试样本上执行分类模型，生成预测结果。将测试样本输入到分类模型中，根据模型学习到的规则和参数，将测试样本映射到相应的类别标签。在测试样本上执行分类模型的目的是评估分类器在未知数据上的泛化能力，并提供对分类器性能的客观评价。因此，测试样本的选择和分布应该在模型训练之前就确定好，以避免出现任何对分类器评估的偏见。

4. 评估分类模型

根据预测结果，计算评估指标来评估分类模型的性能。较高的准确率、召回率和F1值代表了分类模型的较好性能。通过计算评估指标，可以对分类模型的性能进行客观评价，并进行模型选择、优化和调整。

4.3.3 KNN算法

1. KNN算法概念

K近邻（k-nearest neighbors，KNN）算法是一种常用于分类和回归任务的监督学习方法。它的基本思想是通过计算样本之间的距离来进行分类或回归预测。K近邻就是K个最近的邻居，当需要预测一个未知样本的时候，就由与该样本距离最接近的K个邻居来决定。KNN算法既可以用于分类问题，也可以用于回归问题。当进行分类预测时，使用K个邻居中，类别数量最多（或加权最多）者，作为预测结果；当进行回归预测时，使用K个邻居的均值（或加权均值），作为预测结果。

KNN算法的分类原理可以类比为“墙头草”规则：“身边最近K个点是哪一类，自己就是哪一类，往往对自己的预测，就是身边K个点的平均”。这种分类方式的基本思想是认为邻近的样本具有相似的特征和类别，因此待预测样本的类别也应该与其邻居相似。例如，当要对一个未知样本的类别进行预测时，KNN算法会找到距离该样本最近的K个邻居样本。如果在这K个邻居样本中，有4个属于类别A，3个属于类别B，2个属于类别C，那么KNN算法就会预测该未知样本属于类别A，因为类别A出现的次数最多。另外，对于回归问题，KNN算法也可以类似地采用平均值的方式进行预测。根据身边最近K个邻居样本的数值，计算它们的平均值，作为待预测样本的预测值。

2. KNN算法中K值的选择

KNN的性能和K值的选择密切相关。KNN中的K是一个超参数，需要手动指定，K和数据有很大关系，一般情况下 K 小于 20，最好 K 的取值为奇数，防止出现平票而无法分类的情况。较小的 K 值会使模型更容易受到噪声的影响，导致模型复杂，可能出现过拟合。K 值越小，意味着模型复杂度变大，更容易过拟合。较大的 K 值会使模型更稳定，但可能导致模型欠拟合。K 值越大，学习的估计误差越小，但是学习的近似误差就会增大，容易造成欠拟合。因此，选择合适的 K 值是使用 KNN 时需要仔细考虑的问题。

图 4-1 为 KNN 算法中 K 值的选择，K 值为 1 时，待预测样本类别为方块；K 值为 3 时，待预测样本类别为三角形。

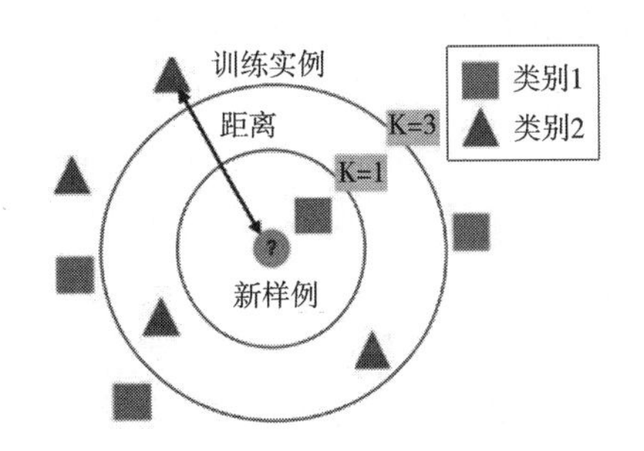

图 4-1　KNN 算法中 *K* 值的选择

3. KNN 算法优缺点

（1）KNN 算法的优点。

① 简单，易于理解，易于实现。KNN 算法不依赖于复杂的模型和参数估计，因此易于理解和实现。

② 只需保存训练样本和标记，无须估计参数，无须训练。KNN 算法在预测阶段仅需保存训练样本和标签，无须进行显式的训练过程，节省了训练时间。

③ 不易受小错误概率的影响。KNN 算法在决策过程中是通过邻居的多数投票来确定样本的类别，因此对于小错误概率的影响相对不敏感。

（2）KNN 算法的缺点。

① K 的选择不固定。KNN 算法中的 K 值需要手动选择，不同的 K 值可能导致不同的预测结果。选择合适的 K 值对于获得准确的分类结果很重要。

② 预测结果容易受含噪声数据的影响。KNN 算法对于训练数据中的噪声敏感，如果存在噪声或异常值，可能会干扰邻近样本的选择，导致错误的预测结果。

③ 当样本不平衡时，新样本的类别偏向训练样本中数量占优的类别，容易导致预测错误。

④ 具有较高的计算复杂度和内存消耗。KNN 算法需要计算未知样本与所有训练样本的距离，并找出最近的 K 个邻居样本。随着训练样本数量的增加，计算复杂度和内存消耗都会显著增加。

4.3.4　基于 KNN 算法的推荐系统

推荐算法是推荐系统中的重要组成部分，它通过分析用户的历史行为、个人兴趣和物品特征来为用户提供个性化的推荐。其中，K 近邻（KNN）算法是一种常用于推荐系统的方法。在利用 KNN 进行推荐的算法中，可以将其分为两种主要方法：

1. 基于物品的方法

该方法为目标用户推荐与他已经喜欢的物品相似的物品。它通过寻找与目标物品相似的其他物品来进行推荐，这种方法称为基于物品（item-based）方法。

2. 基于用户的方法

该方法先利用 KNN 算法找到与目标用户品味相似的其他用户，然后根据这些品味相近的用户的喜好来为目标用户进行推荐，称为基于用户（user-based）的方法。

通俗地理解，如果要预测用户 A 对电影 M 的评分，根据 KNN 的思想，可以先找出与用户 A 相似并且对电影 M 进行过评分的 K 个用户，然后利用这 K 个用户的评分来预测用户 A 对电影 M 的评分。或者也可以先找出与电影 M 相似并且被用户 A 评价过的 K 部电影，然后利用这 K 部电影的评分来预测用户 A 对电影 M 的评分。

在推荐系统中，相似度是描述两个变量之间相关联程度的指标，它决定了推荐系统的性能。在推荐算法中通常会先进行合理的数据处理，然后计算相似度以得出结果。常用的相似度计算方法包括：

（1）欧式距离：用于计算空间中两点之间的距离，适用于连续型数据。

（2）余弦相似度：通过计算两个用户评分向量之间夹角的余弦值来表示用户间的相似程度。夹角越小，余弦值越接近 1，表示两个用户越相似。

（3）皮尔逊相关系数：皮尔逊相关系数是余弦相似度在维度值缺失情况下的一种改进，取值范围在[-1,1]之间。当值为-1 时，表示两组变量负相关；为 0 时表示两组变量不相关；为 1 时表示两组变量正相关。

4.3.5 基于 KNN 算法的推荐系统案例

基于 KNN 算法的案例是社交媒体平台的好友推荐系统。社交媒体平台可以收集用户的个人信息、好友关系、兴趣爱好等数据，并根据这些数据为用户推荐可能感兴趣的好友。

具体步骤如下：

数据收集：社交媒体平台收集用户的个人信息、好友关系、兴趣爱好等数据，形成用户-好友关系网络。

数据预处理：根据收集到的数据，构建一个用户-好友的关系矩阵，矩阵中的每个元素表示用户之间的好友关系。

相似度计算：使用 KNN 算法计算用户之间的相似度。可以根据用户的个人信息、兴趣爱好等特征来计算用户之间的相似度，例如使用余弦相似度。

邻居选择：根据计算得到的用户相似度，选择与目标用户最相似的 K 个邻居用户作为推荐的依据。

推荐生成：根据邻居用户的好友关系信息，为目标用户推荐与邻居用户有共同兴趣爱好的用户作为好友推荐。

推荐结果展示：将生成的好友推荐列表展示给目标用户，并根据用户的反馈和交互行为进行调整和优化。

通过好友推荐系统可以帮助用户发现与自己有共同兴趣爱好的人，增加社交圈子的多样性和质量，提高用户的社交体验和满意度。

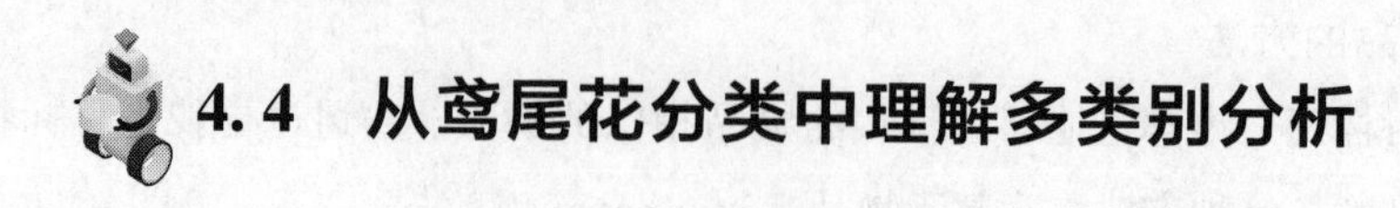

4.4 从鸢尾花分类中理解多类别分析

4.4.1 鸢尾花数据集介绍

Iris 也称鸢尾花卉数据集，是一类经典的多重变量分析的数据集。通过花萼长度、花萼宽度、花瓣长度、花瓣宽度四个属性预测鸢尾花卉属于结果中三个种类中的哪一类。该数据集包括了鸢尾花的四个特征以及它们所属的品种类别。以下是鸢尾花数据集的简介：

1. 特征属性

（1）萼片长度（sepal length）：指鸢尾花的萼片的长度，通常以厘米（cm）为单位。

（2）萼片宽度（sepal width）：指鸢尾花的萼片的宽度，通常以厘米（cm）为单位。

（3）花瓣长度（petal length）：指鸢尾花的花瓣的长度，通常以厘米（cm）为单位。

（4）花瓣宽度（petal width）：指鸢尾花的花瓣的宽度，通常以厘米（cm）为单位。

2. 品种类别

（1）Iris Setosa：山鸢尾。

（2）Iris Versicolor：变色鸢尾。

（3）Iris Virginica：维吉尼亚鸢尾。

总共有150个样本，每个品种类别有50个样本。鸢尾花数据集的主要用途是通过分析这四个特征属性，预测鸢尾花属于三个不同品种类别中的哪一类。这个数据集通常被用于机器学习的分类问题和数据可视化任务，因为它具有明显的品种差异，易于理解和分析。图4-2为不同品种类别的鸢尾花。

山鸢尾　变色鸢尾　维吉尼亚鸢尾

图4-2 不同品种类别的鸢尾花

4.4.2 鸢尾花数据集可视化

在进行数据集可视化时，首先选择了数据集中的前两个属性，并将其用于绘制散点图。具体来说，我们选取了全部数据行，并使用萼片长度和萼片宽度分别作为 x 和 y 轴。不同的鸢尾花品种通过不同的标记符号进行展示。可视化结果如图4-3所示。

然而，尽管尝试了不同的属性组合，无论选择哪两列进行二维绘图，都无法清晰地将所有数据点区分开。这是因为这三个品种的数据点在二维空间上有着一定的重叠。

从这个结果可以得出结论：使用只有两个属性的二维图无法完全分辨这三个品种的鸢尾花。为了更好地区分它们，可以考虑使用更多的属性或者采用其他更高维度的可视化方法。

为了对鸢尾花数据集进行更好的可视化，决定使用前三个属性进行三维绘图。具体而言，选择了全部数据行，并将萼片长度、萼片宽度、花瓣长度分别作为 x、y 和 z 轴，不同类别的鸢尾花样本用不同的标记符号进行显示，可视化效果如图4-4所示。

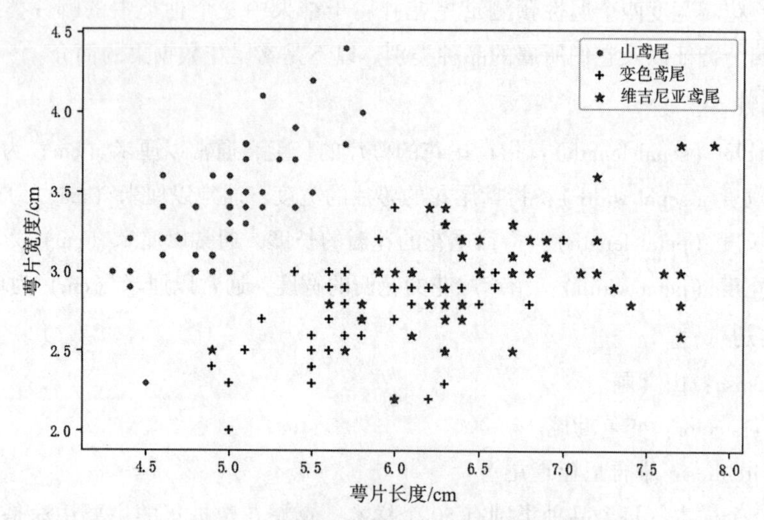

图 4-3 不同品种类别的鸢尾花二维图

然而，即使进行了三维作图，仍然无法很好地区分这三种鸢尾花样本。因此，为了实现更好的区分效果，需要进行四维作图。由于四维数据的可视化相对困难，将会采用主成分分析的方法。

使用 PCA 对鸢尾花数据集进行可视化，鸢尾花数据集共有四个特征，使用 PCA 进行降维，将四维数据降成三维，从而更清晰地观察数据的分布情况。如图 4-5 所示，可以看到三个品种的鸢尾花样本，分别用不同的标记符号表示。不同的标记符号可以直观地区分不同品种之间的差异。

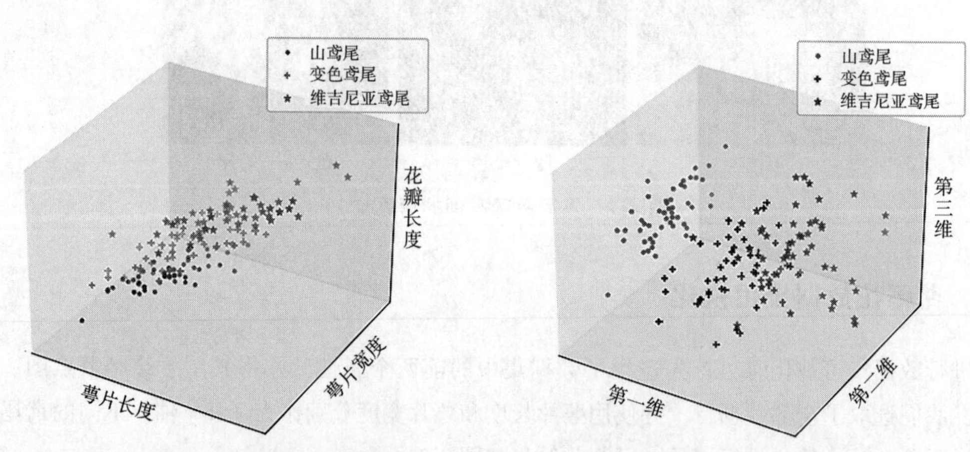

图 4-4 不同品种类别的鸢尾花三维图　　图 4-5 不同品种类别的鸢尾花通过 PCA 降维的三维图

使用 PCA 对鸢尾花数据集进行可视化，通过寻找数据中最显著的特征方向，将数据从高维空间映射到低维空间。对于鸢尾花数据集，PCA 可以找到最显著的两个特征，从而将数据降至二维。如图 4-6 所示，可以明显地观察到三个品种鸢尾花样本的区分。这种明显的区分效果表明，经过 PCA 降至二维后，三个品种的鸢尾花区分非常明显。

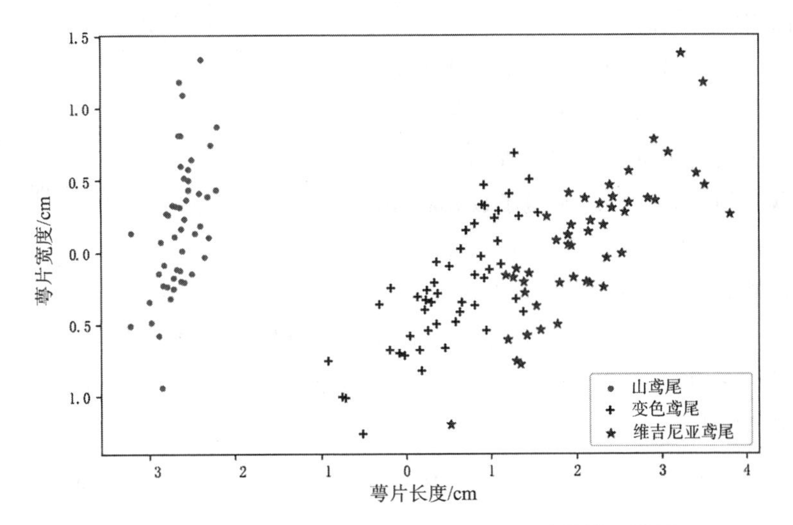

图 4-6　不同品种类别的鸢尾花通过 PCA 降维的二维图

4.4.3　决策树

决策树是一种基于树形结构的算法模型，用于解决分类和回归问题。它通过一系列的条件选择来达到特定目标，如将数据分为不同类别或预测一个连续数值。

1. 决策树的基本概念

决策树可以看作一棵树，包含以下组成部分：

（1）根节点：树的起始节点，包含全部样本数据。

（2）内部节点：对应于属性测试，用于将样本数据划分成不同的子集。

（3）叶子节点：对应于决策结果，表示最终的分类或回归值。

一棵决策树包含一个根节点、若干个内部节点和若干个叶节点，如图 4-7 所示。叶节点对应于决策结果，其他每个节点则对应于一个属性测试；每个节点包含的样本集合根据属性测试的结果被划分到子节点中；根节点包含样本全集，从根节点到每个叶节点的路径对应了一个判定测试序列。

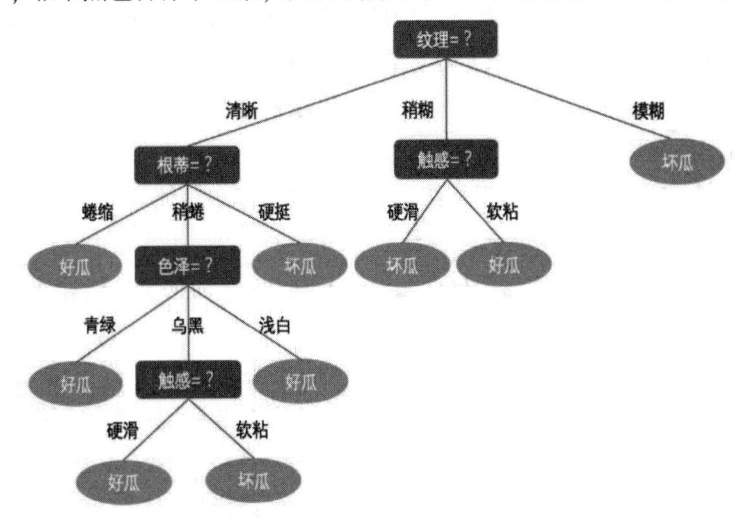

图 4-7　决策树的结构

2. 决策树的应用示例

为了进一步理解，我们以鸢尾花数据集为例，通过决策树进行分类。在这个示例中，如图 4-8 所示，首先根据花瓣长度（petal length）是否小于 2.4 来进行初始分类。如果小于 2.4，则属于 Setosa（山鸢尾）；否则，继续判断花瓣宽度（petal width）是否小于 1.8，如果小于 1.8 则属于 Versicolour（变色鸢尾）；大于 1.8 且小于 2.4 则属于 Virginica（维吉尼亚鸢尾）。根据不同条件的判断，最终将样本分类为 Setosa、Versicolour 或 Virginica。

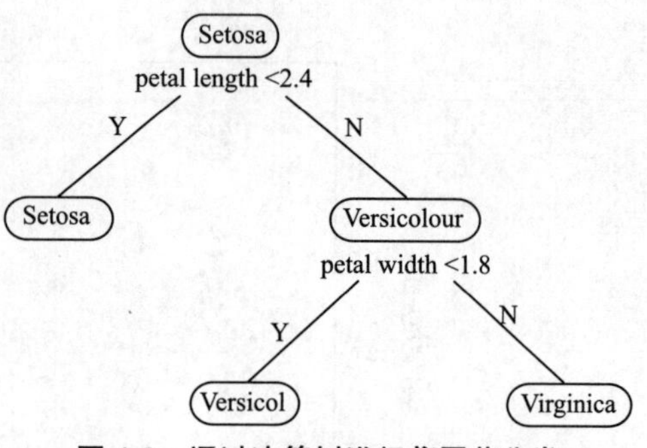

图 4-8　通过决策树进行鸢尾花分类

3. 决策树的优点和缺点

决策树是一种常见的机器学习算法，具有一些显著的优点和缺点，下面对这些优点和缺点进行总结。

（1）决策树的优点：

① 易于理解和解释。决策树算法易理解，机理解释起来简单。决策树的模型结构直观，可以被解释为一系列的决策规则。

② 对缺失值不敏感。决策树算法可以用于小数据集，对缺失值不敏感，并且能够处理多输出的问题。

③ 复杂度低。决策树算法的时间复杂度较小，为用于训练决策树的数据点的对数。

④ 处理不相关特征。决策树能够自动选择最重要的特征进行分割，因此可以处理数据集中存在不相关特征的情况。

⑤ 效率高。决策树只需要一次构建，反复使用，每一次预测的最大计算次数不超过决策树的深度。

（2）决策树的缺点：

① 难以处理连续性特征。决策树算法在处理连续性特征时，对连续性的字段比较难预测。需要对特征进行离散化处理，这可能导致信息损失。

② 容易过拟合。决策树对训练数据非常敏感，容易产生过拟合问题，特别是在树的深度较大时。为了缓解过拟合，可以采用剪枝策略或者随机森林等方法。

③ 多类别问题处理有限。当类别数量较多时，决策树容易出现错误增加的问题，需要更复杂的树结构来处理多类别分类。

④ 对于特征关联性较强的数据表现不佳。如果数据中存在特征之间强烈的相关性，决策树可能无法捕捉到这些关系，导致不准确的预测。

⑤ 对于各类别样本数量不一致的数据，在决策树当中结果偏向于那些具有更多数值的特征。

4.4.4　分类模型评价指标

在机器学习中，评价分类模型的性能是非常重要的，有多种指标可以用来评价不同方面的性能。以下是一些常见的分类模型评价指标：

（1）准确率（Accuracy）：可以用来表示模型的精度，即模型识别正确的样本数量占总样本数量的比例。一般情况下，模型的精度越高，说明模型的效果越好。但是样本不平衡的情况下准确率就会有缺陷，比如一个样本中正样本占比0.95，这个时候只需要将全部样本都预测为正样本就能够得到95%的正确率，显然是不合理的，于是诞生了精确率和召回率。

（2）精确率（Precision）：表示在模型识别为正类的样本中，真正为正类的样本所占的比例。一般情况下，精准率越高，说明模型的效果越好。

（3）召回率（Recall）：模型正确识别出为正类的样本的数量占总的正类样本数量的比值。一般情况下，Recall越高，说明有更多的正类样本被模型预测正确，模型的效果越好。

（4）F1值（F1-Score）：F1值常用来衡量二分类模型精确度。F1值是从0到1的，1是最好，0是最差。

混淆矩阵用于计算各种分类模型评价指标，如精确率、精确率、召回率、F1值等。这些指标的计算方式如下：

（1）准确率（Accuracy）：正确预测数除以预测总数。Acc=(TP+TN)/(TP+FN+FP+FN)。

（2）精确率（Precision）：正确预测为正类的样本数除以实现正类的数目。Pre=TP/(TP+FP)。

（3）召回率（Recall）：正确预测为正类的样本数除以预测正类的数目。Re=TP/(TP+FN)。

（4）F1值（F1-score）：精确率和召回率通常是此消彼长的，而F1值兼顾了精确率和召回率，$F1=\frac{2Pre+Re}{Pre+Re}$。

4.4.5 让分类任务更准确

提高分类任务的准确性是机器学习的一个核心目标。以下是一些方法和策略，可以帮助提高分类任务的准确性：

1. 使用更多数据

增加数据集的多样性：引入更多不同来源或特征的数据，以更全面地训练模型。

数据增强技术：通过图像旋转、切割等方式增加数据的多样性，提高模型的泛化能力。

2. 更改图像属性

调整图像大小：可以将图像缩小或放大，以适应不同分辨率的需求。

减少颜色通道：如果颜色不是决定性因素，可以将彩色图像转换为灰度图像，降低数据维度。

3. 增加训练轮次

增加训练的次数：当数据量较大时，增加训练次数有助于模型更好地收敛，但要避免过拟合。

4. 迁移学习

利用预训练模型：使用已经在大规模数据上训练过的模型，将其迁移到新的任务上。这些模型拥有强大的特征提取能力。

5. 调整模型参数

超参数调优：调整模型的超参数，如学习率、批量大小、层数等，以优化模型性能。

选择合适的激活函数：不同任务可能需要不同类型的激活函数，选择适合任务的激活函数。

优化损失函数：根据任务的特性，选择合适的损失函数，如交叉熵损失、均方误差等。

4.5 二 分 类

4.5.1 二分类与多分类

在机器学习中，分类任务通常分为两大类：二分类（binary classification）和多分类（multi-class classification）。

1. 二分类

二分类是一种分类任务，二分类表示分类任务中有两个类别，其中模型需要将输入数据分为两个不同的类别。典型的例子包括垃圾邮件检测（分类为“垃圾邮件”或“非垃圾邮件”）、癌症诊断（分类为“患有癌症”或“未患癌症”）、垃圾是否可回收（分类为“可回收”或“不可回收”）等。

二分类问题的输出是一个布尔值（通常是0或1），其中0表示一个类别，1表示另一个类别。例如：想识别一幅图片中垃圾是否可回收。也就是说，训练一个分类器，输入一幅图片，用特征向量 $\boldsymbol{x}$ 表示，输出是不是可回收垃圾，用 $y=0$ 或1表示。

常见的算法包括逻辑回归、支持向量机等。

2. 多分类

多分类是一种分类任务，表示分类任务中有多个类别，其中模型需要将输入数据分为三个或更多个不同的类别或类别之一。典型的例子包括手写数字识别（0到9的数字）、图像分类（将图像分为多个不同的类别）等。

多分类问题的输出是一个离散的类别，不同于二分类的布尔值输出。例如：对垃圾进行多分类，它们可能是可回收物、厨余垃圾、有害垃圾、其他垃圾等。

常见的算法包括决策树、随机森林、神经网络（深度学习）等。

3. 二分类与多分类的区别

二分类有两个可能的类别，而多分类有三个或更多个可能的类别。在二分类问题中，通常使用一个模型来区分两个类别，而在多分类问题中，通常需要使用多个模型来区分不同的类别。图4-9为二分类与多分类例子。

图4-9　二分类与多分类例子

4.5.2　感知机

1. 感知机概念

感知机可以被认为是最简单的神经网络结构，也可以被称为单层神经网络。它是一种线性分类模型，是最基础的神经网络模型结构。感知机由两层神经元组成，输入层和输出层。输入层接收外界输入信号后传递给输出层；输出层是 M-P 神经元，也称为阈值逻辑单元（threshold logic unit）。图 4-10 为感知机的输入层和输出层。

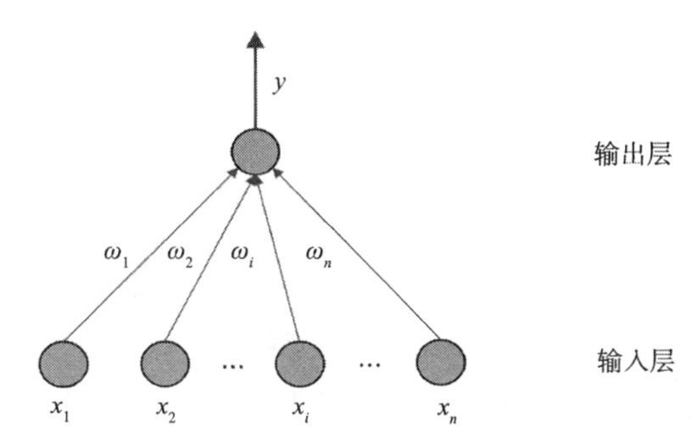

图 4-10　感知机的输入层和输出层

2. 感知机的优缺点

感知机具有一些明显的优点和缺点：

（1）感知机的优点：

① 简单易实现：感知机的学习算法相对简单，易于实现和理解。

② 收敛性：当样本线性可分且学习率适当时，感知机具有收敛性，能够找到一个将样本正确分类的决策边界。

（2）感知机的缺点：

① 仅适用于线性分类问题：感知机只能解决线性可分的问题，对于非线性问题，如异或分类问题，感知机无法找到一个满足要求的决策边界。

② 收敛速度慢：当样本线性不可分时，感知机学习算法不收敛，因此无法找到满足要求的分类器。同时，感知机无法判断样本是否线性可分，这会导致学习过程的不确定性。

4.5.3　逻辑回归

1. 逻辑回归概念

逻辑回归是一种统计方法，用于根据先前的观察结果预测因变量的结果。它是一种回归分析，是解决二元分类问题的常用算法。

在机器学习中，逻辑回归一般用于二分类问题中。给定一些输入，输出结果是离散值。例如：用逻辑回归实现一个猫分类器，输入一张图片 x，预测图片是否为猫，输出该图片中存在猫的概率结果 y。图 4-11 为用逻辑回归实现一个猫分类。

2. 逻辑回归的优缺点

逻辑回归具有一些明显的优点和缺点：

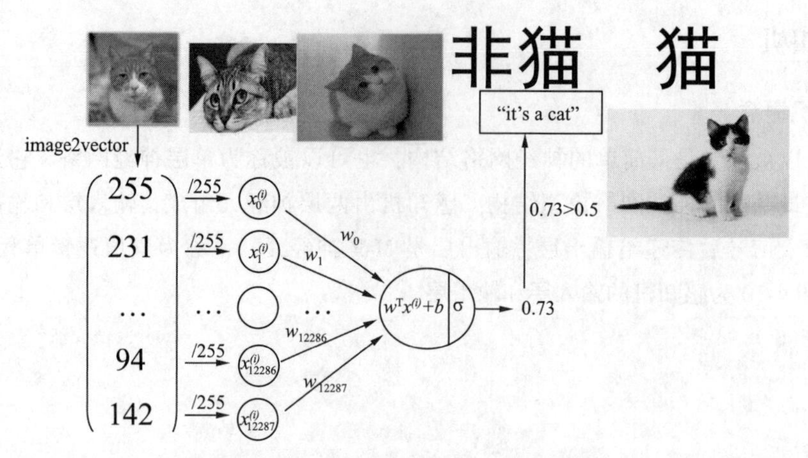

图 4-11 用逻辑回归实现一个猫分类

(1) 逻辑回归的优点。

① 实现简单：逻辑回归模型的理解和实现相对简单，广泛应用于实际问题中。

② 计算效率高：在进行预测时，逻辑回归模型计算量小，速度快，对存储资源的要求低。

③ 提供概率预测：逻辑回归模型不仅给出了分类结果，还可以提供观测样本属于某个类别的概率分数。

④ 易于解释和实现：逻辑回归模型的结果可以通过系数解释，它们表示不同特征对结果的影响程度。

(2) 逻辑回归的缺点。

① 特征空间较大时表现不佳：当特征空间非常大时，逻辑回归的性能不是很好。这是因为逻辑回归是一种线性分类器，不能很好地处理高维或复杂的特征空间。

② 可能出现欠拟合：由于逻辑回归模型的线性性质，它对于非线性问题的拟合能力有限，容易出现欠拟合现象，一般准确度不太高。

③ 对大量多类特征较弱：逻辑回归不能很好地处理大量多类特征或变量，需要进行特征选择或转换。

④ 只能处理二分类问题：逻辑回归最初是用于处理二分类问题的，它无法直接处理多类别问题，要处理多类别问题需要使用其他方法，如 Softmax 回归。

⑤ 对于非线性特征需要进行转换：如果特征是非线性的，那么在使用逻辑回归模型之前可能需要对特征进行转换，以提高模型的性能。

小 结

人工智能领域中，分类任务扮演着核心角色。分类任务是机器学习和自然语言处理领域中非常常见的任务之一。本章主要介绍了分类任务的基本概述、特征提取与特征表述和不同类型的分类器，以及通过鸢尾花分类实例揭示了多类别分类问题，最后深入研究了二分类。

习　题

1. 什么是分类任务？
2. 分类任务的目的是什么？
3. 分类任务的一般流程是什么？
4. 分类任务的应用领域有哪些？
5. 特征提取的作用是什么？
6. 常见的距离计算方式有哪些？
7. 分类模型的评价指标有哪些？
8. 分类模型的优化措施有哪些？
9. 决策树是什么？
10. 二分类和多分类的区别是什么？

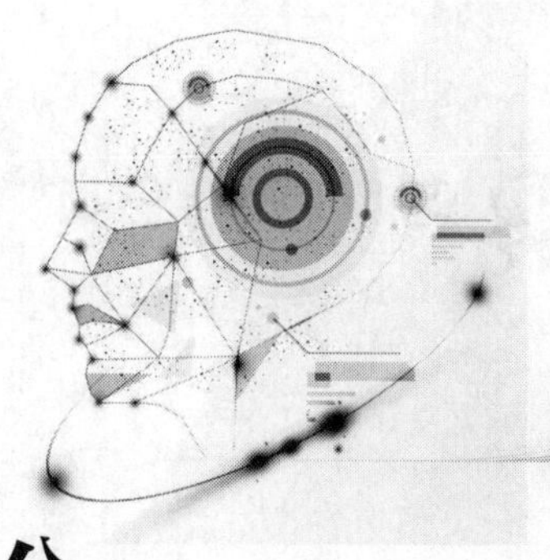

第 5 章 类聚群分

【本章导学】

聚类是一种机器学习方法，通过将相似的数据点聚集在一起形成簇，来理解数据的内在结构和关系，发现隐藏的模式和规律。本章介绍聚类的基本概念、数据间的相似度度量方法、K-means 算法的案例流程分析以及评估聚类方案的优劣。通过深入了解聚类的原理和方法，读者将能够更好地研究和应用聚类算法，发现数据中的有价值信息。

【学习目标】

通过对本章内容的学习，读者应该能够做到：

1. 了解聚类的基本概念、应用领域。
2. 了解聚类算法的基本原理。
3. 认识常用数据相似度度量的方法。
4. 掌握 K-means 算法执行原理。
5. 掌握聚类算法的评价指标。

5.1 聚类任务概述

5.1.1 聚类的定义

类算法是一种典型的无监督学习算法，主要用于将相似的样本自动归到一个类别中，每个组称为一个簇（cluster)，每个簇的样本对应一个潜在的类别。与监督学习算法不同的是，聚类算法没有事先给定的类别标签，而是根据样本之间的相似度或距离进行分组。

在聚类算法中，簇的形成满足以下两个条件：首先，相同簇内的样本之间的距离较近，表示它们在某种度量下具有较高的相似性。其次，不同簇之间的样本之间的距离较远，表示它们在某种度量下具有较低的相似性，如图 5-1 所示。

以客户分群为例，假设有一个电信客户数据集，其中包含客户的入网时间、月均流量、月均话费、欠费额、欠费月数等特征。希望将客户划分为不同的客群，以便针对不同的客群制定个性化的营销策略。根据给定的特征，可以使用聚类算法将客户分为不同的簇。例如，可能发现存在以下三个客群：

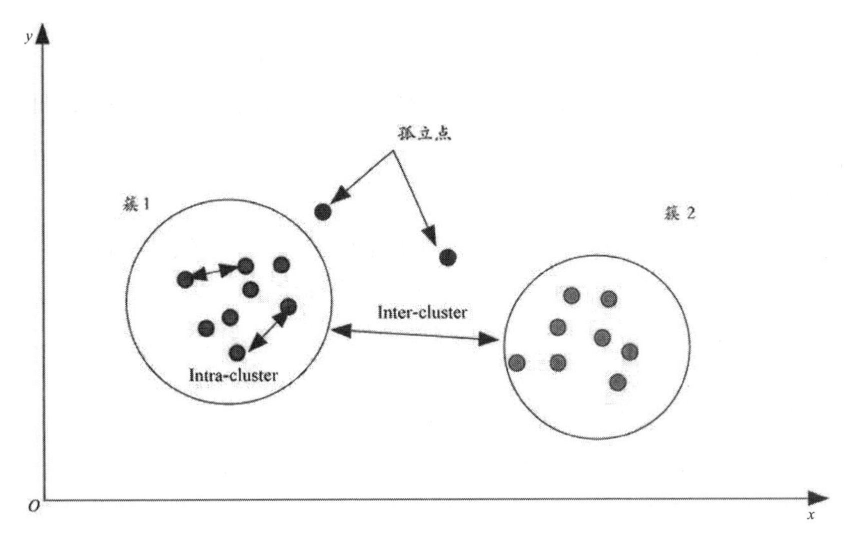

图5-1　聚类示意图

客群1：忠诚度高，消费能力中等，信用较好。这个客群的客户可能是已经使用电信服务较长时间的忠诚用户，他们的消费能力中等，信用记录良好。

客群2：新用户，消费能力高，信用一般。这个客群的客户可能是刚入网不久的新用户，他们的消费能力较高，但信用记录一般。

客群3：新用户，消费能力一般，信用较差。这个客群的客户也是刚入网不久的新用户，他们的消费能力一般，但信用记录较差。

通过聚类算法，可以根据客户的特征将他们自动归类到不同的客群中，从而更好地了解客户的特点和需求，并针对不同客群制定个性化的服务和营销策略。这可以帮助电信公司提高客户满意度和市场竞争力。

5.1.2　聚类和分类的区别

聚类和分类是机器学习中两种常见的数据分析方法，聚类和分类是两种不同的数据分析方法，聚类侧重于无监督的数据聚合，而分类侧重于有监督的数据划分。它们在目标、监督信息、数据标签和应用领域等方面有明显的区别，它们的区别主要体现在以下几个方面：

1. 目标不同

聚类的目标是将相似的数据点划分到一起，形成簇，而不关心簇的标签或类别。聚类算法通过寻找数据点之间的相似性或距离来实现这一目标。分类的目标是将数据点划分到预定义的类别中，即给每个数据点分配一个已知的类别标签。分类算法通过学习训练数据中的特征和标签之间的关系来实现这一目标。

2. 监督信息

聚类是一种无监督学习方法，意味着在聚类过程中并没有使用任何标记的信息（即没有类别标签）。聚类算法仅依赖于数据本身的特征和相似性度量。分类是一种监督学习方法，它依赖于训练数据中的标签信息。分类算法通过学习训练数据中的特征和对应的标签之间的关系，来预测未知数据的类别。

3. 数据标签

聚类不需要事先给定类别标签，它通过计算数据点之间的相似性来自动划分数据。分类需要有已知的类别标签作为训练数据的一部分，然后根据这些标签来构建分类器，并用于预测未知数据的类别。

4. 应用领域

聚类常用于数据挖掘、市场分析、用户分群等领域，通过发现数据中隐藏的模式和结构，帮助人们了解数据的特点和组织结构。分类广泛应用于图像识别、文本分类、垃圾邮件过滤、医学诊断等领域，通过训练一个分类器，根据已知的特征和标签关系来预测未知数据的类别。

5.1.3 聚类算法的应用领域

聚类算法在各个领域都有广泛的应用，常用于数据挖掘、图像分析、自然语言处理等领域。以下是一些生活中的实际案例：

（1）电商网站商品分类：一个电商网站想要对其产品进行分类，以便于用户浏览和搜索，可以使用聚类算法将相似的产品归为一类。例如，将相似的手机放在同一个类别下，相似的服装放在同一个类别下。

（2）社交网络用户群体分析：社交网络中有大量的用户，通过聚类算法可以对用户进行分析和分类。例如，根据用户的兴趣、行为模式和社交关系，将用户划分为不同的群体，以便于更好地理解用户需求和提供个性化的服务。

（3）图像分析：聚类算法可以用于图像分割和识别。例如，通过将图像中的像素点聚类到不同的簇，可以实现物体的分割，从而帮助图像识别和目标检测。

（4）医疗诊断：在医疗领域，聚类算法可以用于对病人的临床表现进行分类，以帮助医生进行疾病诊断和制订个性化的治疗方案。例如，对于某种癌症，可以将患者分为不同的亚型，以便于了解其病理特征和预测治疗效果。

（5）交通管理：通过聚类算法可以对车辆进行分类，实现交通信号控制和路线规划。例如，将相似的车辆归为一类，可以更好地控制交通信号以减少拥堵，并根据不同的车辆类型制订合适的路线规划。

（6）推荐系统：聚类算法可以将用户分为不同的群体，以便了解他们的需求和行为，并为他们提供更好的服务和个性化推荐。例如，根据用户的购买历史、浏览行为和兴趣，将用户划分为不同的群体，以推荐他们可能感兴趣的产品或内容。

（7）自然语言处理：聚类算法可以用于对文本进行分类和聚类。例如，在新闻分类中，可以使用聚类算法将新闻文章分为不同的类别，如政治、体育、娱乐等。这样可以方便用户浏览和搜索相关的新闻内容。

（8）金融风险管理：聚类算法可以用于对金融机构的客户进行分群，以便对不同的客户采取不同的风险管理策略。例如，根据客户的财务状况、投资偏好和风险承受能力，将客户分为高风险、中风险和低风险群体，然后针对每个群体制订相应的风险管理措施。

（9）生物信息学：聚类算法可以用于将基因组数据分为不同的基因家族，以便了解它们的功能和作用。例如，在基因组学研究中，通过对不同物种的基因组数据进行聚类分析，可以发现相似的基因序列，并推断它们可能具有相似的功能和表达模式。

（10）信号处理：聚类算法可以用于信号处理，将相似的信号聚类在一起，从而进行噪声过滤、模式识别等任务。例如，在音频信号处理中，可以使用聚类算法将相似的音频片段聚类在一起，以便进行语音识别、音频分析等任务。

（11）声音分析：聚类算法可以用于对声音进行分类和分割，以便进行语音识别、音频处理等任务。例如，在语音识别中，可以使用聚类算法将相似的语音样本聚类在一起，从而提高语音识别系统的准确性和性能。

这些案例只是聚类算法在生活中的一些应用，实际上，聚类算法在数据挖掘、图像分析、自然语言处理等领域都发挥着重要作用，帮助人们发现数据中的模式和结构，提供更好的决策支持和智能服务。

5.1.4 聚类算法的分类

聚类算法可以根据不同的分类标准进行划分。以下是根据模型的处理能力、是否需要预设参数和对数据输入的要求进行的聚类算法分类：

1. 根据模型的处理能力

（1）处理不同分布形状的能力：有些聚类算法适用于处理不同分布形状的数据集，如基于密度的方法（如DBSCAN算法）和基于模型的方法（如高斯混合模型）。

（2）处理异常点的能力：一些聚类算法对异常点敏感，而其他算法则可以有效地处理异常点，如基于密度的方法（如DBSCAN算法）。

（3）处理大数据量级的能力：一些聚类算法适用于大规模数据集，能够高效地处理大量数据，如基于层次的方法（如BIRCH聚类算法）。

2. 根据是否需要预设参数

（1）需要预设参数：一些聚类算法需要预先设定参数，如簇的数量。例如，K-means算法需要预先设定簇的数量 K，而K-means++算法通过改进初始质心选择的方式来提高聚类结果的质量。

（2）无须预设参数：其他聚类算法不需要预设参数，它们通过数据的特点和相似度度量来自动确定簇的数量和形状，例如，基于密度的方法（如DBSCAN算法）和基于模型的方法（如高斯混合模型）。

3. 根据模型对数据输入的要求

（1）数据输入的顺序对模型是否有影响：有些聚类算法对数据输入的顺序敏感，例如，K-means算法对初始质心的选择敏感，不同的初始质心可能导致不同的聚类结果。

（2）模型对于特征的类型是否有要求：不同的聚类算法对特征的类型有不同的要求，例如，K-modes算法适用于处理离散型数据，而k-prototype算法适用于处理混合型数据。

根据这些分类标准，聚类算法可以被划分为不同的类型，如基于层次的方法（如层次聚类和BIRCH聚类）、基于划分的方法（如K-means、K-means++、K-modes和K-prototype）、基于密度的方法（如DBSCAN）、基于网络的方法（如Statistical Information Grid算法和Wave-Cluster算法）以及基于模型的方法（如高斯混合模型和SOM模型）。这些分类可以帮助选择适用于具体问题和数据集的合适聚类算法。

5.1.5 聚类算法基本原理

1. 基于层次的方法——层次聚类

基于层次的方法中的层次聚类是一种常见的聚类算法，它可以被划分为凝聚型层次聚类和分裂型层次聚类两种方式。

（1）模型原理。

在凝聚型层次聚类中，首先将每个数据点看作一个簇，然后根据相似度或距离将相邻的簇合并成一个更大的簇。这个过程一直持续到所有数据点都合并成一个簇或者满足停止条件为止。停止条件可以是簇的数量达到预设值，或者簇的相似度低于某个阈值，是一种自上而下的方式。与之相对应的分裂型层次聚类，则是以相反自下而上的方式进行迭代，最终输出结果。具体实现时，可以使用不同的相似度度量方法，如欧氏距离、曼哈顿距离、余弦相似度等。在每次合并簇的时候，需要计算新的簇与其他簇之间的相似度或距离，并选择最相似的两个簇进行合并。合并后的簇的相似度可以使用不同的计算方法，如平均相似度、最小相似度等。

（2）模型优缺点。

凝聚型层次聚类的优点是模型解释能力较强，因为它提供了聚类结果的层次结构，可以很好地描述数据点之间的相似度关系。此外，它无须预设簇的数量，可以作为 K-means 聚类探索簇数量的先验算法。凝聚型层次聚类还能够处理非球形簇和不规则形状的数据分布。然而，凝聚型层次聚类也有一些缺点。首先，它的时间复杂度较高，因为在每次迭代时需要计算所有簇之间的相似度或距离。其次，它无法处理非凸对象分布。

（3）模型流程。

分裂型层次聚类是层次聚类中的一种方式，其流程如下：

① 初始化阶段：将所有的对象作为一个簇。

② 迭代阶段：

• 根据一定的准则选择一个簇进行划分，将该簇划分为多个子簇。

• 计算划分后的子簇之间的相似度或距离，并选择最相似的两个子簇进行合并，形成新的簇。

• 重复以上两个步骤，直至每个对象都成为一个簇，或者满足停止条件（如达到预设的簇数量）为止。

③ 输出结果阶段：输出最终的聚类结果。

在分裂型层次聚类中，每次划分簇的准则可以根据不同的算法而定。常见的准则包括最大距离（将簇中距离最远的对象划分为不同的子簇）、最小方差（将簇中方差最大的维度划分为不同的子簇）等。分裂型层次聚类是一种贪心算法，即每一次合并或划分都是基于某种局部最优的选择。在每次划分簇时，算法会选择对整体聚类结果有最大贡献的划分方式。

需要注意的是，分裂型层次聚类与凝聚型层次聚类相反，它是以自下而上的方式进行迭代。初始时，所有对象作为一个簇，然后通过划分操作将簇分割成多个子簇。每个子簇可以继续进行划分，直到每个对象都成为一个簇。

2. 基于划分的方法——K-means 聚类

（1）模型原理。

K-means 聚类是一种基于划分的聚类方法，其思想有一些类似于凝聚型层次聚类，其模型原理如下：

① 预设聚类簇的个数 K。

② 随机选择 K 个数据点作为初始的质心（聚类中心）。

③ 对于每个数据点，计算其与每个质心之间的距离，并将数据点分配给距离最近的质心所属的簇。

④ 更新每个簇的质心，即将簇内所有数据点的均值作为新的质心。

⑤ 重复步骤③和步骤④，直到满足停止条件，如簇的分配不再改变或达到预设的最大迭代次数。

⑥ 输出最终的聚类结果。

K-means 聚类的原则是使得簇内的点距离尽可能近，而簇间的点距离尽可能远。通过迭代更新质心和重新分配数据点，K-means 聚类尝试不断优化聚类结果，直到达到最优的簇划分。

（2）模型优缺点。

K-means 聚类的优点包括时间复杂度和空间复杂度较低，运行速度较快。然而，K-means 聚类也有一些缺点。首先，初始质心的选择对聚类结果具有较大影响，不同的初始质心可能导致不同的聚类结果。其次，对噪声较敏感，噪声数据可能会被错误地分配到某个簇中，导致簇的偏移。此外，K-means 聚类容易陷入局部最优解，无法保证找到全局最优解。最后，K-means 聚类无法解决非凸对象分布，对具有复杂形状的簇效果较差。

（3）模型流程。

K-means 聚类的模型流程包括选择初始质心、分配数据点到簇、更新质心和重复迭代，直至满足停止条件。通过不断迭代更新质心和重新分配数据点，K-means 聚类尝试优化聚类结果，使得簇内的点距离尽可能近，簇间的点距离尽可能远。K-means 聚类的模型流程如下：

① 随机选择 K 个对象作为初始质心（聚类中心），其中 K 是预设的聚类簇的个数。这些初始质心可以是数据集中的随机点或者通过其他方法选择的点。

② 对于每个数据点，计算其与每个质心之间的距离（通常使用欧氏距离或曼哈顿距离），并将数据点分配给距离最近的质心所属的簇。这一步称为数据点的分配步骤。

③ 更新每个簇的质心，即计算簇内所有数据点的均值，并将均值作为新的质心。这一步称为质心的更新步骤。

④ 重复步骤②和步骤③，直到满足停止条件。停止条件可以是簇的分配不再改变（即数据点不再改变所属簇），或者达到预设的最大迭代次数。

⑤ 输出最终的聚类结果，即每个数据点所属的簇。

K-means 聚类的核心思想是通过不断迭代更新质心和重新分配数据点，使得簇内的点距离尽可能近，簇间的点距离尽可能远。在每次迭代中，数据点会被重新分配到距离最近的质心所属的簇，而质心会根据簇内的数据点的均值进行更新。需要注意的是，由于初始质心的选择是随机的，因此 K-means 聚类每次运行的结果可能会有所不同。为了得到更稳定的聚类结果，可以多次运行 K-means 聚类并选择最优的结果。

3. 基于密度的方法——DBSCAN 聚类

（1）模型原理。

DBSCAN 聚类是一种基于密度的聚类方法，可以有效处理不规则形状的聚类，并且对于噪声数据具有较好的鲁棒性。其核心原理是通过密度可达性和密度相连性来划分簇，通俗地讲，就是通过每个点画圈的方式，与周边的点发生联系，如果满足一定规则则将其纳入本类当中，直至满足迭代要求。

DBSCAN 聚类的模型原理如下：

① 选择一个未被访问的数据点作为起始点，判断其周围的邻域内是否有足够数量的数据点（大于等于 MinPts）。

② 如果起始点的邻域内的数据点数量达到 MinPts 的要求，则将起始点和邻域内的数据点划分为一个簇，并将其标记为已访问。

③ 对于邻域内的每个数据点，递归地判断其周围的邻域内是否有足够数量的数据点。如果满足 MinPts 的要求，则将这些数据点添加到当前簇中，并递归地继续扩展。

④ 当没有新的数据点可以添加到当前簇时，转到下一个未被访问的数据点作为起始点，并重复步骤②和步骤③。

⑤ 重复步骤②到步骤④，直到所有的数据点都被访问。

在 DBSCAN 聚类中，存在两个重要的参数：eps 和 MinPts。eps 表示一个数据点的邻域的半径大小，用来确定密度可达性。如果一个数据点的邻域内的数据点数量大于等于 MinPts，则该数据点被视为核心点。MinPts 表示一个数据点的邻域内所需的最小数据点数量，用来确定密度相连性。如果一个数据点的邻域内的数据点数量小于 MinPts，但它位于某个核心点的邻域内，则该数据点被视为边界点，如图 5-2 所示。

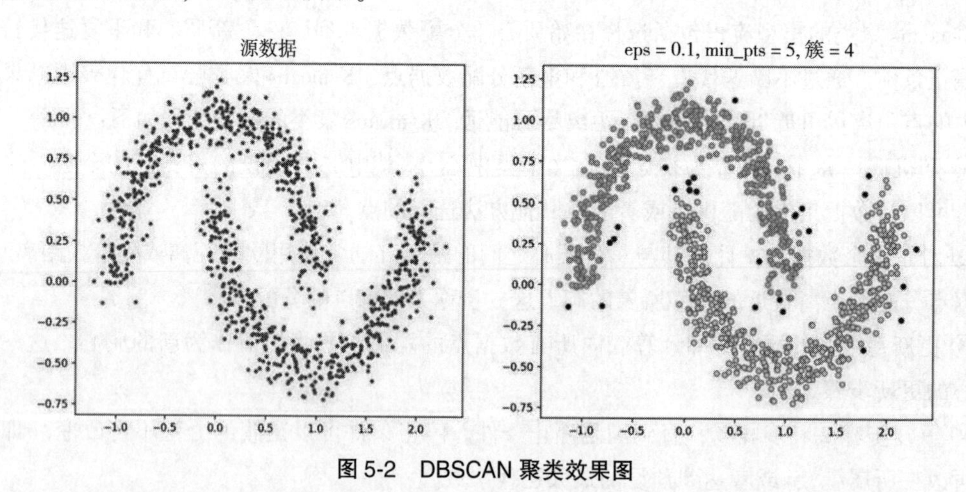

图 5-2 DBSCAN 聚类效果图

DBSCAN 聚类的输出结果包括核心点、边界点和噪音点。核心点属于某个簇的内部点，边界点位于某个簇的边界上，而噪音点不属于任何簇。

（2）模型优缺点。

DBSCAN 聚类算法具有以下优点和缺点：

① 优点。

满足任意形状的聚类：DBSCAN 聚类能够有效地处理不规则形状的聚类，不受聚类形状的限制。它能够自动识别和适应数据中的各种形状和密度分布。

对于噪声不敏感：DBSCAN 聚类对于噪声数据具有较好的鲁棒性。噪声数据点被标记为噪声，不会干扰聚类结果。

不需要提前设置聚类的个数：相比于一些需要预先指定聚类个数的算法（如 K-means），DBSCAN 聚类不需要提前设定聚类个数，能够自动识别数据中的聚类数量。

② 缺点。

对初值选取敏感：DBSCAN 聚类的结果与初始设定的 eps 和 MinPts 参数值有直接关系。不同的参数值可能导致不同的聚类结果，因此需要根据数据的特点进行合适的参数选择。

对密度不均的数据聚合效果不好：在数据集中存在密度不均匀的情况下，DBSCAN 聚类的效果可能不理想。较低密度的区域可能会被视为噪声，而较高密度的区域则会形成簇，导致聚类结果偏向于高密度区域。

对于稀疏不同的对象分布不友好：由于 DBSCAN 聚类算法使用固定的 eps 值来确定数据点的邻域范围，对于稀疏不同的对象分布，可能需要调整 eps 的值才能获得较好的聚类结果。

（3）模型流程。

DBSCAN 聚类的模型流程包括选择起始点、判断并标记核心点或噪声点、递归访问邻居点并加入簇、重复步骤直至当前簇无新的核心点、选择下一个未被访问的点，并重复上述过程。通过这个过程，DBSCAN 聚类可以找到具有不同密度的簇，并将数据点划分为核心点、边界点和噪音点。DBSCAN 聚类的模型流程如下：

① 随机选择一个未被访问的数据点作为起始点。

② 判断起始点的邻域内的数据点数量（距离起始点小于等于 eps）是否大于等于 MinPts。

- 如果邻域内的数据点数量小于 MinPts，则将起始点标记为噪声点，并转到步骤⑤。
- 如果邻域内的数据点数量大于等于 MinPts，则将起始点标记为核心点，并为它分配一个新的簇标签。

③ 访问起始点的所有邻居（距离起始点小于等于 eps），并判断它们是否已经被分配了簇标签。

- 如果邻居点尚未被分配簇标签，则将刚刚创建的新的簇标签分配给它们，并判断它们是否为核心点。
- 如果邻居点是核心点，则继续递归地访问其邻居点，并将它们归为同一簇。
- 如果邻居点不是核心点，则将其标记为边界点。

④ 重复步骤③，直到在当前簇的 eps 距离内没有更多的核心点。

⑤ 选择另一个尚未被访问过的数据点，转到步骤②，并重复上述过程，直到所有的数据点都被访问过。

5.2 数据间的相似度度量

5.2.1 数值型数据的相似度度量

1. 欧式距离

欧式距离（euclidean distance）是用来衡量两个点之间的距离的常用度量方法，它可以解释为连接两个点的线段的长度。

（1）在二维平面上，假设有两个点 $a(x_1,y_1)$ 和 $b(x_2,y_2)$，则二维平面两点间的欧式距离可以计算为

$$d=\sqrt{(x_1-x_2)^2+(y_1-y_2)^2}$$

这个公式可以解释为连接点 a 和点 b 的直线的长度。首先，需要计算两个点在 x 轴和 y 轴上的坐标差值，即(x_1-x_2)和(y_1-y_2)。然后，将这些差值的平方相加，并取平方根，得到两点之间的欧式距离。

举个例子，假设有二维平面上的点 $A(2,2)$ 和 $B(6,6)$，可以使用欧式距离公式来计算这两个点之间的距离：

$$d_{AB}=\sqrt{(6-2)^2+(6-2)^2}=\sqrt{4^2+4^2}=4\sqrt{2}$$

因此，点 A 和点 B 之间的欧式距离为 $4\sqrt{2}$。这意味着在二维平面上，点 A 和点 B 之间的直线长度为 $4\sqrt{2}$ 个单位。

（2）在三维空间中，假设有两个点 $a(x_1,y_1,z_1)$ 和 $b(x_2,y_2,z_2)$，则三维空间中两点的欧式距离可以计算为

$$d=\sqrt{(x_1-x_2)^2+(y_1-y_2)^2+(z_1-z_2)^2}$$

这个公式可以解释为连接点 a 和点 b 的直线的长度。首先，需要计算两个点在 x 轴和 y 轴上的坐标差值，即(x_1-x_2)、(y_1-y_2)和(z_1-z_2)。然后，将这些差值的平方相加，并取平方根，得到两点之间的欧式距离。

举个例子，假设有三维空间中的点 $A(0,0,4)$ 和 $B(0,2,0)$，可以使用欧式距离公式来计算这两个点之间的距离：

$$d_{AB}=\sqrt{(0-0)^2+(0-2)^2+(4-0)^2}=\sqrt{0+4+16}=2\sqrt{5}$$

因此，点 A 和点 B 之间的欧式距离为 $2\sqrt{5}$ 。这意味着在三维空间中，点 A 和点 B 之间的直线长度为 $2\sqrt{5}$ 个单位。

（3）在 n 维空间中，假设有两个点 $a(x_{11},x_{12},\cdots,x_{1n})$ 和 $b(x_{21},x_{22},\cdots,x_{2n})$，则 n 维空间中两点的欧式距离可以计算为

$$d=\sqrt{\sum_{k=1}^{n}(x_{1k}-x_{2k})^2}$$

这个公式可以解释为连接点 a 和点 b 的直线的长度。首先，需要计算两个点在每个维度上的坐标差值，即$(x_{1k}-x_{2k})$，其中 k 表示维度的索引，从 1 到 n。然后，将每个维度差值的平方相加，并取平方根，得到两点之间的欧式距离。

举个例子，假设有 n 维空间中的点 $A(2,3,4,5)$ 和 $B(6,7,8,9)$，可以使用欧式距离公式来计算这两个点之间的距离：

$$d_{AB}=\sqrt{(2-6)^2+(3-7)^2+(4-8)^2+(5-9)^2}=\sqrt{16+16+16+16}=\sqrt{64}=8$$

因此，点 A 和点 B 之间的欧式距离为 8。这意味着在 n 维空间中，点 A 和点 B 之间的直线长度为 8 个单位。

2. 曼哈顿距离

曼哈顿距离（Manhattan distance）通常称为出租车距离或城市街区距离，用来计算实值向量

之间的距离。它的计算方法是将两个向量在每个维度上的差值取绝对值后相加。

（1）在二维平面上，假设有两个点 $a(x_1, y_1)$ 和 $b(x_2, y_2)$，则二维平面中两点间的曼哈顿距离可以计算为

$$d = |x_1 - x_2| + |y_1 - y_2|$$

这个公式可以解释为从点 a 到点 b 的最短路径可以沿着水平和垂直方向的直线走，沿着这条路径，距离为 x_1-x_2 的水平距离和距离为 y_1-y_2 的垂直距离相加，得到两点之间的曼哈顿距离。

举个例子，假设在二维平面上有两个点 $A(3,4)$ 和 $B(6,8)$，可以使用曼哈顿距离公式来计算这两个点之间的距离：

$$d_{AB} = |3 - 6| + |4 - 8| = 3 + 4 = 7$$

因此，点 A 和点 B 之间的曼哈顿距离为7。这意味着在二维平面上，从点 A 到点 B 沿着水平和垂直方向的直线路径长度为7个单位。

（2）在 n 维空间上，假设有两个点 $a(x_{11}, x_{12}, \cdots, x_{1n})$ 和 $b(x_{21}, x_{22}, \cdots, x_{2n})$，则 n 维空间中两点间的曼哈顿距离可以计算：

$$d = \sum_{k=1}^{n} |x_{1k} - x_{2k}|$$

这个公式可以解释为将两个点在每个维度上的差值取绝对值后相加，得到两点之间的曼哈顿距离。

举个例子，假设在四维空间中有两个点 $A(1,2,3,4)$ 和 $B(5,6,7,8)$，可以使用曼哈顿距离公式来计算这两个点之间的距离：

$$d_{AB} = |1 - 5| + |2 - 6| + |3 - 7| + |4 - 8| = 4 + 4 + 4 + 4 = 16$$

因此，点 A 和点 B 之间的曼哈顿距离为16。这意味着在三维空间中，从点 A 到点 B 沿着每个维度上的直线路径长度相加，总长度为16个单位。

3. 切比雪夫距离

切比雪夫距离定义为两个向量在任意坐标维度上的最大差值。

（1）在二维平面上，切比雪夫距离定义为两个点在 x 轴和 y 轴上的坐标差值的最大值。

假设二维平面上有两个点 $a(x_1, y_1)$ 和 $b(x_2, y_2)$，则二维平面中两点间的切比雪夫距离可以计算为

$$d = \max\{|x_1 - x_2|, |y_1 - y_2|\}$$

这个公式可以解释为取两个点在 x 轴上的差值的绝对值和在 y 轴上的差值的绝对值中的最大值，得到两点之间的切比雪夫距离。

举个例子，假设在二维平面上有两个点 $A(3,4)$ 和 $B(6,8)$，可以使用切比雪夫距离公式来计算这两个点之间的距离：

$$d_{AB} = \max\{|3 - 6|, |4 - 8|\} = \max\{3,4\} = 4$$

因此，点 A 和点 B 之间的切比雪夫距离为4。这意味着在二维平面上，从点 A 到点 B 沿着 x 轴或 y 轴上的最大差值路径长度为4个单位。

（2）在 n 维空间上，切比雪夫距离定义为两个点在每个坐标维度上的差值的最大值。假设 n 维空间内有两个点 $a(x_{11}, x_{12}, \cdots, x_{1n})$ 和 $b(x_{21}, x_{22}, \cdots, x_{2n})$，则 n 维空间中两点间的切比雪夫距离可以计算为

$$d = \max\{|x_{1k} - x_{2k}|\}$$

这个公式可以解释为取两个点，在每个坐标维度上的差值的绝对值中的最大值，得到两点之间的切比雪夫距离。

举个例子，假设在三维空间中有两个点$A(7,2,3)$和$B(2,5,6)$，可以使用切比雪夫距离公式来计算这两个点之间的距离：

$$d_{AB} = \max\{|7-2|,|2-5|,|3-6|\} = \max\{5,3,3\} = 5$$

因此，点A和点B之间的切比雪夫距离为5。这意味着在三维空间中，从点A到点B沿着每个坐标维度上的最大差值路径长度为5个单位。

4. 闵可夫斯基距离

闵可夫斯基距离（Minkowski distance）是一种在n维空间中用于度量两个点之间距离的方法。它是对多个距离度量公式的概括性表述。闵可夫斯基距离的公式如下：

$$d = \sqrt[p]{\sum_{k=1}^{n} |x_{1k} - x_{2k}|^p}$$

其中，$a(x_{11},x_{12},\cdots,x_{1n})$和$b(x_{21},x_{22},\cdots,x_{2n})$是$n$维空间中的两个点，$p$是一个可变参数。

举个例子，假设在二维空间中有两个点$A(1,2)$和$B(4,6)$。

当$p=1$时，闵可夫斯基距离就是曼哈顿距离：

$$d_{AB} = |1-4| + |2-6| = 3 + 4 = 7$$

当$p=2$时，闵可夫斯基距离就是欧氏距离：

$$d_{AB} = \sqrt{(|1-4|)^2 + (|2-6|)^2} = \sqrt{9+16} = \sqrt{25} = 5$$

当$p\to\infty$时，闵可夫斯基距离就是切比雪夫距离：

$$d_{AB} = (\max\{|1-4|,|2-6|\} = \max\{3,4\} = 4$$

因此，点A和点B之间的闵可夫斯基距离为7（曼哈顿距离）、5（欧氏距离）和4（切比雪夫距离）。这些距离表示了在不同的度量标准下，两个点之间的距离大小。

5. 余弦距离

余弦距离（cosine distance）也称为余弦相似度，是一种用于衡量样本向量之间差异的度量方法。它基于几何中夹角余弦的概念，用来衡量两个向量方向的差异。

在n维空间中，给定两个向量$\boldsymbol{x}=(x_1,x_2,\cdots,x_n)$和$\boldsymbol{y}=(y_1,y_2,\cdots,y_n)$，余弦距离的计算公式为

$$\cos(\boldsymbol{x},\boldsymbol{y}) = \frac{\boldsymbol{x}\cdot\boldsymbol{y}}{|\boldsymbol{x}|\cdot|\boldsymbol{y}|} = \frac{\sum_{i=1}^{n} x_i y_i}{\sqrt{\sum_{i=1}^{n} x_i^2}\sqrt{\sum_{i=1}^{n} y_i^2}}$$

其中，$\boldsymbol{x}\cdot\boldsymbol{y}$表示向量$\boldsymbol{x}$和$\boldsymbol{y}$的内积，$|\boldsymbol{x}|$和$|\boldsymbol{y}|$分别表示向量$\boldsymbol{x}$和$\boldsymbol{y}$的模。余弦距离的取值范围是$[-1,1]$，余弦值可以表示两个向量的相似性。具体解释如下：

当夹角越小，趋近于0时，余弦值越接近于1。这意味着两个向量的方向越接近，数据越相似。当两个向量的方向完全相反时，夹角余弦值为-1。表示两个向量方向完全相反，数据完全不相似。当夹角为90°时，余弦值为0，表示两个向量正交，无关联。因此，余弦相似度与向量的幅值无关，只与向量的方向相关。

举个例子，假设有两个二维向量$\boldsymbol{x}=(2,3)$和$\boldsymbol{y}=(4,6)$，计算向量$\boldsymbol{x}$和$\boldsymbol{y}$的余弦距离：

$$\cos(\boldsymbol{x},\boldsymbol{y})=\frac{(2\times 4+3\times 6)}{\sqrt{2^2+3^2}\times\sqrt{4^2+6^2}}=\frac{(8+18)}{\sqrt{13}\times\sqrt{52}}\approx 0.942$$

因此，向量 $\boldsymbol{x}$ 和 $\boldsymbol{y}$ 的余弦距离为约0.942。这表示这两个向量在方向上非常接近，具有较高的相似性。

5.2.2 簇之间的相似度度量

除了需要衡量对象之间的距离之外，有些聚类算法（如层次聚类）还需要衡量簇之间的距离，假设 C_i 和 C_j 为两个簇，常用的四种方法定义的 C_i 和 C_j 之间的距离见表5-1。

表5-1 常用的四种方法定义

相似度度量准则	相似度度量函数
Single-link	$D(C_i,C_j)=\min_{x\subseteq C_i,y\subseteq C_j}d(x,y)$
Complete-link	$D(C_i,C_j)=\min_{x\subseteq C_i,y\subseteq C_j}d(x,y)$
UPGMA	$D(C_i,C_j)=\frac{1}{\Vert Ci\Vert\ \Vert Cj\Vert}\sum_{x\subseteq Ci,y\subseteq Cj}d(x,y)$
WPGMA	—

簇之间的相似度度量是聚类算法中评价簇间距离的一种方法。常见的度量方法包括Single-link、Complete-link、UPGMA和WPGMA。

（1）Single-link方法定义两个簇之间的距离为这两个簇中距离最近的两个点之间的距离。这种方法会在聚类过程中产生链式效应，即如果两个簇中存在一个非常接近的点，它们会被连接成一个非常大的簇。通过计算每对样本点之间的距离，并选择最小距离，Single-link方法可以得到簇间的距离，用于层次聚类算法中的簇合并决策。这种方法的优点是简单直观，但由于只考虑最近的两个点之间的距离，可能会导致链式效应和较大的簇的产生。

（2）Complete-link方法定义两个簇之间的距离为这两个簇中距离最远的两个点之间的距离。这种方法可以避免链式效应，但对于异常样本点（不符合数据集整体分布的噪声点）非常敏感，容易产生不合理的聚类。

（3）UPGMA（unweighted pair group method with arithmetic mean）方法是Single-link和Complete-link方法的折中。它定义两个簇之间的距离为这两个簇中所有点距离的平均值。这种方法可以一定程度上避免链式效应，并且对异常样本点的影响较小。

（4）WPGMA（weighted pair group method with arithmetic mean）方法计算的是两个簇之间两个对象之间距离的加权平均值。加权的目的是为了使两个簇对距离的计算影响在同一层次上，而不受簇大小的影响。具体的公式和权重方案取决于具体的算法和问题。

这些相似度度量方法主要用于层次聚类算法中，通过计算簇间的相似度来决定是否将两个簇合并。不同的相似度度量方法适用于不同的数据分布和问题，选择适合的方法可以提高聚类结果的准确性和合理性。

5.3 K-means 案例流程分析

5.3.1 K-means 算法步骤

K 均值聚类算法（K-means clustering algorithm）是一种迭代求解的聚类分析算法，用于将数据分成K个不同的组别。该算法的优点是简单、易于实现，但对于初始聚类中心的选择敏感，可能会陷入局部最小值。因此，为了得到更好的聚类结果，通常需要多次运行算法并比较不同结果的质量。

K-means 聚类算法中迭代过程的详细描述，包括以下几个步骤：

（1）从N个数据样本中随机选取K个数据作为质心（聚类中心）：在初始阶段，从N个数据样本中随机选择K个数据作为初始的质心（聚类中心），其中K是预先设定的簇的数量。

（2）对每个数据测量其到每个质心的距离，并把它归到最近的质心的类：对于每个数据样本，计算其与每个质心之间的距离，常用的距离度量方法可以是欧氏距离、曼哈顿距离等。然后，将数据样本归到与其距离最近的质心所代表的类别中。

（3）重新计算已经得到的各个类的质心：在将所有数据样本归类后，重新计算每个类别的质心。计算方法可以是将每个类别中所有数据样本的特征值进行平均，得到新的质心。

（4）迭代（1）～(3）步直至新的质心与原质心相等或小于指定阈值，算法结束：重复进行步骤（2）和步骤（3），直到新计算得到的质心与原质心相等或小于指定的阈值。在每次迭代中，质心会根据数据样本的重新分类而发生变化，直到达到收敛的条件，算法结束。

通过不断迭代计算和更新质心，K-means 聚类算法能够找到最优的质心和聚类结果。迭代过程中，质心的更新会导致数据样本的重新分类，直到质心不再变化或变化很小，即达到收敛。这时，算法结束并得到最终的聚类结果。

5.3.2 K-means 聚类案例

在 K-means 聚类算法中，每个数据点是根据其到各个聚类中心的距离来归类的，而不是选择最近的一个聚类中心点作为标记类别。以下是对数据集的重新处理，根据 K-means 算法计算每个数据点到聚类中心的距离，并将其归类到最近的聚类中心。在这个 K-means 聚类案例中，表 5-2 是数据集。

表 5-2 数据集

项目	X值	Y值	项目	X值	Y值
p_1	7	7	p_9	10	7
p_2	2	3	p_{10}	5	5
p_3	6	8	p_{11}	7	6
p_4	1	4	p_{12}	9	3
p_5	1	2	p_{13}	2	8
p_6	3	1	p_{14}	5	11
p_7	8	8	p_{15}	5	2
p_8	9	10	—	—	—

假设初始随机选择的聚类中心为 p_1 和 p_2，根据欧氏距离公式：

$$d=\sqrt{(x_n-x_1)^2+(y_n-y_1)^2}$$

结合提供的数据和假设的初始聚类中心，可以计算每个数据点与聚类中心的距离，数据点与聚类中心 p_1 的距离与 p_2 的距离，结果见表5-3。

表5-3　数据点与聚类中心 p_1 和 p_2 的距离

项目	$p_1(7,7)$	$p_2(2,3)$	项目	$p_1(7,7)$	$p_2(2,3)$
p_1	0	5.83	p_9	3.61	8.06
p_2	5.83	0	p_{10}	1.41	3.83
p_3	1.41	6.71	p_{11}	0.71	4.47
p_4	6.08	1.41	p_{12}	2.83	7.07
p_5	5.39	3.61	p_{13}	5.39	4.24
p_6	6.08	3.61	p_{14}	4.95	6.08
p_7	1.41	6.71	p_{15}	5.39	1.41
p_8	3.61	8.06	—	—	—

根据上述公式，计算每个数据点到聚类中心 p_1 和 p_2 的距离，并选择最小距离的聚类中心作为标记类别，得到表5-4。

表5-4　结果表

类别1：p_1	p_3	p_7	p_9	p_{11}	p_{14}	—	—	—
类别2：p_2	p_4	p_5	p_6	p_8	p_{10}	p_{12}	p_{13}	p_{15}

根据归类结果，重新计算每个聚类的中心点。$p_y=\sum_{i=1}^{n}P_{iy}/n$，$p_x=\sum_{i=1}^{n}P_{ix}/n$。新聚类中心 p_1：$p_y=(7+8+8+7+6+11)/6=7.33$；$p_x=(7+6+8+10+7+5)/6=7.17$。新聚类中心 $p_1=[7.17,7.33]$。

新聚类中心 p_2:$p_y=(2+1+1+3+9+2+5)/7=3.57$。$p_x=(3+4+2+1+3+8+2)/=3.29$。新聚类中心 $p_2=[3.29,3.57]$。

更新聚类中心后，再次计算每个数据点到新的聚类中心的距离，并重新分配数据点到最近的聚类中心。重复上述步骤，直到计算得出的新中心点与原中心点相同，即质心不再移动，算法收敛。此时，聚类过程结束。在这个K-means聚类案例中，经过一轮迭代计算后得到的新聚类中心如下：

新聚类中心 $p_1=(7.17,7.33)$，新聚类中心 $p_2=(3.29,3.57)$。

更新聚类中心后，重新计算每个数据点到聚类中心的距离，并将其归类到最近的聚类中心。重复迭代过程直到新的质心与原质心相等或小于指定阈值，算法结束。

最终的聚类结果见表5-5。

表5-5　最终聚类结果表

类别1：p_1	p_3	p_7	p_9	p_{11}	p_{14}	
类别2：p_2	p_4	p_5	p_6	p_{12}	p_{13}	p_{15}

K-means一定会停下，不可能陷入一直选质心的过程，当每次迭代结果不变时，认为算法收敛，聚类完成。

通过案例，K-means 算法是一种常见的聚类算法，其流程可以概括为以下几个步骤：

（1）事先确定常数 K，表示最终的聚类类别数。

（2）随机选取 K 个初始点作为质心，并计算每个样本点与质心之间的相似度（通常使用欧式距离）。

（3）将每个样本点归类到与其相似度最高的质心所属的类别中。

（4）重新计算每个类别的质心，即计算类别中所有样本点的平均值。

（5）继续将每个样本点归类到与其相似度最高的质心所属的类别中，重新计算每个类别的质心，直到质心不再改变或达到预设的迭代次数。

（6）最终确定每个样本点所属的类别以及每个类别的质心。

需要注意的是，在大规模的数据集上，K-means 算法的收敛速度较慢，因为每次迭代都需要计算所有样本点与每个质心之间的相似度，这会增加计算的时间复杂度。因此，在处理大规模数据时，可能需要考虑使用其他更高效的聚类算法。

5.4 评估聚类方案的优劣

5.4.1 簇内平方和

1. 簇内平方和概述

聚类模型的结果不是某种标签的输出，聚类的结果也是不确定的，其优劣由业务需求或算法需求来决定，并且没有永远的正确答案。因此，如何衡量聚类的效果是一个重要的问题。当聚类完成后，被分在同一个簇中的数据是有相似性的，而不同簇中的数据是不同的。因此，可以通过研究每个簇中的样本的性质，根据业务需求制订不同的商业或科技策略。在聚类中，追求的是“簇内差异小，簇外差异大”。

簇内差异可以通过样本点到其所在簇的质心的距离来衡量。对于一个簇来说，所有样本点到质心的距离之和越小，就认为这个簇中的样本越相似，簇内差异就越小。假设 x_{ji} 表示簇中的一个样本点，μ_i 表示该簇中的质心，n 表示每个样本点中的特征数目，m 为一个簇中样本的个数，j 是每个样本的编号，使用欧式距离也称为欧几里得距离，一个簇中所有样本点到质心的距离的平方和可以表示为：

$$\text{css} = \sum_{j=0}^{m}\sum_{i=1}^{n}(x_{ji}-\mu_i)^2$$

以上这个公式被称为簇内平方和（cluster sum of square），又叫作 Inertia。将一个数据集中的所有簇的簇内平方和相加，就得到了整体平方和（total cluster sum of square），又叫作 total inertia。整体平方和越小，代表着每个簇内的样本越相似，聚类的效果就越好。

$$\text{total\_css} = \sum_{i=0}^{k}\text{css}\ j = \sum_{l=1}^{k}\sum_{j=0}^{m}\sum_{i=1}^{n}(x_{ji}-\mu_i)^2$$

聚类的目标是求解能够最小化簇内平方和的质心。在实际应用中，质心会不断变化，直到整体平方和最小化，质心不再发生变化，此时聚类的求解过程就变成了一个最优化问题。簇内平方和是基于欧几里得距离的计算公式得来的。实际上，也可以使用其他距离，每个距离都有自己对应的簇内平方和。只要使用了正确的质心和距离组合，无论使用什么样的距离，都可以达到不错的效果。假设有一个数据集，其中包含三个簇，使用K-means算法进行聚类。每个簇中的样本点到质心的距离越小，簇内差异就越小，整体平方和也就越小。通过调整质心的位置，可以不断优化聚类结果，直到达到满足业务需求或算法需求的效果。

常用的距离度量方法和质心选择方法的关系见表5-6。

表5-6　常用的距离度量方法和质心选择方法的关系

距离度量	质心选择
欧氏距离：最常见的距离度量方法，它是两个样本点之间的直线距离	欧几里得距离是最常见的距离度量方法，它是两个样本点之间的直线距离
曼哈顿距离：两个样本点之间的城市街区距离，即两点之间沿坐标轴的距离之和	通常选择簇内样本点的中位数作为质心
余弦距离：通过计算两个向量的夹角来衡量它们之间的相似度，而不是直接计算距离	通常选择簇内样本点的均值作为质心

需要注意的是，以上是一种常见的对应关系，实际应用中根据具体问题和数据的特点，可以灵活选择距离度量方法、质心选择方法。

2. 簇内平方和评价指标的特点

簇内平方和评价指标是一种常用的聚类算法评价指标，用于衡量聚类结果的质量。它的主要特点如下：

（1）无界性：簇内平方和没有上界，理论上越接近于0表示聚类效果越好。但是，由于没有明确的上限，无法确定一个较小的簇内平方和是否已经达到了模型的极限，或者是否还能进一步提高。因此，在比较不同模型时，仅仅依靠簇内平方和的大小来判断优劣是不准确的。

（2）受特征数目影响：簇内平方和的计算受到数据集的维度影响。当数据维度很大时，簇内平方和的计算量会随之增加，容易陷入维度灾难，计算量会变得非常大。因此，在高维数据集上使用簇内平方和时需要注意计算效率的问题。

（3）受超参数K影响：簇内平方和的值会受到聚类算法中簇的数量K的影响。随着K的增加，簇内平方和必然会减小，但这并不意味着模型的效果越好。在选择K值时，仅仅依赖簇内平方和的大小来判断可能会导致不合理的结果。

（4）对特定形状的簇表现不佳：簇内平方和作为评估指标，在处理细长簇、环形簇或不规则形状的流形等特定形状的簇时可能表现不佳。这是因为簇内平方和基于欧氏距离的平方和，对于这些特殊形状的簇可能无法有效地衡量其内部的紧密度。虽然簇内平方和是一种常用的聚类算法评价指标，但它也存在一些局限性。在使用簇内平方和评估聚类结果时，需要考虑其特点并结合其他评价指标来进行综合评估。

5.4.2　轮廓系数法

聚类是一种对没有真实标签的数据进行探索性分析的方法，它通过对不知道真实答案的数据进行聚类来揭示数据的内在结构。在聚类过程中，无法依靠已知的标签信息来进行评估，只能通过评价簇内的稠密程度和簇间的离散程度来衡量聚类的效果。其中轮廓系数是最常用的聚类算法的评价指标。它是对每个样本来定义的，它能够同时衡量：

样本与其自身所在的簇中的其他样本的相似度 a——可用样本与同一簇中所有其他点之间的平均距离来表示；

样本与其他簇中的样本的相似度 b——可用样本与下一个最近的簇中所有点之间的平均距离来表示。

轮廓系数法是一种用于评估聚类结果的指标，它基于聚类的要求，即“簇内差异小，簇外差异大”，它用于衡量聚类中簇内相似度的紧密度和簇间相似度的分离度，通过计算样本的内聚度和分离度来度量聚类的效果，希望 b 永远大于 a，并且大得越多越好。单个样本的轮廓系数计算公式为

$$s = \frac{b - a}{\max(a, b)}$$

式中，a 表示样本与其自身所在簇中其他样本的平均距离；b 表示样本与其他簇中的样本的平均距离。

根据轮廓系数的公式，可以将其拆解为三种情况：

$$s = \begin{cases} 1 - a/b, if\ a < b \\ 0, if\ a = b \\ b/a - 1, if\ a > b \end{cases}$$

如果 $a<b$，则轮廓系数为 $1-a/b$。轮廓系数越接近 1，此时 a 接近 0，样本与自身所在簇中的样本相似度较高，与其他簇中的样本相似度较低，聚类效果较好。

如果 $a=b$，则轮廓系数为 0。此时，样本与所在簇中的样本相似度与其他簇中的样本相似度一致，表示样本所在的簇与其他簇应该合并为一个簇。

如果 $a>b$，则轮廓系数为 $b/a-1$。轮廓系数为负时，样本与簇外的样本相似度较高，与自身所在簇中的样本相似度较低，聚类效果较差。

综上所述，轮廓系数结合了聚类的凝聚度和分离度，取值范围为-1 到 1。当轮廓系数越接近 1 时，表示聚类效果越好；当轮廓系数为 0 时，表示聚类效果较差；当轮廓系数为负值时，表示样本点与簇外的样本更相似，聚类效果不好。

在得到每个样本点的轮廓系数后，可以计算聚类结果的轮廓系数。聚类结果的轮廓系数实际上是样本轮廓系数的平均值，即所有样本点轮廓系数的总和除以样本总数。具体公式如下：

$$S_{\text{total}} = \frac{1}{n} \sum_{i=1}^{n} s_i$$

其中，n 为样本总数，s_i 为第 i 个样本点的轮廓系数。因此，聚类结果的轮廓系数反映的是聚类结果整体上的紧密度和分离度。当聚类结果的轮廓系数越接近 1 时，表示聚类效果越好。通常情况下，会在不同的聚类算法和参数组合下计算轮廓系数，以选择最优的聚类结果。当一个簇中的大多数样本具有较高的轮廓系数时，表示这个簇内的样本之间相似度较高且与其他簇的样本有较好的分离度，这会导致整个簇的总轮廓系数较高。而当许多样本点具有低轮廓系数甚至负值时，表示这些样本点与同簇内的其他样本相似度较低，或者与其他簇的样本相似度较高，这会导致整个簇的总轮廓系数较低。因此，一个簇内大多数样本具有较高轮廓系数，整个数据集的平均轮廓系数较高，可以认为聚类是合适的。而如果许多样本点具有低轮廓系数甚至负值，

那么聚类就是不合适的。

总体来说，轮廓系数是一种全面的评估指标，因为它综合考虑了簇内的紧密度和簇间的分离度。对于需要分析簇内分布紧密而簇间分布分散的数据，轮廓系数是一个较好的评估指标。但需要注意的是，轮廓系数也有其局限性，例如对于非凸形状的簇或者簇间有重叠的情况，轮廓系数可能不适用。在实际应用中，可以结合其他评价指标来综合评估聚类效果。

5.4.3 CH 指标

CH 指标是一种用于评估聚类结果的指标，它通过计算类内各点与类中心的距离平方和来度量类内的紧密度，同时通过计算各类中心点与数据集中心点距离平方和来度量数据集的分离度。CH 指标由分离度与紧密度的比值得到，具体公式如下：

$$S(k)=\frac{\mathrm{tr}(\boldsymbol{B}_k)}{\mathrm{tr}(\boldsymbol{W}_k)}\frac{m-k}{k-1}$$

式中，$S(k)$表示聚类结果的 CH 指标；k 表示聚类的簇的个数；m 表示数据集的样本量；$\boldsymbol{B}_k$ 是组间离散矩阵，即不同簇之间的协方差矩阵；$\boldsymbol{w}_k$ 是簇内离散矩阵，即一个簇内数据的协方差矩阵；tr 表示矩阵的迹，用来计算协方差矩阵的迹，$\mathrm{tr}(B_k)$表示类间离散度，计算方法是各类中心点与数据集中心点距离平方和；$\mathrm{tr}(W_k)$表示类内离散度，计算方法是各类内各点与类中心的距离平方和。

通过计算 CH 指标，可以得到一个评估聚类效果的值。CH 指标越大，表示类自身越紧密，类与类之间越分散，即表示聚类结果较好。换句话说，当类别内部数据的协方差越小（类内紧密度越高），而类别之间的协方差越大（数据集分离度越高）时，CH 指标会增大。尽管 CH 指标没有界限，且在凸性数据上可能会出现虚高的情况，但相比于轮廓系数，CH 指标的一个重要优点是计算速度非常快。因此，CH 指标可以用来达到用尽量少的类别聚类尽量多的样本，并获得较好的聚类效果的目标。然而，在使用 CH 指标时，仍需结合其他评价指标和对数据的实际情况进行综合评估，以获得更全面准确的聚类结果评价。

小 结

通过本章的学习，可以对聚类的基本概念、应用领域和聚类算法的实现原理有了深入的理解，同时掌握了数据相似度度量方法、K-means 算法的执行原理和聚类算法结果评价指标。这些知识将有助于读者在实际应用中进行聚类分析，并做出准确有效的决策。

聚类分析是一种无监督学习方法，用于将相似的数据点划分为不同的簇。聚类算法的选择和应用需要考虑数据类型、相似度度量、算法实现原理和结果评价指标。聚类分析在各个领域具有广泛的应用前景，可以帮助揭示数据的内在结构和规律。随着技术的不断发展，聚类分析将在数据科学和人工智能领域发挥越来越重要的作用。

习　题

1. 聚类是什么，它与分类算法有什么区别？

2. 聚类有哪些应用场景？

3. K-means 算法的基本流程是什么？

4. 四维空间中有点 $a(1, 2, 3, 4)$ 和点 $b(5, 6, 7, 8)$，请分别计算两点的欧式距离、曼哈顿距离、切比雪夫距离。

5. 常用聚类评价指标有哪些，各自有什么特点？

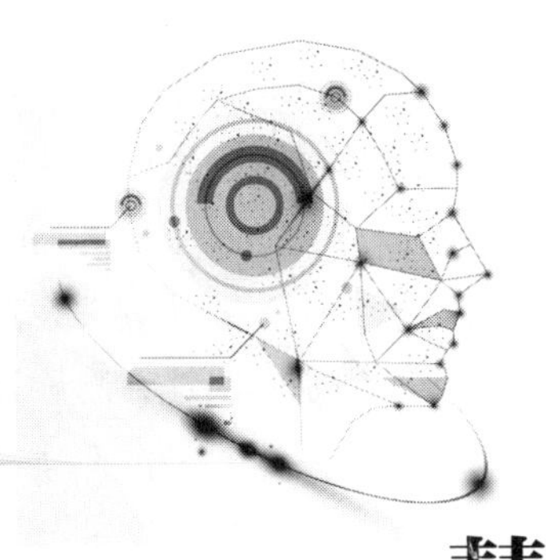

第 6 章 慧眼识物

【本章导学】

计算机视觉是一门研究如何使计算机能够理解和解释图像或视频的学科。本章将学习计算机视觉概述，图像识别、深度学习和卷积神经网络等。总之，了解计算机视觉的相关概念、图像识别的案例、深度学习和机器学习的区别、卷积神经网络处理图像的原理以及深度学习的模型工作流程是理解计算机视觉的基础。这些知识可以帮助我们更好地应用计算机视觉技术来解决实际问题。

【学习目标】

通过对本章内容的学习，读者应该能够做到：

1. 了解计算机视觉概述的相关概念、传统计算机视觉算法。
2. 从案例中理解图像识别。
3. 了解深度学习与机器学习的区别。
4. 了解卷积神经网络处理图像的原理。
5. 了解深度学习的模型工作流程。

6.1 计算机视觉概述

6.1.1 计算机视觉定义

计算机视觉是一门研究如何使机器能够理解、解释和处理图像或视频的学科。它涉及使用计算机算法和技术来模拟人类视觉系统的能力，从而实现对图像或视频中物体、场景和动作的识别、跟踪和测量等任务。计算机视觉的目标是使机器能够“看”并理解图像，进而通过图像处理和分析提取有用的信息。在计算机视觉中，通常使用摄像机或其他图像采集设备来获取图像或视频数据。这些数据会经过预处理步骤，例如降噪、增强对比度和调整颜色等，以提高后续处理的效果。一旦获取了图像或视频数据，计算机视觉算法会对其进行分析和处理。这些算法可以基于传统的图像处理方法，例如边缘检测、图像分割和特征提取等。此外，也可以使用机器学习和深度学习等方法来训练模型，使机器能够根据输入的图像进行分类、定位和检测等任务。计算机视觉的应用非常广泛。它可以应用于自动驾驶、人脸识别、行人检测、图像检索、医学影像分析、工业质检、军事侦察等领域。通过计算机视觉的技术，机器可以代替人眼来执行一些复杂的视觉任务，从而提高效率、减少错误和降低成本。总之，计算机视觉是通过摄像机和计算机技术来使机器能够“看”的科学。它涉及图像获取、预处理、图像分析和处理等步骤，以实现对图像或视频中目标的识别、跟踪和测量等任务。计算机视觉的应用广泛，并在许多领域中发挥着重要作用。

6.1.2 图像分类

图像分类是计算机视觉中的一个核心任务，它是根据图像的语义信息将不同类别的图像进行区分。图像分类的目标是训练一个模型，使其能够自动识别和归类输入图像。在图像分类中，通常需要首先收集和标注大量的图像数据集。这些数据集包含了不同类别的图像样本，例如猫、狗、汽车、飞机等。每个图像样本都会被标注上对应的类别标签。接下来，可以使用机器学习和深度学习等方法来训练图像分类模型。在传统的机器学习方法中，常用的特征提取算法包括SIFT、HOG和SURF等。这些算法可以提取图像中的局部特征，并将其表示为向量。然后，可以使用分类算法，例如，支持向量机或随机森林（random forest），来训练模型并进行分类。而在深度学习中，卷积神经网络是一种常用的图像分类模型。CNN模型通过多层的卷积和池化操作来提取图像的特征，并通过全连接层将这些特征映射到不同的类别。通过大规模的图像数据集进行训练，CNN模型可以学习到图像中的抽象特征，并实现更准确的图像分类。图像分类是计算机视觉中的基础任务，它为其他高层次的视觉任务提供了基础。例如，在物体检测中，首先需要对图像进行分类，然后才能定位和识别特定的物体。在图像分割中，可以通过先将图像分为不同的类别，然后再对每个类别进行分割。在物体跟踪和行为分析中，也可以通过对图像进行分类来识别和跟踪特定的对象。总结而言，图像分类是计算机视觉中的核心任务，它通过机器学习和深度学习等方法，使机器能够自动识别和归类输入图像。图像分类为其他高层次的视觉任务提供了基础，例如物体检测、图像分割、物体跟踪、行为分析和人脸识别等。通过图像分类技术，我们可以实现对图像中的语义信息的理解和应用。

1. 目标检测

目标检测是计算机视觉领域的核心问题之一，其任务是在图像中找出所有感兴趣的目标（物体），并确定它们的类别和位置。目标检测的挑战在于不同目标具有不同的外观、形状和姿态，并且受到光照、遮挡等因素的干扰。目标检测的方法可以分为两大类：基于手工设计特征的方法和基于深度学习的方法。在基于手工设计特征的方法中，常用的方法包括基于边缘的方法、基于纹理的方法、基于颜色的方法和基于形状的方法等。这些方法通过提取图像中的特征，并使用分类器或回归器来确定物体的位置和类别。然而，这些方法往往需要人工设计特征，且对于复杂的场景和目标变化较大的情况下，效果可能不理想。而基于深度学习的方法，尤其是基于卷积神经网络的方法，在目标检测任务中取得了巨大的突破。一种常见的基于ONN的目标检测方法是使用区域提议网络来生成候选目标区域，然后使用分类器和回归器来确定目标的类别和位置。

2. 图像分割

图像分割是计算机视觉中的一项重要任务，其目标是预测图像中每个像素所属的类别或物体，并将图像分割成具有类别标签的区块。图像分割可以被视为对每个像素进行分类的过程。

在图像分割中，首先需要收集和标注大量的图像数据集。这些数据集包含了不同类别的图像样本，每个像素都被标注了对应的类别标签。例如，在医疗影像中，可以标注出肿瘤区域和正常组织区域等。接下来，可以使用机器学习和深度学习等方法来训练图像分割模型，在传统的机器学习方法中，常用的技术包括基于像素的分类算法，例如K均值聚类和高斯混合模型等。这些算法将图像中的像素作为输入，根据像素的特征来预测其所属的类别，从而实现图像的分割。而在深度学习中，卷积神经网络和全卷积神经网络是常用的图像分割模型。这些模型通过多层的卷积和上采样操作，将图像中的每个像素映射到相应的类别。通过大规模的图像数据集进行训练，这些模型可以学习到图像中的语义和空间信息，并实现更准确的图像分割。图像分割在许多领域中都有广泛的应用。在交通控制中，图像分割可以用于识别和跟踪交通标志和车辆，从而实现智能交通管理。在医疗影像中，图像分割可以用于定位和分割病灶区域，帮助医生进行疾病诊断和治疗。在人脸识别中，图像分割可以用于提取人脸区域，从而实现人脸特征提取和识别。

6.1.3 计算机视觉应用领域

计算机视觉在很多领域和场景中有广泛的应用。以下是一些典型的应用领域和场景：

1. 金融领域

计算机视觉可以应用于研究经济变量之间的关系，例如欺诈检测。通过分析用户的交易行为和监控图像，可以识别出异常的行为模式，从而预则潜在的欺诈活动。另外，计算机视觉还可以应用于信用评级和公司破产预测等领域，通过分析公司的财务报表和市场数据，预测其未来的经营状况。在金融领域中，分类模型可以用于欺诈检测、贷款违约预测以及公司破产预测中，帮助金融机构自动化地进行各种风险评估和决策，从而提高业务效率和减少风险损失。在所有的互联网金融产品中，微额借款（金额500～1 000元）被公认为是风险最高的领域。希望通过分类模型来分析“小额微贷”申请借款用户的信用状况，以分析其是否会逾期。

2. 市场营销

计算机视觉可以应用于研究市场营销中的因果关系。例如，在商品定价方面，可以通过分析产品的图像和市场数据，了解不同价格对销售量的影响，从而制订合理的定价策略。另外，计算机视觉还可以应用于客户分类，通过分析顾客的购买行为和图像特征，将顾客分为不同的群体，从而实现精准的市场营销。

市场营销领域中，分类算法的应用非常广泛。无论是针对客户、人群、地区还是商品等，只要涉及将它们按照不同属性进行区分的场景，都可以使用分类算法。例如，在客户分析中，可以使用分类算法将客户分为不同的类别，如“忠诚客户”、“流失客户”和“普通客户”为了实现这一目标，可以根据客户的多个特征进行分类。以下是一些常用的客户特征：

（1）用户累计下单次数：根据用户在一段时间内的下单次数，可以将客户分为频繁下单的“忠诚客户”和较少下单的“普通客户”。

（2）累计购买商品数量：通过统计客户购买的商品数量，可以将客户分为购买较多商品的“忠诚客户”和购买较少商品的“普通客户”。

（3）距离最后一次下单时间的间隔天数：根据客户最后一次下单的时间距今的天数，可以将客户分为近期下单的“忠诚客户”和较长时间未下单的“流失客户”。

（4）最长购买周期和最短购买周期：通过计算客户购买商品之间的时间间隔，可以将客户分为购买周期稳定的“忠诚客户”和购买周期不稳定的“普通客户”。

基于以上特征，可以使用分类算法（如决策树、随机森林、逻辑回归等）来训练一个模型，将客户分为不同的类别。该模型可以根据客户的特征值进行预测，并将客户归类到相应的类别中如，“忠诚客户”、“流失客户”和“普通客户”。

3. 生物领域

计算机视觉在生物领域中有许多应用。例如，在生物种类的分类方面，可以通过分析动物的图像特征，将其分类到不同的物种。另外，计算机视觉还可以应用于身体机能预测，通过分析人体图像和生理数据，预测人体的健康状况和潜在风险。在生物领域，研究分类模型的应用是当前的重要研究方向之一。利用机器学习和深度学习等分类模型为生物研究提供服务已经成为生物领域发展中不可或缺的一步。其中一个重要的应用是预测衰老标记。人的年龄不仅仅是身份证上所列的数字，而是通过多项生理指标来评估一个人的实际年龄。通过收集和分析这些生理指标的数据，可以构建一个分类模型来预测一个人的实际年龄。这样的分类模型可以通过训练大量的数据样本，将生理指标与实际年龄之间的关系进行学习和建模。通过这个工具，可以对个体的衰老进行评估。例如，通过测量血液中的特定生物标志物、皮肤弹性、骨密度等多项生理指标，分类模型可以根据这些指标的组合来预测一个人的实际年龄。这样的预测可以为个体提供有关自身衰老程度的信息，帮助他们更好地了解自己的健康状况。

4. 电商领域

计算机视觉在电商领域中有很多应用。例如，在个性化推荐方面，可以通过分析用户的购买历史和图像特征，为用户推荐符合其兴趣和偏好的商品。另外，计算机视觉还可以应用于预测用户是否活跃，通过分析用户的行为数据和图像特征，预测用户是否会继续使用电商平台。通过对用户需求和行为进行分析，电商企业可以获得更强大的数据分析能力，从而在商品推荐、销售预测等领域实现更好的运营效率和用户体验。在电商网站中，存在着数以百万计的商品图片。为了提供更好的用户体验，电商企业可以开发一些应用，例如，拍照购、拍立购或找同款。这些应用要求对用户提供的商品图片进行分类，以便准确地识别出商品并提供相关的信息。通过使用分类模型，电商企业可以将这些用户提供的商品图片进行自动分类。分类模型可以通过训练大量的商品图片数据，学习到不同商品的视觉特征和类别信息。一旦模型训练完成，用户只需要上传商品图片，分类模型就可以快速准确地将其分类，并提供相关的搜索结果或推荐商品。此外，提取商品图像特征也是非常重要的。通过提取商品图像的特征，可以获取商品的视觉信息，例如颜色、形状等可以提供给推荐、广告等系统。

5. 广告宣传领域

计算机视觉可以应用于研究宣传投入和后期营收的关系。例如，在定向广告投放预测方面，可以通过分析用户的图像特征和广告投放数据，预测不同目标受众对广告的反应和购买转化率，从而优化广告投放策略。在用户上网浏览过程中，他们可能会产生广告曝光或点击行为。通过预测广告点击行为，可以指导广告主进行定向广告投放和优化，从而使广告投入能够获得最大的回报。为了实现广告点击的预测，可以基于100万名随机用户在六个月的时间范围内产生的广告曝光和点击日志进行分析。这些日志包括广告监测点数据，可以用来构建预测模型。首先，需要对数据进行处理和特征提取。可以使用用户的浏览历史、点击历史、广告曝光次数、广告点击次数等信息作为特征。还可以考虑时间特征，例如用户在一段时间内的活跃度、周几和时间段等。接下来，可以选择合适的机器学习算法来构建预测模型。常用的算法包括逻辑回归、决策树、随机森林、支持向量机等。可以使用训练数据集对这些算法进行训练，并利用验证数据集进行模型的选择和调优。在模型训练完成后，可以使用测试数据集来评估模型的性能。常用的评估指标包括准确率、精确率、召回率、F1值等。通过评估模型在预测广告点击行为上的表现，可以选择最佳的模型进行广告点击预测。最后，可以将训练好的模型应用于新的用户数据中，预测每个用户在八天内是否会在各监测点上发生点击行为。根据预测结果，广告主可以进行定向广告投放和优化，将广告投放给可能会有点击行为的用户，从而提高广告投入的回报率。总之，通过分析用户的广告曝光和点击日志，可以构建预测模型来预测广告点击行为。这可以指导广告主进行定向广告投放和优化，从而最大限度地提高广告投入的回报率。

6. 通信领域

计算机视觉在通信领域中也有应用。例如，在手机等移动端预测和分类任务中，可以通过分析短信、电话等通信数据和图像特征，预测是否为垃圾短信或骚扰电话，从而提供更好的用户体验和安全保障。垃圾短信已经成为运营商和手机用户面临的一个严重问题。不法分子利用科技手段不断更新垃圾短信的形式，并且通过广泛的传播渠道将其传送到手机用户终端。传统的基于策略和关键词的过滤方法在识别垃圾短信方面效果有限，很多垃圾短信能够“逃脱”过滤系统，继续到达手机终端。

为了解决这个问题，可以基于短信文本内容，结合机器学习算法和大数据分析，智能地识别垃圾短信及其变种。首先，需要收集并整理大量的短信数据作为训练集。这些数据包括垃圾短信和非垃圾短信，可以通过用户举报、运营商监测等方式获取。同时，还可以收集一些已经被人工标注为垃圾或非垃圾的短信样本，作为有监督学习的训练集。接下来，可以使用机器学习算法来构建垃圾短信识别模型。常用的算法包括朴素贝叶斯、支持向量机、决策树等。可以根据训练集对这些算法进行训练，并通过交叉验证等方法选择最佳的模型。在模型训练完成后，可以使用测试集来评估模型的性能。可以使用准确率、精确率、召回率、F1值等指标来评估模型的表现。如果模型的性能不理想，可以调整算法参数或者使用集成学习等方法来提升模型的性能。另外，还可以利用大数据分析来挖掘短信数据中的隐藏信息。例如，可以分析短信的文本特征、发送者信息、时间特征等，来发现垃圾短信的共性和规律。可以使用聚类分析、关联规则挖掘、文本挖掘等技术来进行分析。最后，可以将训练好的模型和挖掘出的规律应用于实际的垃圾短信识别系统中。当新的短信到达时，系统可以自动地判断其是否为垃圾短信，并采取相应的措施，例如将其标记为垃圾短信、过滤掉或者将其放入垃圾短信文件夹。通过结合机器学习算法和大数据分析，可以智能地识别垃圾短信及其变种。这种方法可以提高垃圾短信识别的准确性和效率，从而有效地解决垃圾短信问题。

总之，计算机视觉在金融、市场营销、生物、电商、广告宣传和通信等领域中都有广泛的应用。通过分析图像和相关数据，计算机视觉可以实现对复杂问题的理解和预测，为各个领域提供智能应用。

6.2 传统计算机视觉算法

6.2.1 计算机视觉算法实现流程

在计算机视觉中，计算机视觉的流程包括特征感知、图像预处理、特征提取、特征筛选以及推理预测与识别。特征提取与选择的好坏对算法的准确性和性能起着关键作用，而传统的计算机识别方法将特征提取和分类器设计分开进行，然后再在应用时合并在一起。通常可以通过以下流程来进行图像的特征感知、预处理、提取、筛选以及推理预测与识别：

1. 特征感知

特征感知通过传感器（例如相机）获取图像数据，将图像转换成计算机可处理的数据格式。

2. 图像预处理

图像预处理对获取到的图像进行预处理，包括去噪、滤波、平滑等操作，以提高后续特征提取的准确性和稳定性。

3. 特征提取

特征提取从经过预处理的图像中提取出与目标任务相关的特征。特征提取可以基于图像的局部信息、颜色、纹理、形状等方面，常用的方法包括边缘检测、角点检测、尺度不变特征变换、方向梯度直方图等。

4. 特征筛选

特征筛选根据特征的重要性和区分度，进行特征筛选，选择对目标任务最有用的特征。特征筛选的目的是减少特征维度，提高后续分类或识别的效率和准确性。

5. 推理预测与识别

推理预测与识别利用选定的特征和分类器（例如支持向量机、神经网络等），进行图像的推理预测与识别。根据输入的图像特征，分类器可以判断图像属于哪个类别或进行目标检测、目标跟踪等任务。

需要注意的是，特征提取和选择的好坏对最终算法的确定性起着非常关键的作用。选取合适的特征可以提高分类或识别的准确性，而特征的选择过程通常需要人工参与。传统的计算机识别方法通常将特征提取和分类器设计分开进行，先提取特征，然后再将提取到的特征输入到分类器中进行分类或识别。这种方法的优势在于可以根据具体任务，选择合适的特征提取和分类器设计方法。在应用时，特征提取和分类器会被合并在一起进行推理和预测。

假设要进行摩托车图像的分类识别任务。首先，需要对输入的摩托车图像进行特征提取，以便将其表示为计算机可处理的特征向量。特征提取的过程可以包括以下步骤：

（1）图像预处理：对输入的摩托车图像进行预处理，例如调整图像大小、灰度化等操作，以便后续特征提取的准确性和效率。

（2）特征提取：从预处理后的图像中提取与摩托车相关的特征。这些特征可以是摩托车的形状、纹理、颜色等方面的信息。常用的特征提取方法包括边缘检测算法、局部二值模式

(LBP)、方向梯度直方图等。

(3) 特征表达：将从图像中提取的特征表示为一个特征向量。特征向量将摩托车图像的特征信息以数值的形式进行表示，便于后续的分类学习和识别。

(4) 特征选择：根据特征的重要性和区分度，进行特征选择，选择对摩托车图像分类任务最有用的特征。特征选择的目的是减少特征维度，提高分类学习和识别的效率和准确性。

在特征提取和选择完成后，可以将提取到的特征向量输入到算法模型中进行分类的学习。常用的算法模型包括支持向量机、卷积神经网络等。通过对大量标记好的摩托车图像进行训练，算法模型能够学习到摩托车图像的特征和模式，从而能够对新的摩托车图像进行分类预测。

总之，对于摩托车图像的分类识别任务，需要通过特征提取和选择将图像表示为特征向量，然后将特征向量输入到算法模型中进行分类学习。这个过程可以通过预处理、特征提取、特征表达和特征选择等步骤完成。

6.2.2 特征提取算法

特征提取算法在计算机视觉中起着非常重要的作用，下面将详细描述几个比较著名的特征提取算法：

1. SIFT（尺度不变特征变换）算子

SIFT是一种在尺度和旋转变换下具有不变性的特征提取算法。它通过在图像中检测局部极值点，并在这些点周围提取出具有尺度和旋转不变性的特征描述子。SIFT算子被广泛应用于图像比对、图像匹配、目标识别等任务。

2. HOG（方向梯度直方图）算子

HOG算子可以提取物体的边缘特征，通过计算图像区域内不同方向上的梯度直方图，得到描述物体轮廓和纹理信息的特征向量。HOG算子在物体检测中扮演着重要的角色，例如在行人检测中被广泛应用。

3. Textons算法

Textons是一种基于纹理的特征提取算法，通过对图像进行滤波和聚类，将图像的纹理信息表示为一组统计特征。Textons算法可用于纹理分类、纹理合成等任务。

4. Spin image算法

Spin image算法是一种用于描述三维物体的特征提取算法。它通过计算物体表面上每个点与其他点之间的关系，生成一个二维直方图表示物体的形状特征。

5. RIFT（旋转不变特征变换）算子

RIFT算子是一种基于图像局部结构的特征提取算法，具有旋转不变性。它通过计算图像局部区域内的旋转相关性，得到描述图像局部结构的特征描述子。

6. GLOH（局部二阶梯度直方图）算子

GLOH算子是一种改进的SIFT特征提取算法，具有更好的旋转不变性和抗噪性。它通过计算图像局部区域内的二阶梯度直方图，得到更具描述能力的特征描述子。

这些特征提取算法在深度学习流行之前，是计算机视觉领域主流的算法，被广泛应用于图像处理、目标识别、物体检测等任务。

此外，计算机视觉在各个领域都有广泛的应用。下面详细介绍几个典型的相关算法：

（1）指纹识别算法。

指纹识别是一种常见的生物特征识别技术。该算法通过在指纹图案上寻找关键点，并提取具有特殊几何特征的点，然后将两个指纹的关键点进行比对，判断是否匹配。指纹识别算法已经非常成熟，被广泛应用于安全系统、身份验证等领域，如图 6-1 所示。

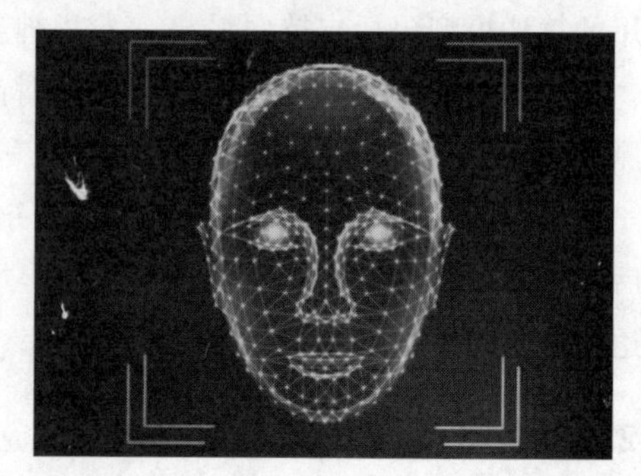

图 6-1　指纹识别算法应用图

（2）基于 Haar 的人脸检测算法。

基于 Haar 的人脸检测算法是一种经典的人脸检测技术。2001 年，该算法在当时的硬件条件下已经能够实现实时人脸检测。现在所有手机相机中的人脸检测功能，都是基于 Haar 算法或者其变种。该算法通过使用 Haar 特征和级联分类器，能够快速准确地检测出图像中的人脸区域。

（3）基于 HOG 特征的物体检测算法。

基于 HOG 特征的物体检测算法是一种常用的物体检测技术。其中最著名的是 DPM（deformable part-based model）算法，它将 HOG 特征和支持向量机分类器结合起来，能够在物体检测任务中取得优秀的性能。DPM 算法在物体检测上超过了其他算法，被广泛应用于目标跟踪、智能监控等领域。

除了上述应用，计算机视觉还在许多其他领域有广泛的应用，例如：

（1）自动驾驶：计算机视觉技术在自动驾驶领域中起着关键作用，能够实现车辆的识别、道路标志的检测、环境感知等功能。

（2）医学图像处理：计算机视觉技术可以用于医学图像的分析和处理，例如肿瘤检测、病灶分割等。

（3）工业质检：计算机视觉技术可以应用于工业生产线上的质量检测，例如产品缺陷检测、尺寸测量等。

（4）增强现实：计算机视觉技术可以用于增强现实应用，通过识别和跟踪现实世界中的物体，将虚拟信息叠加在现实场景中。

综上所述，计算机视觉在指纹识别、人脸检测、物体检测等领域都有广泛的应用，并且在自动驾驶、医学图像处理、工业质检、增强现实等领域也发挥着重要作用。

6.2.3　人工选择特征

人工选择特征是传统机器学习方法中常用的一种方法，其主要优点在于特征具有可解释性强，可以帮助我们更好地理解数据。具体来说，人工选择特征的优点包括：

（1）可解释性强：人工选择特征可以根据我们对数据和问题的理解，选择具有实际意义的特征。通过选择具有可解释性的特征，可以更好地理解数据中的模式和规律，从而能够更好地解释模型的输出。

（2）提高模型的可解释性：选择具有可解释性的特征可以提高模型的可解释性。通过选择与问题相关的特征，可以更好地解释模型的预测结果，并从中得到有用的洞察。

（3）减少计算和存储成本：选择合适的特征可以减少计算和存储成本。如果我们能够选择与问题相关的特征，可以减少特征的维度，从而降低模型的计算复杂度和存储需求。

假设我们要设计一个模型来预测房屋价格。在人工选择特征的方法中，可以根据对房屋市场的了解，选择一些与房屋价格相关的特征，如房屋面积、房间数量、地理位置等。通过选择这些特征，可以更好地理解数据中的模式和规律，如面积和价格之间的线性关系，或者地理位置对价格的影响。这些特征具有可解释性，可以通过它们来解释模型的预测结果，例如模型预测的价格高于市场价的原因可能是房屋面积更大或者地理位置更好等。因此，人工选择特征可以帮助我们更好地理解数据和模型的预测结果。

人工选择特征具有可解释性强等优点，但对于模型训练而言并不一定是最优的特征，仍存在以下缺点：

（1）需要大量的经验和领域知识：人工选择特征需要对数据和领域有很深入的了解。如果对领域和数据了解不够深入，可能会选择不太合适的特征，从而影响模型的性能。

（2）需要大量的调试工作和运气：在选择特征和分类器的过程中，需要大量的调试工作和运气。由于人工选择特征是一项非常耗时和复杂的任务，需要在不断的试验中不断优化，这需要大量的时间和精力。

（3）需要手工设计特征和选择分类器：人工选择特征不仅需要设计合适的特征，还需要选择合适的分类器，这是一个非常困难的任务。因为很难找到一个既适合特定领域又适合特定数据的分类器，这需要大量的实验和调试。

假设要设计一个模型来预测股票价格。在传统的机器学习中，我们需要选择合适的特征，如历史股价、市场指数、公司财务报表等，这需要对股票市场和公司财务有很深入的了解。然后，我们需要选择合适的分类器，如决策树、支持向量机等，这需要进行大量的实验和调试。最后，我们需要将特征和分类器结合起来，从而得到一个性能良好的模型。然而，这个过程非常困难和耗时，需要大量的经验和实验。相比之下，深度学习方法可以自动地学习特征和分类器，不需要手动选择特征和分类器，因此在处理复杂数据时更加高效和准确。

6.2.4 人脑视觉机理

1981年的诺贝尔医学奖获得者David Hubel和Torsten Wiesel的研究发现了视觉系统的信息处理机制。他们在研究猫的大脑皮层时，发现了一种被称为“方向选择性细胞”的神经元细胞。这些神经元细胞的活跃与眼前物体的边缘方向有关，当瞳孔发现了眼前物体的边缘，并且这个边缘指向某个方向时，这些神经元细胞就会活跃。这一发现揭示了人类视觉系统的分级信息处理机制。具体而言，人类视觉系统的信息处理是从低层到高层的层次性组织。在低层次，神经元细胞对于简单的视觉特征，如边缘的方向和运动，具有高度的选择性。而在高层次，神经元细胞则对于更复杂的视觉特征，如形状、物体和人脸等具有更高级的选择性。这种分级信息处理机制意味着高层特征是低层特征的组合。通过逐渐抽象和组合低层特征，高层特征的表示能力越来越强，能够更好地表现语义或意图。同时，随着特征表示的抽象层次越高，存在的可能猜测就越少，从而对于分类任务更有利。

举个例子，考虑图像识别任务。在低层特征层次，神经元细胞可能对于图像中的边缘、纹理和颜色等低层特征具有选择性。而在高层特征层次，神经元细胞可能对于更复杂的特征，如物体的形状、轮廓和部分等具有选择性。通过逐层的信息处理，我们可以将一张图像的低层特征逐渐组合成高层特征，并最终对图像进行分类，例如识别图像中的猫、车辆或人脸等。这种分级的信息处理机制使得我们能够更好地理解和分析图像中的特征，并用于各种计算机视觉任务。

6.3 基于深度学习的图像识别

6.3.1 深度学习简介

1. 深度学习模型的学习方式

深度学习模型的学习方式与传统机器学习模型有所不同。传统机器学习模型需要在特征工程上进行耗时耗力的工作，即手动选择和设计适合问题的特征。在任务中，挖掘一个好的特征比算法的选择还要重要。然而，深度学习通过神经网络的自主训练，能够自动地学习特征，并得到更好的结果。深度学习模型通过多层神经网络来模拟人脑的神经元结构。每一层神经网络都包含多个神经元，每个神经元与上一层的神经元相连。深度学习模型通过大量的训练数据和反向传播算法，自动地学习出适合解决问题的特征表示。

深度学习模型的学习过程可以分为两个阶段：前向传播和反向传播。

(1) 在前向传播阶段，输入数据被输入到模型中，通过多层神经网络进行处理，最终得到输出结果。在这个过程中，每一层神经网络都通过利用权重和偏置来对输入数据进行线性变换，并通过激活函数引入非线性性。这样的处理过程逐层进行，直至输出层得到最终的预测结果。

(2) 在反向传播阶段，模型的输出结果与真实标签进行比较，计算出误差。然后，误差通过反向传播到每一层神经网络，根据误差调整每个神经元的权重和偏置。这个过程通过梯度下降算法实现，即根据误差的梯度方向来更新模型参数，以减小误差。

通过多次迭代的前向传播和反向传播，深度学习模型能够不断地调整权重和偏置，逐渐提高对输入数据的特征表示能力，并得到更好的结果。这种自主学习特征的方式使得深度学习模型能够从原始数据中自动地提取出适合解决问题的特征，避免了手动进行特征工程的烦琐过程。因此，相比于传统机器学习模型，深度学习模型能够更有效地利用数据，得到更好的结果。

2. 深度学习模型的工作流程

深度学习模型的工作流程可以分为数据准备、模型设计、特征提取、特征处理、输出预测几个步骤：

（1）数据准备：首先，需要准备用于训练和测试模型的数据集。对于图像识别任务，数据集通常包含大量的图像样本和对应的标签。这些图像样本应该涵盖各种不同的类别或特征。

（2）模型设计：接下来，需要设计深度学习模型的结构。深度学习模型通常由多层神经网络组成，每一层都包含多个神经元。常见的深度学习模型包括卷积神经网络、循环神经网络和变换器等。每个模型的结构会根据具体的任务和数据集的特点进行调整。

（3）特征提取：当模型接收到图像的输入后，会通过一系列的卷积和池化操作来提取图像的特征。卷积操作可以有效地捕捉图像中的局部特征，而池化操作则可以对特征进行下采样，减少计算量并保留重要的信息。通过多层卷积和池化操作，模型能够逐渐提取出更高级别的特征表示。

（4）特征处理：在特征提取之后，得到的特征需要进行处理和转换。这一步可以包括全连接层、激活函数和正则化等操作。全连接层将提取到的特征与权重矩阵相乘，并加上偏置项，进行线性变换。激活函数引入非线性性，使得模型能够更好地拟合非线性的数据。正则化操作可以帮助减少过拟合现象，提高模型的泛化能力。

（5）输出预测：经过一系列的特征处理后，模型会得到最终的特征表示，并通过输出层进行预测。输出层根据具体的任务进行设计，可以是一个二分类问题的 Sigmoid 函数，也可以是多分类问题的 Softmax 函数。最终，模型会返回预测的输出值，用于评估和判断。

整个工作流程中，模型会通过大量的训练数据和反向传播算法来学习特征表示和模型参数。反向传播算法通过计算输出值与真实标签之间的误差，并根据误差的梯度方向来更新模型参数。通过多次迭代的训练过程，模型会逐渐提高对图像的特征表示能力，并得到更准确的预测结果。

3. 深度学习模型的学习方式

深度学习有两种常见的学习方式：从头开始训练一个深度神经网络和微调一个预先训练好的模型（迁移学习）。

（1）从头开始训练一个深度神经网络。

从头开始训练一个深度神经网络这种学习方式是指在没有任何预训练参数的情况下，从零开始训练一个深度神经网络。通常，这需要大量的标注数据和计算资源。在这种情况下，深度神经网络会通过反向传播算法来自动地学习数据的特征表示和模型参数。这个过程中，模型会根据数据的特征和标签之间的差异，不断地调整权重和偏置，以最小化预测误差。从头开始训练一个深度神经网络需要更多的时间和计算资源，但适用于没有可用的预训练模型或特定任务的情况。

（2）微调一个预先训练好的模型。

迁移学习是指利用预先训练好的模型，在特定任务上进行微调。预先训练的模型通常是在大规模的数据集上训练得到的，如 ImageNet 数据集。这些模型通过在大规模数据上学习通用特征表示，具有较好的特征提取能力。在迁移学习中，可以将这些模型的参数作为初始参数，然后在特定任务的数据集上进行微调。微调的过程是通过固定模型的一部分参数，只调整部分参数来适应新任务的特征表示。这样可以减少训练时间，并且在较小的数据集上也能取得较好的效果。迁移学习适用于数据集较小或相似任务的情况，能够更快地训练模型并获得较好的结果。

从头开始训练一个深度神经网络适用于没有可用的预训练模型或特定任务的情况，而迁移学习适用于利用预先训练好的模型在特定任务上进行微调。这两种学习方式在不同的情况下都有其优势和适用性。

6.3.2 迁移学习简介

1. 迁移学习的优势

迁移学习可以解决深度学习中数据不足的问题，利用已有的预训练模型和学到的知识，来加速模型训练和提高性能。它是一种高效且实用的技术，在实际应用中具有广泛的应用价值。迁移学习是一种解决深度学习中数据不足问题的方法，它的主要优势包括：

（1）数据不足：深度学习模型通常需要大量的训练数据才能达到较好的性能。然而，在现实场景中，很多任务可能无法获得足够数量的标注数据。迁移学习可以通过利用已有的预训练模型来解决数据不足的问题。预训练模型在大规模数据集上学习得到了通用的特征表示能力，可以提取出较好的特征。通过迁移学习，可以利用这些预训练模型的参数作为初始参数，然后在特定任务的数据集上进行微调，从而避免从头开始训练一个模型所需的大量数据。

（2）领域迁移：迁移学习可以将在一个任务上学习到的知识迁移到另一个任务上。在同一领域内，不同的任务可能存在一些共享的特征。通过迁移学习，我们可以将在一个任务中学习到的关系和特征表示应用于同一领域的其他问题。这样可以节省训练时间和计算资源，并且在较小的数据集上也能取得较好的性能。迁移学习在实际应用中非常有用，例如在图像分类任务中，可以通过迁移学习将在 ImageNet 数据集上训练得到的模型应用于其他图像分类任务，而无须重新训练整个模型。

2. 基于 AlexNet 迁移学习进行车辆识别

基于 AlexNet 的迁移学习进行车辆识别是一种常见的应用场景。AlexNet 是由 Alex Krizhevsky、Geoffrey Hinton 和 Ilya Sutskever 等人在 2012 年提出的一种深度卷积神经网络模型。它在当年的 ImageNet 图像分类挑战赛中取得了突破性的成果，大幅度超越了传统的机器学习算法，具有较强的图像特征提取能力，这主要体现在以下几个方面：

（1）深度网络结构：AlexNet 是一个较深的卷积神经网络模型，共有 8 个卷积层和 3 个全连接层。相比于传统的浅层网络，深层网络可以提取更多层次的抽象特征，从而更好地表达图像的语义信息。

（2）大型卷积核和池化层：AlexNet 采用了较大的卷积核和池化层。在卷积层中，采用了 11×11 和 5×5 两种不同尺寸的卷积核，用于捕捉不同尺度的图像特征。而在池化层中，采用了 3×3 的池化核，用于减少特征维度和提取主要特征。

（3）非线性激活函数：为了引入非线性，AlexNet 使用了 ReLU 作为激活函数，取代了传统的 Sigmoid 函数。ReLU 函数具有简单的计算和较好的梯度传播特性，能够更好地避免梯度消失问题，加速模型的训练和收敛。

（4）Dropout 正则化：为了减少过拟合现象，AlexNet 引入了 Dropout 正则化技术。在训练过程中，随机地将一部分神经元的输出置为 0，这样可以减少神经元之间的依赖关系，提高模型的泛化能力。通过以上特点，AlexNet 在 ImageNet 图像分类挑战赛中取得了显著的成果。它不仅在准确率上超过了传统的机器学习算法，而且在对大规模数据集的处理能力上也有了突破。Alex-

Net 的成功奠定了深度学习在计算机视觉领域的地位，并为后续的深度卷积神经网络的发展铺平了道路。

下面是基于 AlexNet 进行车辆识别的详细步骤：

（1）数据集准备：首先，需要准备一个包含车辆图像和对应标签的数据集。这个数据集应包含不同类型的车辆图像，如轿车、卡车、摩托车等，并进行标注。数据集的大小和多样性对于模型性能至关重要。

（2）预训练模型加载：通过迁移学习，可以利用在大规模图像数据集（如 ImageNet）上预训练的 AlexNet 模型。预训练模型的权重可以作为初始参数加载到模型中，以便更快地收敛和提取有效的特征。

（3）模型微调：对 AlexNet 模型进行微调，使其适应车辆识别任务。微调的目的是通过在特定数据集上进行有监督的训练，调整模型以更好地适应新任务。微调主要包括两个方面的操作：冻结预训练模型的部分层，只训练新添加的全连接层；解冻部分层，进行端到端的微调。这样可以加速训练过程并提高模型性能。

（4）特征提取和分类：在微调完成后，模型可以用于提取车辆图像的特征表示。通过前向传播，输入车辆图像至模型中，模型会经过卷积和池化操作提取特征，并经过全连接层进行分类预测。模型的输出会给出识别结果，即预测车辆的类别。

（5）模型评估和优化：最后，需要对训练得到的模型进行评估和优化。可以使用一些常见的评估指标，如准确率、精确率、召回率和 F1 值等来评估模型的性能。如果模型表现不佳，可以调整超参数、增加训练数据量或调整模型结构等方法进行优化。

通过以上步骤，基于 AlexNet 的迁移学习可以有效地进行车辆识别。由于 AlexNet 在图像分类任务上的良好性能和预训练模型的特征提取能力，迁移学习可以显著减少训练时间和数据需求，并且获得较好的车辆识别结果。

6.4 基于卷积神经网络的图像分类

6.4.1 CNN 网络概述

1. 输入与输出

CNN 是一种深度学习模型，用于处理和分析具有网格结构的数据，特别是图像数据。CNN 的输入是一个二维数组，该数组表示图像的像素值。对于彩色图像，每个像素点有三个通道（红、绿、蓝），因此输入数组的维度为图像的宽度乘以高度乘以通道数。以一张 480×480 大小的彩色图片为例，它对应的输入数组大小为 480×480×3。

CNN 的输出是对图像进行分类的概率分布。通过卷积层、池化层和全连接层等组件的处理，CNN 可以提取图像中的特征，并生成对应于不同类别的概率值。以狗、猫、狮子和鸟为例，CNN 的输出可能是一个包含四个元素的向量，每个元素表示对应类别的概率。例如，输出向量的第一个元素表示狗的概率为 80%，第二个元素表示猫的概率为 15%，第三个元素表示狮子的概率为 0%，第四个元素表示鸟的概率为 5%，如图 6-2 所示。

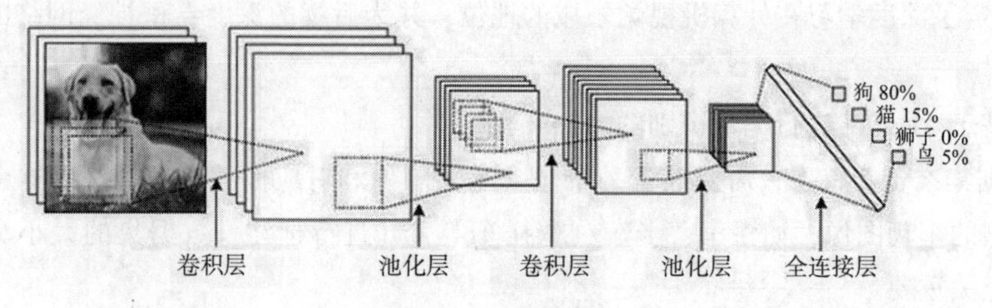

图 6-2　CNN 的输出

CNN 通过多个卷积层和池化层的堆叠来实现图像特征的提取。卷积层通过卷积运算对输入图像进行特征提取，以捕获图像中的局部模式。池化层则通过降采样操作减少特征图的尺寸，从而减少计算量和参数数量。这些层的堆叠可以提取出图像的更高级别的特征，并逐渐减少特征图的尺寸。最后，在通过全连接层连接到输出层之前，CNN 会将提取的特征转化为一维向量。全连接层通过权重矩阵将这个一维特征向量映射到最终的输出类别上，该类别是一个概率分布。通过卷积神经网络，计算机可以根据图像的像素值进行特征提取和分类，输出对应于不同类别的概率。这使得 CNN 成为图像识别、目标检测和图像生成等计算机视觉任务中的有效工具。

2. 卷积神经网络的过程

卷积神经网络是一种深度学习模型，用于处理和分析具有网格结构的数据，特别是图像数据。CNN 的工作过程可以分为以下几个步骤：

（1）输入层：将图像作为输入传递给卷积神经网络。图像通常以像素值的形式表示，每个像素值表示图像在该位置的颜色或灰度值。

（2）卷积层：卷积层是 CNN 的核心组件。它包含多个卷积核（filter），每个卷积核在输入图像上滑动进行卷积运算。卷积运算将卷积核与输入图像的局部区域进行点乘，并将结果相加得到一个输出值，这个输出值表示了卷积核在该位置对应的特征强度。通过在不同位置应用不同的卷积核，卷积层可以提取出输入图像的不同特征。

（3）非线性层：在卷积层之后，通常会添加一个非线性激活函数，如 ReLU。ReLU 函数将负数输入设为 0，保留正数输入，并引入非线性，从而增强网络的表达能力。

（4）池化层：池化层用于降低特征图的尺寸，并减少计算量。最常用的池化操作是最大池化（max pooling），它在每个池化窗口内选择最大值作为输出。通过池化操作，特征图的空间维度减小，但保留了最显著的特征信息。

（5）全连接层：在经过多个卷积层和池化层之后，通常会添加一个或多个全连接层。全连接层将上一层的特征图展平为一维向量，并将其与权重矩阵相乘，得到一组激活值。这一组激活值可以看作是对输入图像的高级表示，用于进行最终的分类或预测任务。

（6）输出层：输出层通常是一个具有 softmax 激活函数的全连接层。softmax 函数将每个神经元的输出转化为对应类别的概率值，表示图像属于不同类别的可能性。输出层的大小取决于所涉及的分类任务的类别数量。

通过以上的卷积层、非线性层、池化层和全连接层的处理，卷积神经网络可以提取图像中的特征，并将其转化为对应于不同类别的概率分布，实现图像的分类和识别任务。

6.4.2 CNN网络理解

1. 卷积层的相关概述与运算过程

（1）卷积层的数学含义。

卷积层的数学含义可以通过卷积运算来解释。假设输入内容为一个32×32×3的像素值数组，其中32×32表示图像的尺寸，3表示图像的通道数（红、绿、蓝）。卷积层通过卷积运算在输入图像上滑动一个过滤器（也称为卷积核），对输入图像的局部区域进行操作。过滤器的大小通常小于输入图像的尺寸，如5×5。过滤器在输入图像上滑动的步长称为步幅（stride），通常为1。每一次滑动，过滤器与输入图像的对应位置进行点乘操作，然后将结果相加得到一个输出值。可以将过滤器想象为一束手电筒光，从输入图像的左上角开始照射。过滤器的尺寸决定了光照覆盖的区域大小，如5×5。在每次滑动过程中，过滤器与输入图像的局部区域进行点乘操作，得到一个输出值。这个输出值表示了过滤器与输入图像在该位置的卷积结果，即对应位置的特征强度。通过滑动过程，过滤器依次照射输入图像的所有区域，得到一系列的卷积结果。在机器学习术语中，过滤器也被称为感受野（receptive field），因为它决定了每次卷积操作所涉及的输入图像区域。通过使用不同的过滤器，卷积层可以提取输入图像的不同特征，如边缘、纹理等。同时，卷积层的深度（输出通道数）可以通过使用多个过滤器来增加，以便提取更多不同的特征。通过卷积运算，卷积层能够在输入图像上提取出不同位置的特征，并将其转化为输出特征图。这些输出特征图可以进一步传递给非线性层、池化层等组件，用于提取更高级别的特征和进行后续的图像处理任务，如图6-3所示。

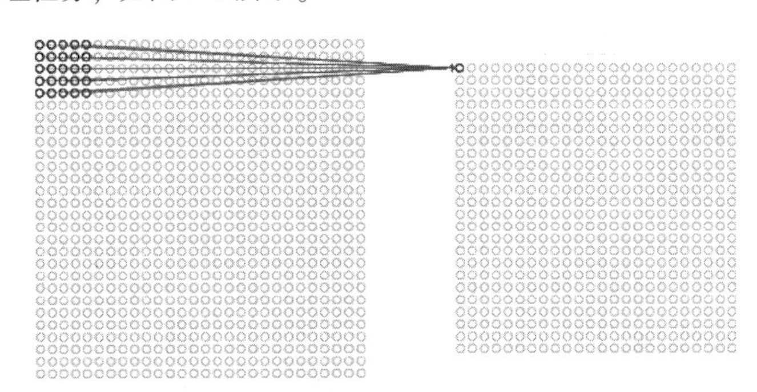

图6-3 卷积层

（2）特征图的含义。

特征图是卷积层输出的一组二维数组，其中每个数组表示了卷积层在输入内容上某个特定位置提取的特征。在卷积运算中，过滤器在输入图像上滑动，对每个位置进行卷积操作，得到一个输出值。将所有位置的输出值按照对应位置组成一个二维数组，就得到了特征图。以一个示例来说明，假设输入内容为一个32×32×3的像素值数组，过滤器大小为5×5。在卷积运算中，过滤器滑过输入图像的每个位置，对每个位置进行卷积操作，得到一个输出值。由于过滤器大小为5×5，它能够覆盖到输入图像的每个5×5的局部区域。因此，对于32×32的输入图像，过滤器能够覆盖到$(32-5+1)\times(32-5+1)=28\times28$个不同的位置。每个位置的输出值可以看作是对应位置的特征强度，表示卷积层在该位置提取的特征。将所有位置的输出值按照对应位置组成一个28×28的二维数组，就得到了特征图。特征图的通道数取决于卷积层的深度，如果卷积层有多个过滤器，那么每个过滤器会生成一个特征图，特征图的数量就等于过滤器的数量。特征图中的每个元素都代表了输入图像的一部分区域的某种特征，通过对特征图进行进一步的处理和分析，可以提取出输入图像的更高级别的特征，用于分类、检测或其他图像处理任务。特征图的大小和数量决定了卷积层的输出形状，也是深度学习模型中重要的中间表示，如图 6-4 所示。

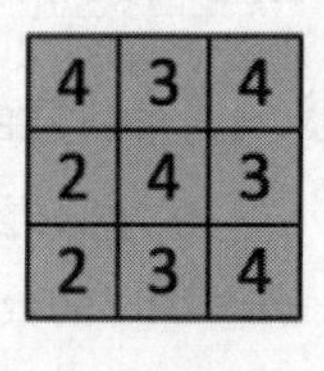

图 6-4 特征图

（3）卷积运算过程。

卷积运算是卷积神经网络中的一种重要操作，用于对输入内容进行特征提取。下面详细描述卷积运算的过程：

① 输入内容：假设输入内容为一张灰度图像，表示为 I。该图像可以表示为一个二维数组，大小为 $m \times n$，其中 m 表示图像的高度，n 表示图像的宽度。过滤器：假设过滤器为一个二维数组，表示为 F。该数组的大小为 $k \times l$，其中 k 表示过滤器的高度，l 表示过滤器的宽度。卷积运算：将过滤器 F 从图像的左上角开始滑动，对每个位置进行卷积操作。

a. 卷积运算：将过滤器 F 和当前位置的图像区域进行卷积运算。卷积运算是将对应位置的像素值相乘，并将所有乘积结果相加。例如，假设过滤器 F 的大小为 3×3，那么在某个位置，卷积运算可以表示为以下计算表达式：

$$I(1,1)*F(1,1)+I(1,2)*F(1,2)+I(1,3)*F(1,3)$$
$$I(2,1)*F(2,1)+I(2,2)*F(2,2)+I(2,3)*F(2,3)$$
$$I(3,1)*F(3,1)+I(3,2)*F(3,2)+I(3,3)*F(3,3)$$

这里的 $I(i,j)$ 表示输入图像中位置 (i,j) 处的像素值，$F(i,j)$ 表示过滤器中位置 (i,j) 处的权重。

b. 输出值：将点积运算的结果作为卷积运算的输出值。输出值表示了过滤器 F 与输入内容区域的相似程度或特征强度。

② 滑动和填充：过滤器从图像的左上角开始滑动，每次滑动的步长由用户指定。通常情况下，步长为 1。当过滤器滑动到图像边缘时，如果超出边界，则可以选择进行填充操作，将边界外的位置用特定值（如 0）填充。

③ 输出特征图：将所有位置的输出值按照对应位置组成一个二维数组，即特征图。特征图的大小由输入图像的大小、过滤器的大小和步长决定。输出特征图的大小可以通过下面的公式计算：

输出特征图的高度 =（输入图像的高度 - 过滤器的高度 +2× 填充）/ 步长 +1

输出特征图的宽度 =（输入图像的宽度 - 过滤器的宽度 +2× 填充）/ 步长 +1

卷积运算通过滑动过程，对输入图像的不同位置进行特征提取，将输入图像转化为输出特征图。输出特征图中的每个元素都代表了输入图像的一部分区域与过滤器的相似程度或特征强度。通过使用多个过滤器，卷积层可以提取不同特征，从而实现更复杂的图像处理任务。

（4）卷积运算理解。

卷积运算的理解可以从两个方面来解释。首先，从数学角度来看，卷积运算是将输入内容与过滤器进行点积运算，得到输出值。当输入内容的某个形状与过滤器表示的曲线相似时，点积运算会得到一个较大的值。这表示输入内容的这一部分与过滤器的特征匹配较好。相反，如果输入内容与过滤器不存在对应关系，点积运算会得到一个较小的值。因此，卷积运算可以通过比较点积运算的结果，找出输入内容中与过滤器相匹配的特征。其次，从图像处理的角度来看，卷积运算可以通过使用不同的过滤器，提取图像中的不同特征。例如，在一个带有曲线检测器过滤器的例子中，当筛选值为曲线检测器时，激活映射会显示出图像中最像曲线的区域。这是因为过滤器与图像中的曲线特征相匹配，所以在激活映射中会出现较大的值。相反，如果输入内容中没有与过滤器相匹配的特征，激活映射中的值将会是 0。因此，通过使用不同的过滤器，可以获取更多关于输入内容的信息，从而实现对图像的理解和处理。卷积运算是一种通过点积运算来提取输入内容特征的操作。它可以通过比较点积运算的结果，找出输入内容中与过滤器相匹配的特征。通过使用不同的过滤器，可以提取不同的图像特征，从而实现对输入内容的理解和处理。

2. 过滤器的含义与作用

过滤器在卷积神经网络中起到了关键的作用，过滤器是由一组权重或参数组成的数组，它与输入内容进行点积运算，用于提取输入内容的特征。过滤器的深度必须与输入内容的深度相同，而滑动和点积运算的过程可以在输入内容上的每个位置进行重复，以提取出不同位置的特征信息。过滤器的大小由高度、宽度和深度决定。在卷积运算中，过滤器与输入内容进行点积运算。点积运算是将过滤器中的每个权重与输入内容中对应位置的像素值相乘，然后将所有乘积结果相加。这个过程可以看作是过滤器与输入内容进行特征提取的操作。

过滤器在卷积神经网络中的实际作用是对输入内容进行特征提取和表示。随着网络的层数增加和经过更多的卷积层，通过卷积运算得到的特征图会包含越来越复杂的特征。在网络的最初几层，过滤器主要用于提取低级的图像特征，如边缘、纹理等。这些低级特征是由过滤器对输入内容中的局部特征进行提取得到的。随着网络的深入，通过多个卷积层的堆叠，过滤器会逐渐学习到更高级的图像特征，如形状、角度、对象部分等。这些高级特征是由过滤器对输入内容中的多个局部特征进行组合得到的。在网络的最后几层，一些过滤器可能会在输入内容中出现特定的形状或模式时激活。例如，某个过滤器可能会在看到直线或圆圈等形状时激活。这些过滤器可以通过学习到的权重和参数来识别和响应输入内容中的特定形状或模式。此外，随着网络的深入，过滤器的感受野也会逐渐增大。感受野表示过滤器对输入内容中的像素空间有多大的响应范围。当感受野变大时，过滤器能够处理更大范围的原始输入内容，或者说能够对更大区域的像素空间产生反应。这使得网络能够学习到更全局和上下文相关的特征信息，从而提高对输入内容的理解和处理能力。

3. 步幅和填充

在卷积神经网络设计中，步幅和填充（padding）是用来调整每一层行为的两个主要参数。通过调整步幅的大小可以改变输出特征图的尺寸，而填充则用于保持输出特征图的尺寸与输入内容相同。这些参数的选择可以根据具体的问题和需求进行调整，以获得最佳的网络性能和特征提取能力。

（1）步幅控制着过滤器在输入内容上进行卷积计算时的移动方式。步幅指的是过滤器每次移动的单元个数，通常情况下，步幅为 1 表示过滤器每次移动一个单元。通过调整步幅的大小，可以改变卷积层输出特征图的尺寸。例如，如果步幅设置为 2，则过滤器每次移动两个单元，这样就会减少输出特征图的尺寸。步幅的设置通常要确保输出特征图的尺寸是一个整数而非分数。举个例子，假设输入图像的大小为 7×7，过滤器的大小为 3×3。如果步幅为 1，零填充为 0，则进行卷积计算后的输出特征图大小为5×5。而如果步幅增加为2，零填充为0，则输出特征图的大小会减小为3×3，如图6-5所示。

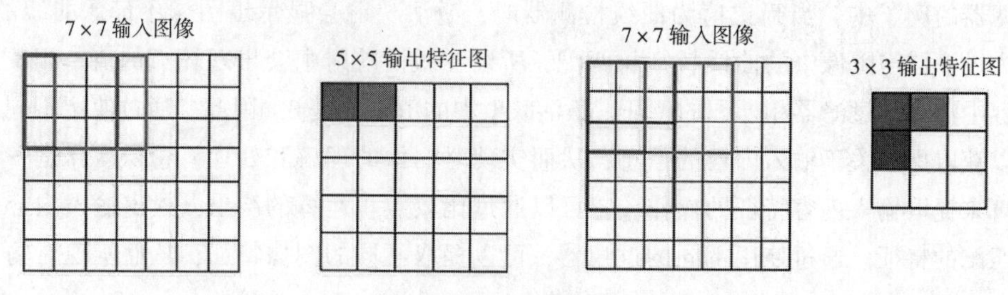

图6-5 步幅图

（2）填充是为了在卷积运算中保持输入内容的边界信息而进行的操作。填充就是在输入内容的边界周围补充零值。通过在输入内容周围添加零值，可以使得卷积运算的输出特征图尺寸保持与输入内容相同。填充常用于应对在卷积层中尺寸减小过快的情况，以保持输出特征图的大小。举个例子，假设输入内容的尺寸为32×32×3，过滤器的尺寸为5×5×3。如果不进行填充，经过卷积计算后的输出特征图尺寸会减小为28×28×3。为了保持输出特征图的尺寸不变，可以对输入内容进行零填充。如果对输入内容进行两个零填充，就会得到一个36×36×3的输入，然后使用尺寸为5×5×3的过滤器，步幅为1，在进行卷积运算后，输出特征图的尺寸仍为32×32×3。通过零填充，我们可以保持输出特征图的尺寸与输入内容相同。这样做的好处是，在网络的后续层中，我们可以继续使用卷积操作，而不会导致尺寸减小的速度超过我们的期望，如图6-6所示。

4. 激活层

激活层在卷积层之后立即应用，通过引入非线性特征来增强模型的表达能力。激活函数通常采用ReLU算法，如图6-7是ReLU激活函数图像。其中对输入内容的所有值都应用了函数 $f(x)=\max(0,x)$。ReLU层的作用是将负激活值变为零，而保持正激活值不变。这样做的结果是，对于负值输入，激活函数会将其置为零，而对于正值输入，激活函数会保持不变。这个特性使得模型具备了非线性特征，因为ReLU层能够引入非线性操作，并且不会影响卷积层的感受野。通过引入ReLU层，神经网络可以更好地处理非线性关系，因为大多数实际问题都包含了非线性特征。相比于其他激活函数，ReLU层具有计算简单、梯度计算容易等优点。此外，由于ReLU层会将负激活值置为零，还有助于缓解梯度消失的问题，使得网络更易于训练。

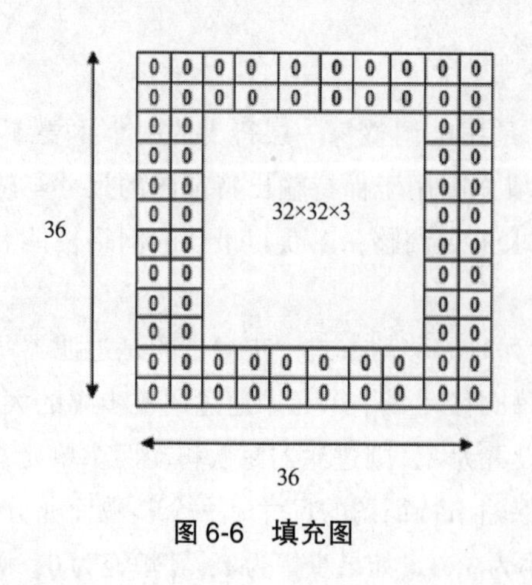

图6-6 填充图

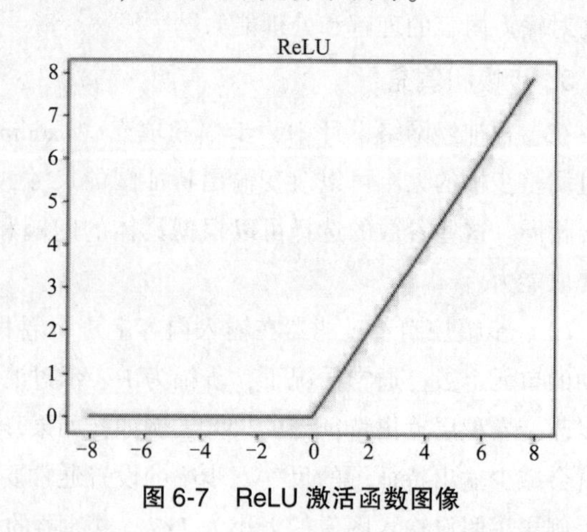

图6-7 ReLU激活函数图像

5. Dropout 层

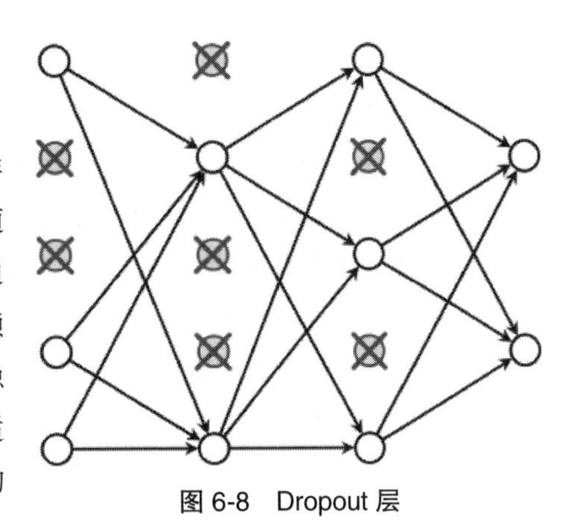

图 6-8　Dropout 层

Dropout 层是深度学习中常用的一种正则化技术，通过随机丢弃部分神经元激活，以减少模型对训练样本的过度拟合。在每次前向传播时，Dropout 层将随机选择一部分神经元，并将其激活参数设置为 0。通过随机丢弃神经元，Dropout 层可以强制模型不依赖于某些特定的神经元，从而使得整个网络变得更加稳健。这样做是防止模型过度拟合训练数据，即过于适应训练数据中的噪声和细节，而无法泛化到未见过的数据，如图 6-8 所示。

在训练过程中，Dropout 层起到了正则化的作用，通过减少神经网络的复杂度，防止模型过拟合。然而，在测试过程中，我们不希望丢弃神经元，因为这会导致模型的输出不稳定。因此，Dropout 层只能在训练过程中使用，而在测试过程中不使用。需要注意的是，Dropout 层的丢弃率是一个超参数，通常设置为介于 0.2 和 0.5 之间的值。较高的丢弃率可以更强力地抑制过拟合，但可能会导致模型欠拟合。因此，选择适当的丢弃率需要进行实验和调优。

6. 池化层

池化层通常紧接在卷积层之后使用，它的主要作用是简化从卷积层输出的信息，即通过降低特征图的尺寸来减少计算量和内存消耗，提高模型的效率和泛化能力。池化操作可以将特征图中的每个小区域映射到一个单一的值，从而进一步减少数据维度。例如，一个 28×28 个卷积层神经元经过混合后得到 14×14 个神经元，这意味着输入数据的尺寸已经减小了一半，同时特征图的数量也相应减半，如图 6-9 所示。

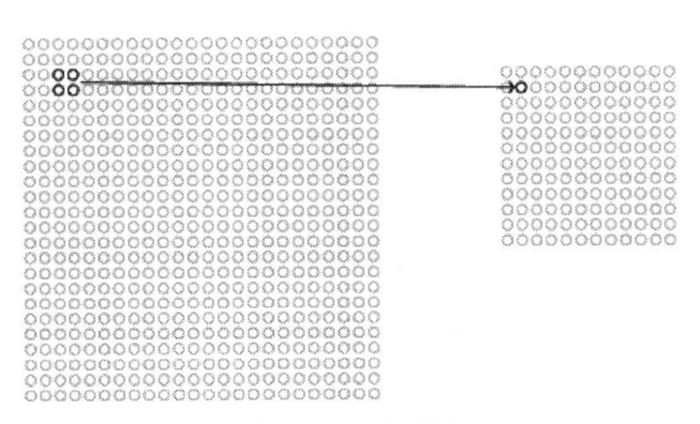

图 6-9　池化操作

池化层通常将输入数据分成不同的区域，并在每个区域上执行一些运算。最常见的池化操作是最大值池化和平均值池化，其中最大值池化选择每个区域中特征图的最大值作为池化后的输出值，而平均值池化则计算每个区域中特征图的平均值作为池化后的输出值。这些池化操作可以通过调整池化层的超参数，如滤波器大小和步长，来控制输出结果的尺寸。与卷积层一样，池化层也可以用于特征提取和降维。通过保留特征图中最显著的特征，池化层可以减少数据的冗余信息，提高模型的泛化能力。同时，池化层还可以减小模型的参数数量，降低过拟合的风险，提高模型的容错性。最大值池化可以看作是一种网络在某个区域中是否发现了一个给定特征的咨询，这种操作可以使模型对位置变化和形状变化的容忍度更高，提高模型的不变性。

7. 全连接层

全连接层是神经网络中的一种常见结构，通常用于最后一层或几层，用于将前面卷积、池化等层的输出进行分类或回归。全连接层中的每个神经元都和上一层中的所有神经元相连，这意味着前一层中的每个特征都会对输出层产生影响。在卷积层中，每个神经元只关注输入数据的一部分区域，并提取该区域的特征。这些特征被传递到全连接层中，经过一些线性变换和激活函数的处理，得到一个 N 维向量，其中 N 是分类数量，比如有 10 个数字，N 就等于 10，这个 N 维向量中的每一数字都代表某一特定类别的概率。例如，如果该程序预测某一图像的内容为狗，那么激活映射中的高数值便会代表一些爪子或四条腿之类的高级特征。同样地，如果程序测定某一图片的内容为鸟，激活映射中的高数值便会代表诸如翅膀或鸟喙之类的高级特征。

全连接层通过观察上一层的输出，确定哪些特征与哪一分类最为吻合，然后计算出权重与先前层之间的点积，从而得到不同分类的正确概率。在全连接层中，需要对每个神经元赋予一个权重，这些权重可以通过反向传播算法进行优化。该算法会根据损失函数和真实标签与预测标签之间的误差，调整权重的值，从而使模型的预测结果更加准确。在训练时，通常会使用交叉熵损失函数来度量模型的预测误差，同时使用梯度下降等优化算法来更新权重。训练完成后，模型就可以用于对新的数据进行分类或回归。

8. 反向传播

反向传播是神经网络中的一种常用的训练算法，用于优化模型的权重和偏置参数，使其能够更准确地进行分类或回归。反向传播的过程可以分为四个步骤：前向传导、损失函数、后向传导和权重更新。首先，通过前向传导，将输入数据传递到神经网络中的每一层，并计算每个神经元的输出。在前向传导过程中，每个神经元会对输入数据进行一定的线性变换和非线性激活操作，产生一个新的输出。接下来，在损失函数中，将神经网络的输出与真实的标签进行比较，计算出预测值与真实值之间的误差。常见的损失函数包括均方误差和交叉熵损失函数等。通过这个误差可以评估模型的预测准确性。然后，在后向传导中，根据损失函数的结果，将误差从输出层反向传播回每一层的神经元。这个过程通过链式法则来计算每个神经元的梯度，即损失函数对于该神经元的权重和偏置的导数。通过计算梯度，可以确定每个神经元对于整个网络误差的贡献。最后，在权重更新中，使用优化算法（如梯度下降）来更新神经网络中的权重和偏置参数。优化算法根据梯度的方向来调整参数的值，使得损失函数的值逐渐减小。通过多次迭代，不断更新权重和偏置参数，最终使得模型的训练误差最小化。

在第一个训练样例上，由于所有的权重或者过滤器值都是随机初始化的，输出可能会是 [.1 .1 .1 .1 .1 .1 .1 .1 .1 .1]，即一个不偏向任何数字的输出。一个有着这样权重的网络无法寻找低级特征，或者说是不能做出任何合理的分类。训练的时候使用的是既有图像又有标记的训练数据，假设输入的第一张训练图片为 3，标签将会是 [0 0 0 1 0 0 0 0 0 0]。反向传播的过程是一个迭代的过程，通过不断调整权重和偏置参数，使得模型逐渐学习到输入数据的特征和标签之间的关系，从而提高模型的预测准确性。

(1) 损失函数。

损失函数在反向传播中起着重要的作用，它用于衡量神经网络的预测值与真实标签之间的差异。常见的损失函数包括均方误差，交叉熵损失函数等。以均方误差为例，损失函数的计算公式为：

$$E_{\text{total}} = \sum \frac{1}{2}(\text{target}-\text{output})^2$$

其中，E_{total} 表示总的损失值，target 表示真实标签，output 表示神经网络的预测值。损失函数的目标是通过最小化损失值，使得神经网络的预测值与真实标签尽可能接近。

反向传播的过程就是根据损失函数的结果，计算出每个权重对损失的贡献。在反向传播中，首先计算输出层的神经元对损失的贡献，然后将这个贡献值向前传递到前一层的神经元，依次进行，直到传递到输入层。通过链式法则，可以计算每个神经元对于整个网络损失的贡献。反向传播的过程中，根据损失函数的梯度，可以调整每个权重的值，使得损失函数的值逐渐减小。常用的优化算法如梯度下降等，根据梯度的方向和大小来更新权重的值。通过反复迭代的训练过程，不断调整权重和偏置参数，以最小化损失函数，使神经网络能够更准确地进行分类或回归任务。反向传播算法是深度学习中的核心算法之一，为神经网络的训练提供了有效的方式。

（2）权重更新。

权重更新是反向传播过程的一部分，它通过优化算法和学习速率来调整神经网络中的权重。通过权重更新，可以使网络能够更优地进行图像识别和处理任务。当找到导致最大损失的权重后，需要进行权重更新来优化模型。权重更新的公式可以表示为

$$\omega = \omega_i - \eta \frac{\mathrm{d}l}{\mathrm{d}w}$$

其中，ω 表示更新后的权重，ω_i 表示当前的权重，η 表示学习速率，$\mathrm{d}l/\mathrm{d}w$ 表示损失函数对权重的偏导数。

学习速率是一个由程序员决定的参数，它控制了每次权重更新的步幅大小。较高的学习速率意味着权重更新的动作更大，因此可能能够更快地收敛到最优权重。在学习速率较高的情况下，模型可能会花费较少的时间来达到最优权重。然而，学习速率过高也会带来问题。当学习速率过高时，权重更新的幅度可能会变得过大，导致模型在搜索空间中跳动过大，无法准确地收敛到最优点。这种情况下，模型可能无法达到最优权重，甚至可能出现震荡现象，导致训练不稳定。因此，在选择学习速率时需要进行权衡。较低的学习速率可能导致收敛速度较慢，而较高的学习速率可能导致权重更新过大而无法达到最优点。通常，程序员需要通过实验和调整来选择一个合适的学习速率，以平衡收敛速度和准确性。

6.4.3 模型训练

在卷积神经网络的训练过程中，滤波器是如何知道寻找边缘和曲线、全连接层如何知道观察哪些激活图？其实是通过反向传播的训练过程来调整权重或过滤器的值。初始时，CNN 的权重或过滤器值是随机初始化的。滤波器并不知道要寻找特定的图像特征，比如边缘和曲线，更高层的过滤器值也不知道要寻找特定的特征，比如爪子和鸟喙。

在训练过程中，CNN 通过输入图片和对应的分类标签进行学习。首先，CNN 将输入图片传递给第一层的卷积层，该层中的滤波器会对输入图片进行卷积操作，提取出图像中的特征。这些滤波器的权重是随机初始化的，但在训练过程中，通过反向传播算法，根据损失函数的梯度来调整滤波器的权重。反向传播是一种通过链式法则计算梯度的方法，它可以计算出每个权重对损失函数的贡献。通过梯度下降等优化算法，CNN 会根据梯度的方向和学习速率来调整滤波

器的权重，使其能够更好地捕捉到输入图像中的特征，例如边缘和曲线。当信息流经过多个卷积层和池化层之后，最后会到达全连接层。在全连接层中，每个神经元与前一层的所有神经元都有连接。全连接层的神经元通过权重和激活函数将前一层的激活图映射到输出空间中。

1. 学习周期

学习周期是指神经网络在训练过程中完成一次前向传播、损失函数计算、后向传播和参数更新的循环的过程。它是神经网络训练的基本单位。学习周期的流程如下：

（1）前向传播：将训练样本输入神经网络，并通过一系列的计算和激活函数，将输入数据传递到网络的输出层。在这个过程中，神经网络会根据当前的权重和偏置值计算每个神经元的输出。

（2）损失函数计算：将神经网络的输出与训练样本的真实标签进行比较，得到网络的预测误差。

（3）后向传播：通过使用反向传播算法，计算损失函数对网络中每个参数的导数。这些导数表示了每个参数对损失函数的影响程度，可以用来调整参数的值以最小化损失函数。

（4）参数更新：根据损失函数对参数的导数，使用优化算法（如梯度下降）来更新网络中的权重和偏置值。这个过程通过迭代地减小损失函数来提高网络的性能。

（5）重复循环：以上步骤会在每个训练样本上进行，直到所有训练样本都被用于更新参数。这样的循环称为一个学习周期。一旦完成了最后一个训练样本上的参数更新，网络就有望得到足够好的训练，以便层级中的权重得到正确调整。

在每个学习周期中，神经网络通过不断调整参数来逐渐提高对训练数据的拟合能力。通过多次重复学习周期，神经网络可以逐渐学习到更复杂的模式和特征，提高其在未见过的数据上的泛化能力。

2. 模型测试

模型测试是用来评估已经训练好的卷积神经网络在新的数据上的性能和准确度。通过与实际情况的比较，可以判断模型的有效性，并进行进一步的改进和优化。模型测试的流程如下：

（1）准备测试数据集：为了测试 CNN 的性能，需要准备一组与训练数据不同的图片集合，并为这些图片提供正确的标签或类别。这些测试图片应该是模型在训练过程中未曾接触过的，以验证模型在未见过的数据上的泛化能力。

（2）输入测试数据：将测试数据集的图片输入到已经训练好的 CNN 中进行测试。通过前向传播，将测试图片传递到网络的输出层，得到模型对每个测试样本的预测结果。

（3）比较输出和实际情况：将模型的输出与测试数据集中的实际标签或类别进行比较。可以使用评估指标如准确度、精确度、召回率等来衡量模型的性能。

（4）分析结果：根据比较的结果，评估模型的性能和准确度。如果模型的准确度较高且与实际情况相符，则说明模型在测试数据上有效；如果模型的准确度较低或与实际情况不符，则需要进一步优化模型的结构或参数。

模型测试是验证 CNN 在新数据上的泛化能力，以判断模型是否有效。通过测试数据集上的性能评估，可以了解模型的准确度和误差，从而进一步改进和优化模型的性能。

小 结

本章主要介绍了深度学习的相关概念、领域、应用、与机器学习的区别，以及常见的特征提取算法、卷积神经网络的原理和深度学习中各个层的作用。

深度学习是一种通过构建和训练多层神经网络模型来学习数据的高层次特征表示的方法。深度学习在多个领域具有广泛的应用，与传统机器学习相比具有更强的表征能力和自动特征学习能力。特征提取算法如卷积神经网络等是深度学习中常用的工具，各个层在深度学习中扮演着不同的作用。深度学习的发展为解决复杂问题提供了新的思路和方法。

习 题

1. 什么是计算机视觉？
2. 计算机视觉的经典任务有哪些？
3. 计算机视觉的相关领域有什么？
4. 计算机视觉的应用领域有哪些？
5. 构建深度学习模型有哪些方式？
6. 过滤器是什么？
7. 池化层有什么作用？
8. 反向传播分为几步？
9. 深度学习中学习周期是什么？

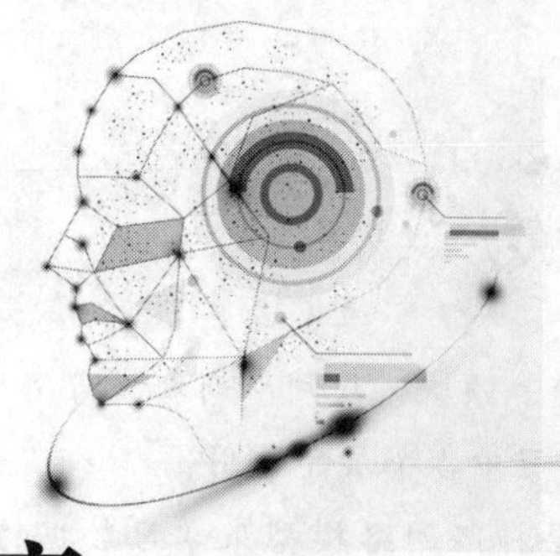

第 7 章

听 懂 声 音

【本章导学】

语音识别是人工智能领域中的一个重要研究方向，也是自然语言处理的一个子领域。它的发展得益于深度学习、神经网络和大数据等技术的进步。随着人工智能技术的迅猛发展，语音识别已经成为智能化应用中的关键技术之一。本章将对语音识别进行综述，包括语音识别的概述、发展史、基本原理、分类和方法等。

【学习目标】

通过对本章内容的学习，读者应该能够做到：

1. 了解语音识别的相关概念、发展、应用场景。
2. 了解语音识别的原理、流程、方法、提取。
3. 理解深度学习在语音识别方面的应用。

7.1 语音识别概述

7.1.1 认识语音识别

在过去几十年里，语音识别取得了长足的发展。早期的系统主要基于规则和模板匹配，但由于受限于数据量和复杂性，效果有限。随着深度学习技术的兴起，特别是使用循环神经网络和卷积神经网络等模型，语音识别取得了巨大突破。语音识别技术，也被称为自动语音识别（automatic speech recognition，ASR）、计算机语音识别（computer speech recognition）或是语音转文本识别（speech to text，STT），主要是将人类语音中的词汇内容转换为计算机可读的输入，一般都是可以理解的文本内容，也可能是二进制编码或者字符序列。

7.1.2 语音识别发展史

语音识别是一个经历了多年发展的技术领域，语音识别技术的发展可以追溯到20世纪50年代。早期的语音识别系统依赖于统计模型和规则，但受限于计算能力和数据规模的限制，其准确性和可靠性有限。随着计算机性能的提升和大规模数据集的建立，基于机器学习和深度学习的语音识别方法逐渐崭露头角，并取得了显著的进展。最早的语音识别可以追溯到1952年的奥黛丽（Audrey），奥黛丽（见图7-1）是历史上第一个成功实现语音识别的系统，标志着语音识别技术的开端。它由贝尔实验室的研究人员于1952年开发。奥黛丽使用了模式匹配的方法，通过对已知单词的声学特征进行匹配来识别语音信号。

图7-1 第一个语音识别系统问世

1960年，人工神经网络引入语音识别，实现动态时间规整（dynamic time warp，DTW）和线性预测编码（linear predictive coding，LPC），使语音识别系统可以识别200个单词，这些系统基本是基于模板匹配，即将每个单词与存储的语音模式进行匹配。

（1）动态时间规整算法：在语音识别中不同的人对同一个字母进行发音的时长不同，为了克服这个问题，对输入的语音信号通过函数进行伸长或缩短直到与标准模式的长度一致（进行时间上的对齐），使发同一音的误差达到最小状态。

（2）线性预测编码：基于分析和模拟人的发音器官建立描述模型，从语音信号中提取特征参数，如音调、共振峰、频谱等，利用LPC在语音合成过程中对语音进行压缩，使声音的数据量大大减少，是最有效的语音分析技术之一。

1970年，概率统计模型引入语音识别领域，卡内基梅隆大学（CMU）等学术机构研究出Harpy，它可以识别1 000多个单词并能识别整句话，称为现代语音识别系统的鼻祖，语音识别发生重大突破，该方法对解决孤立词识别是有效的，但对于大词汇量、非特定人连续语音识别无能为力。

其实现过程为，提取语音信号的特征构建参数模板，然后将测试语音与参考模板参数进行简单比较和匹配，取距离最近的样本所对应的词标注为该语音信号的发音。

1980年，提出隐马尔可夫模型（hidden Markov model，HMM）并应用到语音识别中，极大地提高了识别的准确性，在20世纪80年代中期，IBM创造了一个语音控制的打字机——Tangora，能够处理大约20 000个单词。

HMM模型假定一个音素含有3到5个状态，同一状态的发音相对稳定，不同状态间是可以按照一定概率进行跳转；某一状态的特征分布可以用概率模型来描述，使用最广泛的模型是高斯混合模型（Gaussian mixture model，GMM）。

GMM-HMM框架被大规模使用，语音识别系统的词汇量大于普通的人类词汇量。2005年，语音助手 Siri 问世，其中 HMM 描述的是语音的短时平稳的动态性，GMM 描述 HMM 每一状态内部的发音特征。

2010 年，随着深度学习的出现，将深度神经网络 DNN 引入语音识别，语音识别框架变为 DNN-HMM，识别的准确率得到了显著提升，DNN-HMM 架构就是将 DNN 模型替代了 GMM 模型。

各个音素、音节以及词之间没有明显的边界，各个发音单位还会受到上下文的影响，所以 DNN 将上下文相关的三音子作为建模单元进行建模，不再需要对语音数据分布进行假设，将相邻的语音帧拼接又包含了语音的时序结构信息，对于状态的分类概率有了明显提升。

深度学习方法长期短期记忆（long short-term memory，LSTM）可以记住更多历史信息，称为递归神经网络，更有利于对语音信号的上下文信息进行建模，避免了梯度消失问题。

2015 年以后，端到端技术解决了输入序列的长度远大于输出序列长度的问题，进一步大幅提升了语音识别的性能，直到 2017 年微软在 Swichboard 上达到词错误率 5.1%，从而让语音识别的准确性首次超越了人类。

20 世纪 80 年代，语音识别技术得到了更加显著的进步。美国国防部资助了一项名为“Dragon”的研究计划，旨在开发一种可以识别语音的系统。这个项目为语音识别技术的发展做出了重要的贡献，使得语音识别技术开始逐渐应用于商业领域。

20 世纪 90 年代，随着计算机技术的不断发展，语音识别技术得到了更加广泛的应用。语音识别技术开始应用于电话系统、自动语音应答系统（IVR）、语音邮件等领域。此外，语音识别技术还开始应用于语音助手、智能家居等领域。

21 世纪，随着人工智能技术的快速发展，语音识别技术得到了更加广泛的应用。语音识别技术开始应用于智能音箱、智能手机等消费电子产品中。此外，语音识别技术还开始应用于语音翻译、智能客服、语音搜索等领域。语音识别技术的准确率也得到了极大的提升，甚至超过人类语音识别的水平。

7.1.3 语音识别的重要性

语音识别的重要性体现在提供自然、便捷的人机交互方式、提高生产效率和工作效率、实现无障碍通信和辅助技术，以及在大数据分析与应用方面。随着技术的不断进步和应用场景的拓展，语音识别将在各个领域持续发挥重要的作用，为人们的生活和工作带来更多的便利和创新，主要包括以下几个方面：

（1）提供自然、便捷的人机交互方式：语音识别可以使人们通过自然的语音指令来与计算机、智能设备进行交互，不再依赖于键盘、鼠标等输入设备。这种自然的交互方式使得使用设备和操作系统变得更加简单、直观，并提供了更好的用户体验。语音识别的广泛应用，如智能手机助手、智能音箱、语音搜索等，已经成为人们日常生活中必不可少的一部分。

（2）提高生产效率和工作效率：语音识别技术可以极大地提高人们的生产效率和工作效率。比如，在办公环境中，通过语音识别可以快速将口述的文本转化为文字，减少了手工输入的时间和劳动力。同样地，在医疗、法律、财务等行业，语音识别可以帮助专业人士更快捷地记录信息、生成报告，提高工作效率。

（3）实现无障碍通信和辅助技术：语音识别为语音障碍者、听力障碍者和其他身体障碍者提供了重要的辅助技术。通过语音识别，这些人群可以使用语音与他人进行沟通，无须依赖其他辅助设备。此外，语音识别与其他辅助技术结合，如语音合成、手势识别等，可以提供更全面的无障碍通信和辅助功能。

（4）大数据分析与应用：语音识别技术将大量的语音数据转化为结构化的文本数据，为后续的数据分析和应用提供了基础。通过对语音数据的分析和挖掘，可以提取有价值的信息和见解，支持决策和创新。在市场调研、舆情分析、客户服务等领域，语音识别的应用可以为企业提供重要的商业洞察，帮助提升竞争力。

总之，通过语音传递信息是人类最重要、最有效、最常用和最方便的交换信息形式。语言是人类特有的功能，声音是人类常用的工具，是相互传递信息的最主要的手段。语音和语言与人的智力活动密切相关，是人们构成思想疏通和感情交流的最主要的途径。

7.1.4　语音识别应用

语音识别技术在各个领域中有广泛的应用人机交互是语音识别技术中的关键环节，以下是一些常见的人机交互方式：

（1）语音指令：用户可以通过语音指令来控制设备或执行特定的操作。例如，通过说出“打开灯”来控制智能家居设备的开关，或说出“播放音乐”来启动音乐播放器。

（2）语音搜索：用户可以通过语音输入来进行搜索。例如，用户可以说出“搜索北京天气”来获取当前的天气情况，如图7-2所示。

图7-2　语音识别应用

歌曲识别：生活中，时常听到很熟悉的旋律，却想不出歌曲的名字。这个时候就可以直接利用语音识别功能来查找相关歌曲，常见的有微信摇一摇搜歌，以及其他音乐播放软件的听歌识曲功能，如图7-3所示。

图7-3　歌曲识别

语音控制：由于汽车在行驶过程中，驾驶员的手必须放在方向盘上，因此在汽车上拨打电话，需要使用具有语音拨号功能的免提电话通信方式。此外，对汽车的卫星导航定位系统（GPS）的操作，汽车空调、照明以及音响等设备的操作，同样也可以由语音来控制。

家电遥控：用语音可以控制电视机、DVD、空调、电扇、窗帘的操作，而且一个遥控器就可以把家中的电器用语音控制起来，这样，各种电器的操作变得简单易行。

语音回复：设备可以通过语音回复与用户进行交互。例如，智能助手可以回答用户的问题或提供相关的信息。语音导航：在导航应用中，用户可以通过语音指令输入目的地，并通过语音指引进行导航。语音交互式游戏：语音识别技术可以应用于游戏中，用户可以通过语音交互与游戏进行互动。例如，通过说出特定的指令或回答问题来控制游戏进程。语音助手和聊天机器人：智能助手和聊天机器人利用语音识别技术和自然语言处理技术，与用户进行对话交流。用户可以通过语音提问或发出指令，助手会根据语音内容进行理解和回答。语音笔录和会议记录：在会议记录或学术讲座中，语音识别技术可以将讲话内容转录为文字，方便用户回顾和查找重要信息。语音评估和教学：在教育领域，语音识别技术可以用于语音评估和教学。学生可以通过语音输入进行作业提交、发表演讲等，教师可以通过语音识别评估学生的发音和语音表达能力。人机交互的目标是实现自然、高效、便捷的交流和操作方式，使用户能够通过语音与设备进行智能交互，取代传统的键盘、鼠标等人机界面。随着语音识别技术的不断进步和智能化水平的提高，人机交互方式将变得越来越智能化和自然化。

车载系统：语音识别技术在汽车中的应用可以实现语音导航、语音拨号、语音控制车内设备（如调整温度、播放音乐、接听电话等），提供更安全和便捷的驾驶体验。

智能家居：语音识别技术可以与智能家居设备（如智能灯泡、智能插座、智能门锁等）结合，通过语音指令控制家居设备的开关、亮度、温度等，实现智能化的家居管理。

语音识别技术与其他自然语言处理技术如机器翻译及语音合成技术相结合，可以构建出更加复杂的应用。

目前，国外的应用一直以苹果的 Siri、谷歌的 GoogleNow 为代表。国内方面，科大讯飞、云知声、盛大、捷通华声、搜狗语音助手、紫冬口译、百度语音等系统都采用了最新的语音识别技术，市面上其他相关的产品也直接或间接嵌入了类似的技术。

7.1.5 语音识别主要问题

1. 对自然语言的识别和理解

在语音识别中，首先需要将连续的讲话信号分解为离散的语音单位，如词和音素。这个过程称为语音分割。语音分割的目标是将语音信号切分成具有独立语义和发音特征的单元。常用的方法是基于声学特征和语言模型进行分割，通过分析语音信号的频谱、时域特征等来确定语音单元的边界。其次要建立一个理解语义的规则，在语义理解中，通过对分解后的语音单元进行分析和处理，建立一个规则系统来理解语义。这个规则系统包括语法规则、语义规则和上下文规则等。语法规则用于分析和理解语法结构，确定词语之间的关系和句子的意义；语义规则用于理解词义和语义之间的关系，帮助识别句子的意思；上下文规则用于根据上下文信息进行推理和判断，解决歧义问题。

2. 语音信息量大

“语音信息量大”是指语音信号本身所包含的信息量非常丰富。语音信号是通过声音的变化来传递信息的，其中包括语音的音调、音频频谱、语速、音素等多个方面的特征。这些特征包含了说话者的身份特征、语音内容的语义信息以及情感等多个层面的信息。语音信号的信息量大主要体现在以下几个方面：

（1）语音内容的语义信息：语音信号中包含了说话者所表达的具体内容，比如句子的词汇、语法和语义等信息。通过对语音信号进行分析和处理，可以提取出语义信息，实现语音识别和语义理解。

（2）说话者的身份特征：每个人的声音都是独特的，通过声音的频谱、音调等特征可以判断说话者的身份。说话者的身份信息在一些应用场景中非常重要，比如语音识别系统可以根据不同的说话者进行个性化的语音识别和服务。

（3）说话者的情感信息：语音信号中的音调、语速、语气等特征可以反映说话者的情感状态，比如喜悦、愤怒、悲伤等。通过分析这些特征，可以实现情感识别和情感理解，为情感计算和情感智能提供支持。

（4）音频环境和背景信息：语音信号中还包含了环境噪声、混响等背景信息，这些信息可以提供关于说话环境的线索，比如说话者是在室内还是室外、是在嘈杂的环境中还是安静的环境中等。这些信息对于语音识别和语音增强等应用具有重要意义。因此，语音模式不仅对不同的说话人不同，对同一说话人也是不同的，例如，一个说话人在随意说话和认真说话时的语音信息是不同的。一个人的说话方式也会随着时间变化。

3. 语音的模糊性

语音的模糊性是指语音信号在传输、录制和处理过程中可能受到各种因素的干扰，从而导致语音信息的模糊或不清晰。这种模糊性可能来自多个方面，包括说话者的发音、语音信号的噪声、语音识别系统的性能等。

（1）发音的不准确性：不同的说话者在发音时可能存在个体差异，有些人可能会发出不标准或者模糊的音素。这种发音的不准确性会导致语音信号中的某些音素或语音单位难以识别，从而影响语音识别的准确性。

（2）噪声干扰：语音信号通常会受到周围环境中的噪声干扰，比如交通噪声、人声嘈杂等。这些噪声会掩盖语音信号中的细微特征，使得语音识别系统难以准确地分辨和理解语音内容。此外，噪声还可能引入错误的音频特征，进一步增加语音识别的困难。

（3）声音的变化和失真：在语音传输和录制过程中，语音信号可能会受到信号衰减、编码压缩、传输丢失等因素的影响，导致声音的变化和失真。这些变化和失真会对语音信号的清晰度和准确性产生负面影响，使得语音识别结果变得模糊或不可靠。

（4）语音识别系统的限制：语音识别系统本身也存在一定的局限性，对于某些发音、口音、方言等特殊情况可能无法准确识别。这种系统限制会导致语音识别结果的不确定性和模糊性。

说话者在讲话时，不同的词可能听起来是相似的。这在英语和汉语中常见。因此，为了提高语音识别的准确性和可靠性，需要采取一系列的技术手段，比如噪声抑制、语音增强、模型训练等来降低模糊性的影响。

4. 环境噪声和干扰对语音识别有严重影响，致使识别率低

环境噪声和干扰是指在语音信号传输和录制过程中，由于周围环境的噪声和干扰等因素引起的语音信号质量下降。在实际应用中，语音信号可能会受到各种干扰和噪声的影响，比如背景噪声、电磁干扰、说话者的口音等。这些干扰和噪声会对语音信号的质量和特征造成一定的变化，从而影响语音识别系统的性能，致使识别率低，为了提高语音识别的准确性，需要采取一些有效的技术手段来降低噪声和干扰的影响，比如噪声抑制、语音增强、信号滤波等。同时，还需要采用更加先进的语音识别算法和模型来提高识别的准确性。

7.2 语音识别的基本原理

7.2.1 语音的产生

声音是物体振动产生的声波。声音通过介质（空气、固体、液体）传入到人耳中，带动听小骨振动，经过一系列的神经信号传递后，被人所感知。人体的语音是由人体的发音器官在大脑的控制下做生理运动产生的，人体发音器官由三部分组成：肺和气管、喉、声道，人听到的声音一般都是多种声音源混在一起的声音。不同声音的重量与声音的振动频率有关，简单来说就是正常情况下，女性声音比男性声音的频率更高，听到的声音会更尖一些。语音的产生是指人类通过声带和喉咙等发声器官将空气流动转化为声音的过程。人类通过控制呼吸、声带和口腔等器官的运动，产生出不同的声音，通过声音的变化和组合来表达意思和进行交流。

（1）呼吸：语音的产生首先需要通过呼吸将空气吸入肺部。在语音产生过程中，肺部提供气流的动力，为声带和喉咙的振动提供能量。

（2）声带振动：空气从肺部经过气管进入喉咙，进而到达声带。声带是位于喉咙中央的一对弹性组织，当空气经过声带时，声带会振动产生声音。声带的振动速度和频率决定了声音的音调高低。

（3）声音调节：声带振动产生的声音进一步通过喉咙中的共鸣腔体进行调节。喉咙中的共鸣腔体包括咽喉、口腔和鼻腔等。通过调节这些共鸣腔体的形状和大小，可以改变声音的音色和共振特性。

（4）声音形成：经过声带振动和声音调节，空气流经口腔或鼻腔，并受到舌头、嘴唇和牙齿等口腔器官的控制，产生出不同的声音。舌头的位置和运动、嘴唇的形状和张合等因素都会影响声音的产生和发声的特点。通过这样的过程，人类能够产生出多样化的声音，从而形成各种语言和语音表达。语音的产生是人类交流和语言理解的基础，也是语音识别和语音合成等语音技术的关键。

7.2.2 语音的存储

声音是一种能够通过介质（如空气）传播的波动。当物体振动时，它会引起周围介质中的分子运动，形成声波。声波的传播方向与物体的振动方向一致。

语音的存储是指将语音信号以某种形式记录下来，以便后续的传输、处理或播放的过程。语音的存储可以通过数字化的方式将语音信号转换为数字数据，也可以以模拟形式保存。

具体来说，语音的存储包括以下几个步骤：

（1）采样：语音信号的存储首先需要进行采样。采样是指以一定的时间间隔对语音信号进行采集，将连续的模拟信号转换为离散的数字信号。采样率表示每秒采样的次数，常见的采样率有 8 kHz、16 kHz、44.1 kHz 等。

（2）量化：在采样后，语音信号的振幅值会以连续的方式变化，为了将其转换为离散的数字数据，需要进行量化。量化是指将连续的振幅值映射为离散的数值。量化的精度决定了数字化语音的质量，常见的量化精度有8位、16位、24位等。

（3）压缩：为了减小语音数据的存储空间和传输带宽，通常会对语音信号进行压缩。压缩是指通过一些算法和技术，将语音信号的冗余信息和不必要的细节去除，从而减少数据量。常见的语音压缩算法有PCM、ADPCM、MP3等。

（4）存储介质：语音信号可以被存储在各种介质上，如硬盘等。当前，数字化语音数据通常以文件的形式保存在计算机或其他存储设备中。常见的语音文件格式有WAV、MP3、AAC等。

（5）处理和回放：存储的语音数据可以进行后续的处理和回放。处理包括语音识别、语音合成、语音分析等，回放则是将存储的语音数据重新转化为声音，通过扬声器或耳机播放出来。因此，语音的存储是语音技术应用中的重要环节，能够实现语音数据的长期保存、远程传输和方便的处理。通过语音的存储，可以实现语音通信、语音识别、语音合成等许多语音相关应用。

7.2.3　语音特征

语音特征是指语音信号中具有独特且可测量的属性或特点，用于描述和区分不同的语音。通过提取语音信号的关键属性，可以将其转换为数值表示，以便进行进一步的分析和处理。在语音处理中，通常会提取多种语音特征来描述不同方面的语音信息。例如，短时能量可以反映语音的强弱程度，过零率可以描述声音波形的频率特性，梅尔频率倒谱系数（MFCC）可以捕捉语音的频谱特征，短时自相关函数可以分析语音的周期性，线性预测系数（LPC）可以反映声道特性。通过提取这些语音特征，可以将原始的语音信号转化为一系列数值，从而方便进行机器学习、模式识别等算法的应用。这些特征可以用于语音识别、语音合成、语音情感识别等任务，以及其他需要对语音进行分析和理解的应用领域。

7.2.4　语音的声学特征

声音通过声波进行传递，声波是由空气分子的振动引起的机械波。声波具有频率和振幅两个特性。频率是声波振动的快慢，决定了声音的音高。频率越高，声音的音高越高；频率越低，声音的音高越低。在语音识别中，可以通过分析声音的频率特征来确定声音的音高。振幅是声波振动的幅度或强度，决定了声音的响度。振幅越大，声音的响度越大；振幅越小，声音的响度越小。在语音识别中，可以通过分析声音的振幅特征来确定声音的响度。进行语音识别的第一步是确定要识别哪种语音识别单元，常见的语音识别单元包括音素、音节和单词。

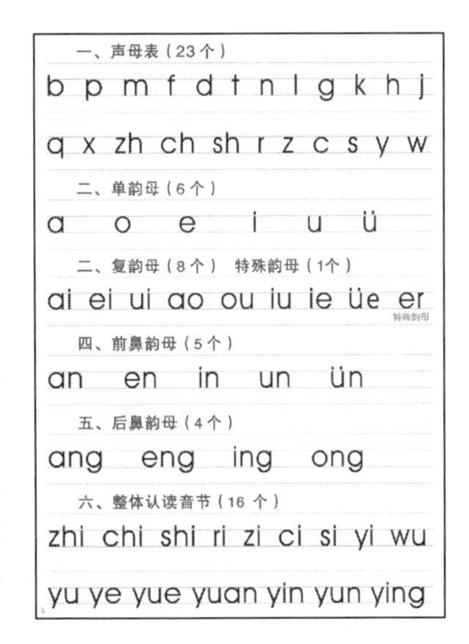

图7-4　汉语拼音字母表

（1）音素（phoneme）是语音的最小单位，是构成语言的基本音素单元，单词的发音由音素决定，其中不同的语言有不同的音素集合，比如英语的音素集合由48个音素组成，其中包括20个元音和28个辅音。音素决定了单词的发音，通过组合不同的音素可以构成各种单词，而汉语的发音是不同的，汉语音素有全部声目和韵母组成（见图7-4），因此，每一种语言各自有一个音素集，但是任何音素集都由元音和辅音组成，记录音素的符号称为音标。

（2）一个音节（syllable）是由一个或多个音素组成，是音位组合中最小的语音结构单位，由头、腹、尾三部分组成，也可以说是一个音节通常包含一个核心元音和可能的前导辅音或后继辅音，一个音节具有明显的可感知界限，可以理解为在一次发声中，具有一个响亮的中心并被明显感觉到的语音片段，被明显感觉到的语音片段叫作音节。

（3）单词是由一个或多个音节组成的有意义的语音单位。在语音识别中，需要识别出语音中包含的单词。例如，汉语音素示例：单词‘中国’由2个音节‘中’‘国’组成，由‘zh，ong，g，u，o’5个音素组成。

7.2.5 语音识别流程

语音识别技术一般分为两部分：训练阶段和识别阶段。训练阶段：用于处理音频流，分割出可能发声的声音片段，并转换为数值，声学模型对数值进行识别操作，给出识别结果。识别阶段：获取训练阶段的输出作为输入，进行搜索解码操作，得到文本输出。

目前，主流的语音识别框架由四部分组成：

1. 信号处理和特征提取

从输入信号中提取特征，尽可能降低环境噪声、信道、说话人等影响，生成特征向量，再进行特征提取；信号处理和特征提取是语音识别系统中的重要步骤，用于将语音信号转换为数值化的特征向量，以下是详细描述：

（1）将语音信号以一定的采样率进行采样。采样率决定了每秒采集的样本数，会影响到信号的频率范围和时间分辨率。如果语音信号中存在噪声，可以采用降噪技术对信号进行预处理。常见的降噪方法包括基于统计的滤波器、自适应滤波器等，用于减弱噪声对语音信号的影响。分帧操作将连续的语音信号划分为一段段的语音帧。每个语音帧通常是10～30 ms的时间段，这个时间段被认为在语音信号中是稳定的。分帧操作可以通过固定时间间隔或者根据语音活动检测算法来实现。加窗操作对每个语音帧进行加窗处理，以减少语音帧两端的突变带来的不连续性。常见的窗函数包括汉明窗、汉宁窗等，将语音帧乘以窗函数的值，使得边缘部分逐渐减小，中心部分保持不变。

（2）快速傅里叶变换（FFT）：在加窗后，将每个语音帧进行FFT变换，将时域信号转换为频域信号。FFT变换可以得到语音帧的频谱信息，表示语音帧中各个频率成分的强度。

（3）特征提取：

① 梅尔频率倒谱系数：MFCC是一种常用的语音特征提取方法。它将频谱特征映射到梅尔刻度上，通过对梅尔滤波器组的滤波、对数运算和离散余弦变换，得到一系列MFCC系数作为特征向量。

② 其他特征：除了MFCC，还可以使用其他特征来表示语音帧，如短时能量、短时过零率等。这些特征可以用于捕捉语音帧的时域和频域特征。通过信号处理和特征提取，语音信号可以转换为数值化的特征向量，这些特征向量包含了语音帧的频谱和时域信息。这些特征向量可以作为输入，用于训练声学模型或进行语音识别的后续操作。信号处理和特征提取的方法和参数选择会对系统的性能产生重要影响，需要根据具体应用场景进行调整和优化。

2. 声学模型

声学模型（acoustic model，AM）是语音识别系统中的一个重要组成部分，用于建立从语音信号到文本序列的映射关系。具体而言，声学模型通过学习语音信号的特征向量和对应的文本标注之间的关系，来预测输入语音信号的文本内容。

一般来说，声学模型可以分为两个部分：状态建模和混合高斯模型。

（1）状态建模：状态建模是声学模型的第一步，它将连续的语音信号划分为一系列离散的状态，并在每个状态上建立一个概率分布来描述该状态下的语音信号特征。常见的状态建模方法包括隐马尔可夫模型和循环神经网络。在 HMM 中，状态表示一段时间内语音信号的特征向量，每个状态对应一个特征向量的概率分布，这个分布可以用混合高斯模型等进行建模。在 RNN 中，每个状态表示一个时间步长内的语音信号特征向量，RNN 通过多个状态之间的转移来学习语音信号的长期依赖关系。

（2）混合高斯模型：混合高斯模型是声学模型的第二步，它通过将多个高斯分布进行线性组合，来建立每个状态下语音信号特征向量的概率分布。这些高斯分布通常被称为高斯混合，其中每个高斯分布对应一个声学特征，如 MFCC 系数、能量等。在混合高斯模型中，每个状态建立一个高斯混合模型，其中每个高斯分布都有一个权重，表示这个高斯分布在混合中的贡献。这些权重和高斯分布的均值和协方差矩阵可以通过最大似然估计等方法来训练。

通过状态建模和混合高斯模型，声学模型能够对输入语音信号的每个帧进行建模，并计算每个帧属于每个状态的概率分布。这些概率分布可以被用来计算整个语音序列的概率，进而用于其他模块中的语音识别任务。

3. 语言模型

语言模型（language model，LM）是语音识别系统中的一个重要组成部分，用于建模系统所针对的语言的单词组合。它通过学习词与词之间的关系，并计算词间关联的概率，来预测给定词序列的概率。

（1）单词合并：语言模型通过对语言中的单词进行合并处理，将连续的单词序列转化为一个整体。这样做的目的是为了简化建模过程，并降低模型参数的数量。常见的单词合并方法包括 n-gram 模型和神经网络语言模型。

① n-gram 模型：一种基于统计的语言模型，它假设当前词出现的概率只与前面 $n-1$ 个词有关，而与其他词无关。常用的 n 值包括 1、2 和 3，分别对应 unigram、bigram 和 trigram 模型。n-gram 模型基于训练数据中的词语频率，计算词与词之间的条件概率。

② 神经网络语言模型：一种使用神经网络来建模词与词之间关系的方法。它通过输入前面的词，预测下一个词的概率分布。神经网络语言模型可以使用循环神经网络或者 Transformer 等结构来建模。

（2）计算词间关联的概率：语言模型通过统计训练数据中词与词之间的共现关系，来计算词间关联的概率。这些概率可以用于预测给定词序列的概率，进而用于语音识别系统中的后续操作。

① n-gram 模型中的概率计算：在 n-gram 模型中，词间关联的概率可以通过计算相邻词的共现频率来估计。具体地，对于 bigram 模型，词间关联的概率可以通过计算当前词与前一个词的共现频率，除以前一个词的出现频率得到。

② 神经网络语言模型中的概率计算：在神经网络语言模型中，词间关联的概率由神经网络模型给出。通过输入前面的词，神经网络可以预测下一个词的概率分布，并计算给定词序列的概率。

通过语言模型，系统可以对给定的词序列进行概率计算，以评估不同词序列的合理性。这些概率可以被用于语音识别系统的后处理，如词图生成、解码和结果选择等任务。

4. 解码搜索

解码搜索是语音识别系统中的一个关键步骤，它结合声学模型和语言模型，通过搜索算法来得出最优的识别结果。

解码搜索过程：

解码搜索是将声学模型和语言模型结合起来，利用搜索算法来找到最优的识别结果。具体而言，解码搜索过程可以分为以下几个步骤：

① 帧级别的声学模型得分计算：对输入的语音信号进行特征提取，并使用声学模型计算每个帧属于每个状态的概率分布。

② 网络拓扑和状态转移：根据声学模型的输出，构建一个状态网络，将各个帧与对应的状态连接起来，形成一个状态序列。

③ 基于语言模型的状态转移概率计算：利用语言模型计算状态之间的转移概率，即当前状态到下一个状态的概率。

④ 解码搜索算法：使用搜索算法（如束搜索或动态规划）在状态网络中寻找最优的路径，即找到最可能的词序列。在搜索过程中，考虑声学模型和语言模型的得分，并对不同路径进行评估和排序。

⑤ 最优结果输出：根据搜索算法的结果，得到最优的识别结果，即最可能的词序列。这个结果可以被用于后续的任务，如语音合成或自然语言理解等。

（1）在语音识别的训练阶段，首先，对输入的连续音频流进行分割，将其分割成可能发声的声音片段。这可以通过语音活动检测算法来实现，该算法根据声音的能量或过零率等特征，判断是否存在语音活动。分割出的声音片段通常称为语音帧。对于分割出的每个语音帧，需要将其转换为数值表示，以便用于后续的声学模型识别操作。这一步通常涉及信号处理和特征提取。

声学模型的识别操作：

模型训练：在训练阶段，需要准备大量标注的语音数据和对应的文本。这些数据用于训练声学模型，通常使用的模型包括隐马尔可夫模型和深度神经网络。在训练过程中，模型会学习如何将数值化的特征向量与对应的文本进行映射。

模型识别：在使用训练好的声学模型进行识别时，将输入的数值化特征向量传入模型中。模型会根据学习到的参数和结构，通过计算概率或得分等方式，对输入的特征向量进行识别操作。通常使用的识别方法包括基于统计的解码算法，如维特比算法等。

识别结果输出：根据声学模型的识别操作，会输出一个或多个候选的识别结果。这些结果通常是根据模型对不同词或音素的概率或得分进行排序，选择得分最高的候选结果作为最终的识别结果。

通过音频流处理和声学模型的识别操作，可以将输入的音频流转换为数值化的特征向量，并通过声学模型进行识别，得到最终的识别结果。这个训练阶段的过程是语音识别系统的核心部分，并且对模型的训练和优化有重要影响。

（2）在语音识别的识别阶段，主要包括搜索解码操作，通过对训练阶段输出的特征向量进行搜索，最终得到文本输出。以下是详细的阐述：

① 特征向量输入：将训练阶段得到的数值化特征向量作为输入，这些特征向量通常是通过音频流处理和特征提取得到的。每个特征向量代表了一个语音帧的频谱和时域信息。

② 语言模型：在识别阶段，通常会使用语言模型来帮助对识别结果进行搜索和解码。语言模型是一个统计模型，用于对文本序列的概率进行建模。它可以帮助系统理解和纠正可能的识别错误，提高识别准确性。搜索空间：基于输入的特征向量和语言模型，系统需要构建一个搜索空间，这个空间包含了所有可能的识别结果。搜索空间的大小取决于语言模型的复杂度和词汇的大小。解码算法：对于构建的搜索空间，需要使用解码算法进行搜索，以找到最可能的识别结果。常用的解码算法包括维特比算法、束搜索算法等。这些算法会根据特征向量的概率和语言模型的概率，通过动态规划的方式，在搜索空间中进行搜索和剪枝，以找到最优的识别路径。识别结果输出：通过解码算法的搜索操作，会得到一个或多个候选的识别结果。根据解码算法的规则和搜索策略，选择得分最高的候选结果作为最终的识别结果。这个识别结果通常是一个文本序列，对应着语音输入的文本内容，如图 7-5 所示。

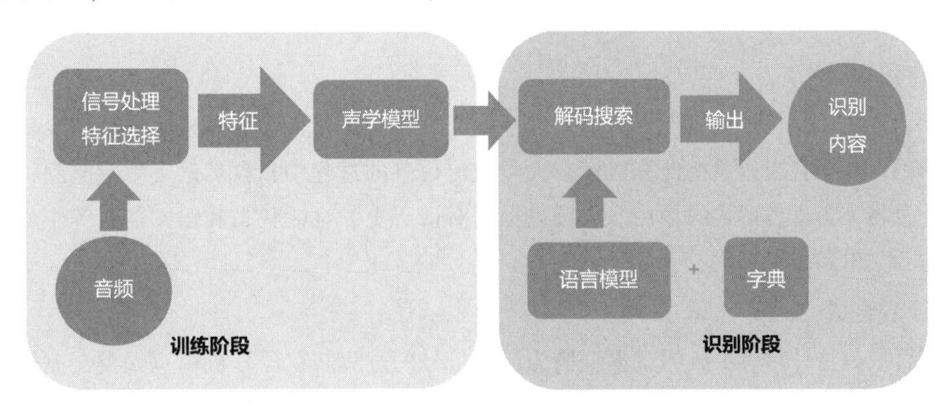

图 7-5　声学模型的识别操作图

总之，通过搜索解码操作，系统可以根据训练阶段的输出特征向量和语言模型，进行搜索和解码，最终得到对应的文本输出。搜索解码操作是语音识别系统中的关键步骤，涉及搜索空间的构建、解码算法的选择和搜索策略的优化，这些因素都会影响系统的识别准确性和效率。

7.2.6　语音识别的数学公式

数学公式表达式如下：

$$W* = \text{argmax}_w P(W \mid Y)$$

其中，W 表示文字序列，Y 表示语音输入。公式的含义是在给定语音输入的情况下，找到可能性最大的文字序列。argmax 表示取使得后面表达式最大化的 $W*$，argmax 是一个操作符，表示求得使得 $P(W \mid Y)$ 取得最大值的 W 序列。$P(W \mid Y)$ 表示在给定语音输入 Y 的情况下，文字序列 W 的概率。这个公式可以解释为，在所有可能的文字序列中，找到使得在给定语音输入下，该文字序列的概率最大的那个序列。

为了计算 $P(W|Y)$，通常使用贝叶斯定理来进行推导：

$$P(W|Y)=P(Y|W)\times P(W)/P(Y)$$

其中，$P(Y|W)$表示在给定文字序列 W 的情况下，得到语音输入 Y 的概率；$P(W)$表示文字序列 W 出现的先验概率；$P(Y)$表示语音输入 Y 的概率。语音识别中的数学模型通常使用声学模型（如 HMM 或深度学习模型）建模 $P(Y|W)$，语言模型建模 $P(W)$，而 $P(Y)$可以通过训练数据的统计特性来估计。

因此，通过计算 $P(W|Y)$的公式，可以在给定语音输入 Y 的情况下，找到可能性最大的文字序列 $W*$，即最有可能的识别结果。这个公式是语音识别中最常用的数学表达式之一，用于确定最优的文字序列。在实际应用中，由于语音信号存在噪声、变化和不确定性等因素，完全准确地找到可能性最大的文字序列是非常困难甚至不可能的。因此，在实际系统中通常会采用一些优化方法来提高识别准确性，并结合语言模型、声学模型等进行综合建模和解码。

7.2.7 计算机模拟人类交流信息的过程

计算机模拟人类交流信息的过程涉及自然语言生成、语音合成、语音识别和自然语言理解这四个过程。

1. 自然语言生成

自然语言生成是指计算机根据对话管理和语义理解的结果，将计算机生成的回复转换为人类可理解的自然语言表达。在计算机模拟人类交流信息的过程中，自然语言生成起到将计算机生成的回复转换为语言形式的作用。它可以根据对话历史、对话状态和语义信息等生成合适的回复，包括文本和语音形式。

2. 语音合成

语音合成是将计算机生成的文本转换为语音信号的过程。在计算机模拟人类交流信息的过程中，语音合成使得计算机可以通过扬声器或其他音频设备将回复以语音形式输出给用户。语音合成技术可以根据文本的语义和语法信息，将文本转换为自然流畅的语音输出。这样，用户可以通过听到计算机的回复来进行交流。

3. 语音识别

语音识别是将人类的语音输入转换为计算机可理解的文本形式的过程。在计算机模拟人类交流信息的过程中，语音识别可以将人类的语音输入转换为文本形式的输入，作为对话管理和自然语言理解的输入。语音识别技术可以通过声学模型、语言模型和声学特征提取等方法，将语音信号转换为对应的文本表达。

4. 自然语言理解

自然语言理解是将人类的自然语言输入转换为计算机可理解的语义表达的过程。在计算机模拟人类交流信息的过程中，自然语言理解起到理解用户输入的作用。它可以通过词法分析、句法分析、语义分析和语境分析等技术，将用户的语言输入转换为计算机可以处理的形式，提取其中的意图、实体和关系等信息，为后续的对话管理和生成回复提供基础。

7.3 语言识别的分类

语音识别可以根据应用领域和技术方法进行分类。根据应用领域，可以分为智能家居、智能客服、语音助手等。根据技术方法，可以分为传统模型和基于神经网络的模型。

7.3.1 语音识别系统分类

语音识别系统根据不同的研究方向产生不同分类，可以从识别器、词汇表和使用情况三个方向进行分类。

1. 按识别器的类型分

按照识别器的类型，语音识别系统可以分为：

（1）词（孤立字）识别器：词识别器是一种将语音信号中的单个单词转换为文本的识别器。词识别器一般用于语音命令控制、数字识别等场景。该识别器的特点是对单个词语的识别准确度较高，但无法识别复杂的短语或句子。

（2）连接字（多词组合）识别器：连接字识别器是一种将语音信号中的多个单词组合成短语或句子的识别器。连接字识别器一般用于嵌入式系统中的语音识别、电话语音识别等场景。该识别器的特点是对简单的短语或句子的识别准确度较高，但对于复杂的句子或语音信号中存在的干扰较难识别。

（3）连续语音识别器：连续语音识别器是一种将语音信号中的连续单词或短语转换为文本的识别器。该识别器一般用于语音识别、语音翻译等场景。该识别器的特点是对连续语音的识别准确度高，但需要较大的计算资源和训练数据。此外，连续语音识别器还可以根据不同的场景和应用需求进行优化，如增加语言模型、优化声学模型、加入上下文信息等。

不同的识别器适用于不同的场景和应用需求，需要根据实际情况进行选择。

2. 按语音词汇表的大小分

按照语音词汇表的大小，语音识别系统可以分为小词汇量、中词汇量和大词汇量三种类型。

（1）小词汇量（small vocabulary）：小词汇量的语音识别系统适用于只包含有限数量词汇的场景。它通常用于识别孤立的单词或短语，如数字识别、语音命令控制等。小词汇量系统的特点是词汇表较小，可以快速进行识别，识别准确度较高。中词汇量（medium vocabulary）：中词汇量的语音识别系统适用于包含中等规模词汇量的场景。它通常用于将语音信号中的多个单词或短语组合成短语或句子的识别，如语音输入、语音搜索等。中词汇量系统的特点是词汇表较大，需要更复杂的语言模型和发音词典来提高识别准确度。大词汇量（large vocabulary）：大词汇量的语音识别系统适用于包含大量单词或短语的场景。它通常用于将语音信号中的连续单词或短语转换为文本的识别，如语音识别转写、语音翻译等。大词汇量系统的特点是词汇表非常庞大，需要更强大的语言模型和发音词典来处理更复杂的语音信号，并且需要更高的计算资源和时间来进行识别。

对于不同词汇量的语音识别系统，需要根据实际应用场景和需求来选择合适的识别系统。小词汇量系统适用于单词或短语的快速识别，中词汇量系统适用于短语或句子的识别，大词汇量系统适用于连续语音的转写和翻译。随着技术的不断进步，语音识别系统的词汇量也在不断扩大，为更复杂和多样化的语音应用提供支持。

3. 按识别器对使用者的适应情况分

根据说话人识别（声纹识别）是一种按照说话人的声音特征来进行识别和辨认的技术。与传统的语音识别系统不同，根据说话人识别关注的是说话人的身份而非语音信号的内容。它利用说话人的声纹信息，即声音的个体特征，对不同的说话人进行区分和识别。

7.3.2 按识别器的类型分类

孤立词识别（isolated word recognition）和关键词识别（keyword spotting）是语音识别领域中的两种任务，它们的含义、优缺点和应用案例如下所述。

1. 孤立词识别

孤立词识别是从语音信号中识别出单个独立词语的任务。在孤立词识别中，识别单元是有限的，通常是预先定义好的单个词。这种识别任务的优点是速度快、识别正确率高，但其缺点是应用范围较窄，只能识别预先定义好的词汇，无法识别词表之外的词。

应用案例如下：

（1）语音命令：将用户的语音指令转换为相应的操作命令，如智能助手中的语音控制。

（2）手机语音拨号：通过语音识别用户的拨号指令，实现语音拨号功能。

2. 关键词识别（全音节识别）

关键词识别是从连续的语音流中检测和识别特定的关键词或短语的任务。在关键词识别中，识别单元可以是字、词或者句子。关键词识别的优点是能够处理连续的语音流，词表可以定制，可以根据实际需求设定关键词列表。然而，关键词识别的缺点是速度较慢，尤其是在词表较大的情况下，识别错误率也会增加。

应用案例如下：

（1）电话呼叫服务：根据语音识别用户的关键词，实现自动呼叫服务。

（2）电话安全监听：通过识别特定的关键词或短语，实现对电话通话内容的安全监听。

（3）语音翻译：识别特定的关键词或短语，进行语音翻译操作。

（4）语音短信：将语音转换为文字短信，识别用户的关键词或短语。

（5）听写机：通过识别用户的语音关键词，实现语音转写操作。

（6）语音邮件：识别用户的语音关键词或短语，进行语音邮件的发送和接收。

关键词识别单元的描述可以是字、词或句子，也可以是应用案例，例如，语音翻译、语音短信、听写机和语音邮件，这些应用案例属于更复杂的语音识别任务，可能需要使用更复杂的模型和算法来实现。

7.3.3 按语音词汇表的大小分类

1. 有限词汇识别

有限词汇识别是指在语音识别任务中，识别的目标词汇是有限的，通常是根据事先定义好的词汇表进行识别。根据词汇表中的字、词或短句个数的多少，可以大致分为三个级别：小词汇（词汇表中的词汇个数少于100个）、中词汇（词汇表中的词汇个数在100到1 000之间）、大词汇（词汇表中的词汇个数超过1 000个）。

在有限词汇识别中，识别的任务相对简单，因为识别的范围是已知的有限词汇。这种识别方法通常具有较高的准确性和速度。然而，由于词汇表的限制，有限词汇识别无法处理未在词汇表中的词汇，因此应用范围相对较窄。

2. 无限词汇识别

与有限词汇识别相对的是无限词汇识别，也称为全音节识别。在无限词汇识别中，识别的目标是汉语普通话中所有汉字的可读音节，即全音节语音识别。这种识别方法可以用于实现无限词汇或中文文本输入的任务，因为它可以处理词汇表之外的词汇。然而，由于涉及更大的词汇量和更复杂的语音模型，无限词汇识别的准确性和速度可能会受到影响。

总之，有限词汇识别是根据事先定义好的词汇表进行识别，识别范围有限。无限词汇识别是指可以处理词汇表之外的词汇，适用于实现无限词汇或中文文本输入的任务。两种识别方法各有优缺点，适用于不同的应用场景。

7.3.4 按识别器对使用者的适应情况分类

特定人语音识别（speaker-dependent）是一种语音识别方法，其中的模板或模型仅适用于特定的个人。在特定人语音识别中，该个人通过输入词汇表中的每个字、词或短语的语音来建立自己的模板或模型。这个模板或模型会捕捉到该人的语音特征和发音习惯。当其他人使用这个模板或模型时，识别的准确性可能会下降，因为语音特征和发音习惯不同于建立模板的个人。因此，其他人在使用特定人语音识别时，需要建立自己的标准模板或模型，以提高识别准确性。换句话说，每个人都有自己独立的训练数据集来构建与其声音特征相匹配的模型。

非特定人语音识别（speaker-independent）是一种语音识别方法，其中的模板或模型适用于特定范畴的说话人，如说标准普通话的人群。在非特定人语音识别中，标准模板或模型由该范畴的多个人通过训练而产生。这些参与训练的发音人被称为圈内人。标准模板或模型会捕捉到该范畴说话人的共同语音特征和发音规律。因此，标准模板或模型可以供圈内人使用，并且也可以供未参加训练的同一范畴的发音人（圈外人）使用。然而，由于个体差异，圈外人的识别准确性可能会略低于圈内人。因此，非特定人语音识别系统更具普适性，能够适应不同发音人之间的差异。

特定人语音识别适用于需要个性化识别的场景，而非特定人语音识别适用于更广泛的范畴，可以满足多个人的识别需求。

7.4 语言识别方法

7.4.1 语音文件的格式

语音文件的格式是指存储和编码语音数据的文件格式。语音文件通常由两个主要部分组成：头部（header）和数据部分（data）。头部包含了关于文件的元信息和描述，而数据部分则包含了实际的音频数据。

常见的语音文件格式有以下几种：

（1）WAV：WAV 是一种无损音频文件格式，它使用 RIFF（resource interchange file format）容器格式存储音频数据。WAV 文件通常包含 PCM（pulse code modulation）编码的音频数据。PCM 编码将模拟音频信号转换为数字信号，以便计算机可以处理。WAV 文件可以以不同的采样率、位深度和声道数存储音频数据。

（2）MP3：MP3 是一种有损音频文件格式，它使用压缩算法将音频数据压缩为较小的文件大小。MP3 文件通常包含由 MDCT（modified discrete cosine transform）算法处理过的音频数据。MDCT 将音频信号分解为频域数据，然后通过量化和编码来减少数据量。MP3 文件可以以不同的比特率存储音频数据，不同的比特率会影响音质和文件大小。

（3）AAC（advanced audio coding）：AAC 是一种高级音频编码格式，它使用一系列的信号处理算法来提供更高的音频质量和更小的文件大小。AAC 文件通常包含由 MDCT 算法处理过的音频数据，类似于 MP3。然而，AAC 使用了更高级的编码技术，如声学模型、渐进编码和短时预测等，以进一步提高音频质量和压缩率。

（4）OGG（ogg vorbis）：OGG 是一种自由和开放源代码的音频编码格式，它使用 Vorbis 编码算法来提供高质量的音频和较小的文件大小。OGG 文件通常包含由 Vorbis 编码器处理过的音频数据。Vorbis 编码器基于 MDCT 算法，但与 MP3 和 AAC 相比，它具有更高的音频质量和更低的比特率。

（5）FLAC（free lossless audio codec）：FLAC 是一种无损音频编码格式，它可以将音频数据压缩为较小的文件大小，同时完全保留原始音频质量。FLAC 文件通常包含由 FLAC 编码器处理过的音频数据。FLAC 编码器使用了一种无损压缩算法，可以压缩音频数据而不损失任何信息，因此可以还原出与原始音频完全相同的音质。

常见的音频文件一般以 MP3 格式显示，但是 MP3 是压缩格式，必须转成非压缩的纯波形文件如 WAV 文件来处理，波形图以时间作为横坐标、以振幅作为纵坐标，没有振幅波动的时候可以理解为静音，波形如图 7-6 所示。

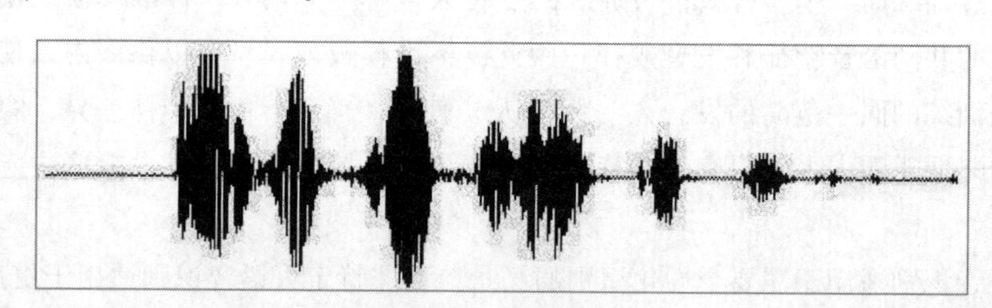

图 7-6　波形图

除了上述常见的语音文件格式，还有一些专用的格式，如 AMR（adaptive multi-rate），适用于手机网络通话的音频编码。此外，还有一些特定的语音识别或语音处理系统会使用自己定义的文件格式，如 Kaldi 的特定的文件格式。这些特定的文件格式通常会包含除音频数据之外的其他信息，如时间戳、能量、频谱等，以便于语音分析和处理。

7.4.2　语音信号预处理

语音信号预处理是在进行语音信号处理和分析之前对原始语音信号进行一系列的预处理步

骤，以提高后续处理任务的准确性和效果。常见的语音信号预处理步骤包括：去除噪声和声音增强。语音信号通常伴随着各种环境噪声，如背景噪声、电气噪声等。去除噪声可以提高语音信号的清晰度和可理解性。常见的噪声去除方法包括滤波、谱减法、子带噪声抑制等。声音增强是指增加语音信号的幅度或增强其特定频率范围内的能量，以提高语音的可听性。常见的声音增强技术包括自适应增益控制、频谱平滑、动态范围压缩等。语音信号预处理分为三个步骤：采样、量化和编码。

1. 采样

采样是将模拟信号转换为离散信号的过程，也称为A/D转换（模拟到数字转换）。在采样过程中，模拟信号的振幅值会在时间轴上按照固定的频率进行取样，形成一系列离散的采样点。采样率是指每秒进行多少次采样，单位为赫兹（Hz）。采样率越高，每秒采样的次数越多，离散信号的表示就越接近原始模拟信号，从而能够更真实地还原原始信号的细节和频谱特性。举例来说，如果采样率为16 kHz，意味着每隔1/16 000 s（即约0. 000 062 5 s）进行一次采样。在这个时间间隔内，记录下模拟信号的振幅值，得到一个采样点。通过连续进行这样的采样操作，就可以得到一系列离散的采样点，从而将连续型信号转换为离散型信号。现代高保真音频通常使用的采样率是44. 1 kHz，也就是每秒进行44 100次采样。这样的采样率可以提供更高的信号还原精度，能够更准确地表示原始模拟信号的细节和频谱特性。这也是为什么CD音质的采样率为44. 1 kHz。需要注意的是，虽然采样率越高可以提供更真实的音频质量，但同时也会增加数据的存储和传输开销。为了平衡数据量和音频质量，根据具体应用需求和资源限制，选择适当的采样率是必要的，如图7-7所示。

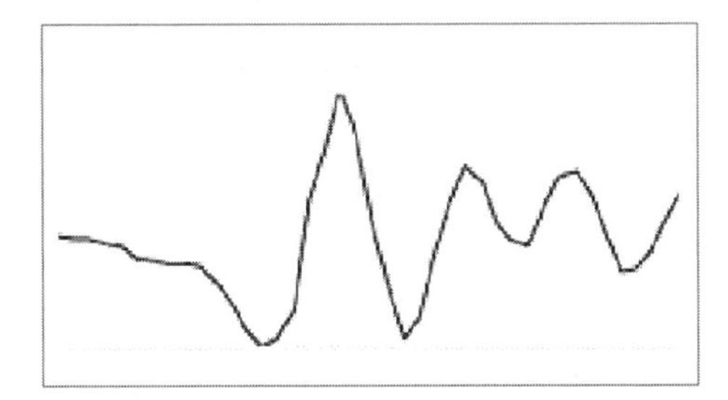
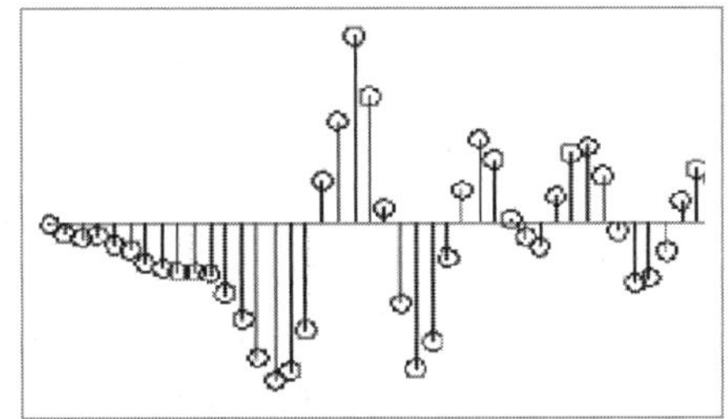

图7-7 语音信号的采样

2. 量化

量化是采样点信号的格式的转换，将采样得到的离散音频转换为计算机可以表示的数据，目的是为了更高效的保存样点值。量化过程是将采样后的信号按整个声波的幅度划分为n个集合，把落在某个区域的样点归为一类赋予相同的量化值。量化取决于量化精度，精度越高声音越真实，量化精度常用值为8位精度、16位精度、32位精度，代表用多少位的二进制数据来展示一个音频数据，如图7-8所示。

例如，精度采用3 bit进行量化操作，即用3位的0或1进行表示，对于一个3位的二进制数，可以表示的取值有8种，即000、001、010、011、100、101、110、111。这里的每一种取值都对应着不同的模拟信号振幅范围。量化操作就是根据模拟信号的振幅值将其映射到最接近的一个取值上。

量化后的信号从一个连续的数值变为离散的数值，如图7-9所示。

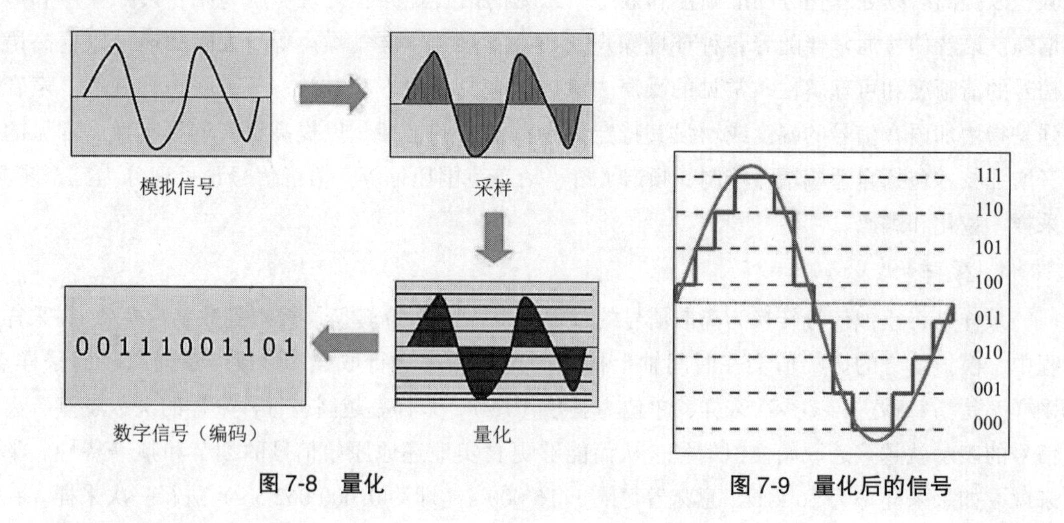

图 7-8　量化　　　　图 7-9　量化后的信号

3. 编码

在音频处理中，编码是将量化后的数字信号进行存储和传输的过程。通过编码，可以减少数据量，节约存储空间和提高传输效率。数据量的计算公式为：数据量=采样频率×采样精度×声道数×持续时间/8。举例来说，对音乐进行采样，采样频率为 44.1 kHz，选择精度为 16 位（即 2 字节），双声道，计算 3 分钟的数据量：

数据量=44.1 kHz×16 bit×2×180 s/8≈160 744 b≈15 MB

根据计算公式，可以得到数据量约为 160 744 位，约合 15 Mbit。这意味着对于 3 分钟的音乐，需要大约 15 Mbit 的存储空间。然而，对于音频数据来说，15 Mbit 的存储空间在现代设备中仍然是比较大的。所以，为了减少存储空间和提高传输效率，通常需要对音频数据进行压缩编码。压缩编码可以通过一定的算法和技术，将音频数据转换为更紧凑的格式，从而减少数据量。

常见的音频压缩编码格式包括 MP3、AAC、FLAC 等。这些编码格式能够在一定程度上减小音频文件的体积，同时保持较高的音质。通过压缩编码，可以在一定程度上平衡存储空间和音质要求，提高音频文件的传输效率和用户体验，编码如图 7-10 所示。

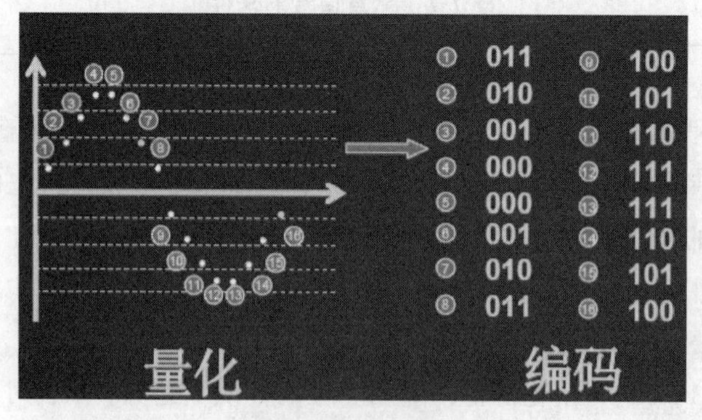

图 7-10　编码

4. 端点检测

语音端点检测是指在语音信号中检测出实际语音活动发生的时间范围。端点检测，也称为语音活动检测（VAD），是一种对语音和非语音区域进行区分的技术。也可以理解为静音切除，其目的是准确地确定语音信号的起始点，从连续的语音流中检测出有效的语音段，并降低对后续步骤造成的干扰。端点检测的基本思路是通过计算每个时刻的能量，并设定一个阈值 k。如果某个时刻的能量大于阈值 k，认为是1（1表示该点是语言），则认为该时刻是语音，否则是0，即为非语音。如图7-11所示为语音信号，方框内为人声。

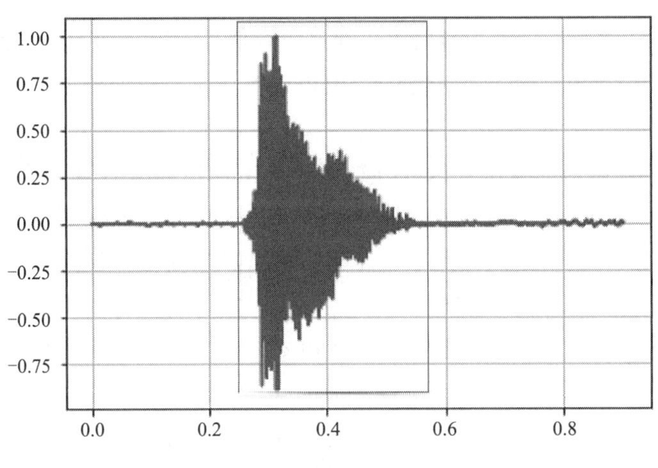

图7-11　语音信号

5. 预加重

预加重（preemphasis）是一种常用的语音信号处理技术，其目的是通过增强高频部分来改善语音信号的质量和可识别性。预加重通过对语音信号进行高通滤波，减小低频成分的能量，提升高频部分的能量，从而使语音信号的频谱变得更加平滑。其原理是使用一个一阶高通滤波器对语音信号进行处理，去除低频部分的影响，使得语音信号的频谱变得更平滑。一阶高通滤波器可以通过差分方程来描述：

预加重的公式为 $H(Z)=1-a\times z$^(−1)

其中 a 为预加重参数，通常取0.9~1.0之间，常见的取值为0.97。该公式表示了一阶高通滤波器的传递函数，其中 z^(−1)表示当前帧的输入信号，z 为延时单位。通过将输入信号乘以预加重系数(1−a)，并与前一帧的信号进行差分，就可以实现高频增强效果。

预加重的目的是减弱声门脉冲对语音信号的影响。声门脉冲是由于声带和嘴唇的振动引起的，其频谱主要集中在低频范围。这些低频成分可能会掩盖语音信号中的高频部分，降低语音的清晰度和可理解性。通过预加重处理，可以降低低频成分的能量，提升高频部分的能量，使语音信号的频谱更加平滑，并突出语音中的高频细节。预加重在语音处理领域广泛应用，特别是在语音识别、音频编解码和语音通信等领域。它可以提高语音信号的质量和可识别性，从而提高后续处理算法的准确性和效果。

7.4.3 语音识别的方法

一般来说，语音识别的方法可以分为以下三种：基于声道模型和语音知识的方法、模板匹配的方法、利用人工神经网络的方法。

（1）基于声道模型和语音知识的方法：这种方法基于对声道特征和语音知识的建模。声道模型通常使用隐马尔可夫模型来表示语音信号的动态特性。语音信号可以被看作是由声道激励信号通过声道系统产生的，因此，通过对声道的建模和语音知识的应用，可以对语音信号进行建模和识别。这种方法需要事先训练声道模型和语音知识，然后使用这些模型和知识来进行语音信号的识别。

（2）模板匹配的方法：模板匹配的方法发展比较成熟，目前已达到了实用阶段，这种方法将语音信号与预先存储的语音模板进行匹配。在模板匹配方法中，要经过四个步骤：特征提取、模板训练、模板分类、判决。语音模板是事先通过语音信号的采集和处理得到的标准语音片段。当有新的语音信号要进行识别时，将其与语音模板进行比对，找到与之最匹配的模板，从而识别出语音信号的内容。

（3）利用人工神经网络的方法：这种方法基于人工神经网络对语音信号进行建模和识别。人工神经网络是一种模仿生物神经系统的计算模型，通过对大量训练语音数据的学习，可以对语音信号进行特征提取和分类识别。人工神经网络可以通过前馈神经网络、循环神经网络等结构来建立，使用反向传播算法进行训练和优化。这种方法在语音识别领域取得了很大的成功，尤其是在深度学习方法的兴起后，深度神经网络和循环神经网络等模型被广泛应用于语音识别任务。

这三种方法各自有其优缺点和适用场景。基于声道模型和语音知识的方法需要事先建立模型和知识库，对数据要求较高；模板匹配的方法适用于与预先存储的语音模板进行比对的场景；利用人工神经网络的方法可以自动学习语音信号的特征和模式，适用于大规模数据和复杂任务的语音识别。在实际应用中，常常结合使用多种方法来提高语音识别的准确性和鲁棒性。

1. 基于语音学和声学的方法

基于语音学和声学的方法是语音识别领域最早的研究方法之一。该方法的基本思想是通过分析语音信号的频域或时域特性，将语音信号分解成语音基元，并通过语音基元的组合来识别语音内容。然而，由于其模型和语音知识过于复杂，目前尚未达到实用的阶段。基于语音学和声学的方法通常分为两个步骤进行实现：

（1）第一步是分段和标号。在这一步中，语音信号会被分成离散的段，并为每个段分配一个或多个语音基元的声学特性。这样可以将语音信号的连续流转换为离散的语音基元序列。然后，根据每个分段的声学特性，对每个分段给出相近的语音标号。

（2）第二步是得到词序列。根据第一步所得语音标号序列得到一个语音基元网格，从词典得到有效的词序列，也可结合句子的文法和语义同时进行。

2. 模板匹配法

模板匹配法是语音识别领域中一种比较成熟且实用的方法。它的基本思想是将输入的语音信号与预先准备好的模板进行比对，通过匹配的方式来判断输入语音所属的类别或词序列。这种方法在实际应用中已经取得了很好的效果。

模板匹配法通常包括以下四个步骤：

（1）特征提取：从输入的语音信号中提取出有用的特征。常用的特征包括梅尔频率倒谱系数、线性预测系数等。这些特征能够反映语音信号的频域或时域特性，为后续的模板匹配提供基础。

（2）模板训练：使用一组已知的语音样本或标注数据，对每个类别或词序列进行模板的训练。这些模板可以是特定语音的模板，也可以是整个词序列的模板。训练的目的是使得模板能够尽可能准确地表示每个类别或词序列的特征。

（3）模板分类：将输入的语音信号与已训练好的模板进行比对，计算它们之间的相似度或距离。常用的技术包括动态时间规整、隐马尔可夫理论和矢量量化技术。这些技术可以根据输入语音信号与模板之间的匹配程度，将输入语音信号分类到合适的类别或词序列中。

（4）判决：根据模板分类的结果，判断输入语音信号所属的类别或词序列。这个判决可以基于一定的阈值或者是根据概率模型进行决策。判决的目的是确定最终的识别结果。

在这些技术中，动态时间规整是一种基于时间序列的匹配方法，能够解决时间轴不同步的问题。它通过动态规划的方式，将输入语音信号与模板进行对齐和匹配，从而找到最优的匹配路径。隐马尔可夫理论是一种常用的统计模型，它将语音识别问题建模为一个马尔可夫过程，并利用 HMM 进行模式匹配和识别。矢量量化技术则是一种将连续的语音信号离散化的方法，通过将语音信号映射到最接近的一个或多个离散向量来进行匹配。

3. 动态时间规整算法

端点检测在语音识别中是一个基本步骤，其目标是确定语音信号中各种段落（如音素、音节、词素）的始点和终点位置，从而排除语音信号中的无声段。早期的端点检测方法主要基于能量、振幅和过零率等特征，但效果往往不够理想。在 20 世纪 60 年代，日本学者 Itakura 提出了动态时间规整的算法。动态时间规整算法的思想是将未知单词的时间轴进行均匀延长或缩短，直到与参考模式的长度一致。在这个过程中，未知单词的时间轴会以不均匀的方式扭曲或弯曲，以使其特征与模型特征对齐。动态时间规整是一种将时间规整和距离测度结合起来的非线性规整技术。

动态时间规整算法的具体步骤如下：

特征提取：从语音信号中提取出相关的特征，如 MFCC（mel-frequency cepstral coefficients）等。

构建参考模型：选择一个已知的参考模型，可以是已知的单词或音素序列。

计算距离矩阵：计算未知单词的特征序列与参考模型的特征序列之间的距离矩阵。

动态规划：通过动态规划算法，找到未知单词的最佳时间对齐路径，即距离最小的路径。

端点检测：根据时间对齐路径，确定未知单词的始点和终点位置，从而实现端点检测。

动态时间规整算法在端点检测中具有较好的效果，能够处理语音信号中的时长变化、语速变化和发音变化等问题。然而，该算法的计算复杂度较高，对计算资源要求较高，因此在实际应用中需要考虑算法的实时性和效率。

4. 隐马尔科夫法

隐马尔可夫法是 20 世纪 70 年代引入语音识别理论的，它的出现使得自然语音识别系统取得了实质性的突破。HMM 方法现已成为语音识别的主流技术，目前大多数大词汇量、连续语音的非特定人语音识别系统都是基于 HMM 模型的。HMM 是对语音信号的时间序列结构建立统计模型。人的言语过程实际上就是一个双重随机过程，语音信号本身是一个可观测的时变序列，是由大脑根据语法知识和言语需要（不可观测的状态）发出的音素的参数流。HMM 合理地模仿了这一过程，很好地描述了语音信号的整体非平稳性和局部平稳性，是较为理想的一种语音模型。使用 HMM 模型进行语音识别的过程包括：将发音过程划分为状态，建立状态之间的转移关系和转移概率；使用 LPC 倒谱系数作为输出序列，并将输出概率建模为混合高斯密度函数；通过训练数据进行模型的概率参数估计；最后，利用估计得到的模型参数对新的语音信号进行判决和识别。

在语音识别中，采用HMM模型进行建模和识别，步骤如下：

发音的各个段构成相应的状态：一个发音过程可以被分解为多个段，例如音节可以被划分为发音的起始、中间和结束三个段。每个段对应一个状态，这些状态构成了HMM模型的状态集合。

（1）基本单元发音速率对应状态转移概率：HMM模型中的状态之间存在转移关系，表示从一个状态转移到另一个状态的概率。基本单元发音速率对应了状态之间的转移时间，包括停留时间和转移时间。一般情况下，停留时间和转移时间可以设置为相等，并且状态转移概率可以被设定为0.5。

（2）声学变化对应输出序列：HMM模型中的输出序列对应了实际观测到的语音信号。在语音识别中，常用的声学特征是LPC倒谱系数。通过对语音信号进行LPC分析，可以得到一系列LPC倒谱系数作为输出序列。

（3）概率参数的估计和判决：在使用HMM模型进行语音识别时，需要估计模型的概率参数，包括状态转移概率和输出概率。状态转移概率表示从一个状态转移到另一个状态的概率。可以通过统计训练数据中的转移频率，并根据频率计算状态转移概率。输出概率表示在给定状态下，观测到某个输出的概率。在语音识别中，通常使用混合高斯模型来建模输出概率。通过对训练数据进行参数估计，可以得到每个状态下混合高斯模型的均值和协方差。可以通过训练数据集进行模型训练来实现。一旦模型的概率参数估计完成，就可以用于对新的语音信号进行判决和识别。判决过程一旦概率参数估计完成，可以开始对新的语音信号进行判决和识别。首先，对输入的语音信号进行特征提取，例如使用MFCC来提取语音的特征向量。对于每个时间步，根据当前观测到的特征向量，计算在每个状态下观测到该特征向量的概率。这可以通过计算混合高斯模型的概率密度函数得到。利用动态规划算法（如Viterbi算法）来寻找最可能的状态路径，即找到在给定观测序列下最有可能的状态序列。最后，根据状态路径进行识别和判决，例如将状态路径映射到对应的音素或单词序列，以得到最终的识别结果。

概率分布成混合高斯密度函数：HMM模型中的输出概率一般被建模为混合高斯密度函数。即假设每个状态对应的输出概率服从多个高斯分布的混合模型。每个高斯分布都有其对应的均值和协方差矩阵，用于描述不同声学变化模式的概率分布。

5. 矢量量化

矢量量化（vector quantization，VQ）是一种重要的信号压缩方法，矢量量化通过将语音信号的每一帧或每一参数帧构成的矢量进行量化，将连续的k维矢量离散化为一个索引序列，从而实现信号的压缩和表示。矢量量化在小词汇量、孤立词的语音识别中具有较好的效果，但在更复杂的连续语音识别任务中，由于需要处理更大的词汇量和连续的语音流，通常会采用基于HMM的方法来进行建模和识别。

矢量量化的过程如下：

（1）构建矢量：将语音信号波形的每一帧或每一参数帧中的k个样点（或k个参数）作为一个矢量的元素，构成一个k维空间中的矢量。这样，每一帧或每一参数帧都可以用一个k维矢量来表示。

（2）量化：在矢量量化的过程中，首先需要将 k 维无限空间划分为 M 个区域边界。这些边界可以通过聚类算法（如 K-means 聚类）来确定。将输入的 k 维矢量与这些边界进行比较，找到与之最接近的边界，然后将输入矢量映射到对应的边界所代表的区域。

（3）索引编码：在量化过程中，需要将输入矢量映射到对应的区域，并用一个索引来表示这个区域。这个索引可以是一个整数或二进制码，用来表示输入矢量所属的区域。通过索引编码，可以将连续的 k 维矢量离散化为一个离散的索引序列。

（4）重构：在解码过程中，通过使用量化过程中确定的边界和索引编码，可以将离散的索引序列重新映射为原始的 k 维矢量，这样就完成了对语音信号的压缩和重构。

7.4.4 人工神经网络

人工神经网络（artificial neural network，ANN）是一种模拟人类神经系统的计算模型，它是在 20 世纪 80 年代末期提出的一种新的语音识别方法。ANN 本质上是一个自适应非线性动力学系统，通过模拟神经元之间的连接和激活过程来实现信息的处理和学习。

ANN 具有以下特点：

自适应性：ANN 能够通过学习调整其内部连接权重和阈值，以适应不同类型的输入和任务。

并行性：ANN 中的神经元可以同时进行计算，具有并行处理能力，可以加快处理速度。

鲁棒性：ANN 具有一定的容错性，能够处理一些噪声和输入变化。

容错性：ANN 能够容忍一些连接损坏或神经元失效的情况，仍能保持较好的性能。

学习特性：ANN 能够通过训练样本集来学习输入和输出之间的映射关系，并根据学习到的知识进行预测和分类。

在语音识别中，ANN 强大的分类能力和输入-输出映射能力使其在该领域具有吸引力。通过训练样本集，ANN 可以学习到语音信号的特征和模式，并将其映射到相应的文本或标签。然而，由于 ANN 训练和识别的时间较长，以及对大量数据和计算资源的需求，目前 ANN 在语音识别领域仍处于实验探索阶段。

7.5 用 HMM 实现连接语言识别的框架

在用 HMM 实现连续语音识别的框架中，可以将其划分为句法层、字层、语音层和声学层。句法层描述句子的结构和语法规则，字层描述每个字如何由音子串接而成，语音层描述每个音子的 HMM 模型及参数，声学层用于提取语音帧特征矢量。这些层级相互配合，形成了一个完整的语音识别系统，能够将连续语音转化为文本。

句法层：语音识别框架中的最高层，用于描述句子的结构。每个句子由若干个字构成，每个字都选自于字库。在句法层，可以使用语法模型来建立字之间的关系和句子的语法规则，以帮助更准确地识别连续语音。

字层：句法层下面的一级，用于描述每个字如何由音子（音素）串接而成。在字层中，可以使用一个数据库来描述每个字如何用音子串接的。这个数据库中存储了每个字对应的音子序列，以及音子之间的转移关系。根据字层的数据库，可以将句子中的每个字映射到对应的音子序列。

语音层：语音层是字层下面的一级，用于描述每个音子的模型及参数。在语音层中，每个音子使用一个 HMM 模型来描述，包括状态和状态间的转移。对于每个音子，可以使用训练数据集来估计 HMM 模型的概率参数，如状态转移概率和输出概率。这些概率参数可以用来计算给定音子的观测概率，从而进行识别。

声学层：声学层是语音识别框架中的最底层，用于提取语音帧特征矢量。在声学层中，语音信号首先被分割成一帧一帧的小段，然后对每帧进行特征提取。这些特征矢量包含了语音信号在频域上的信息，可以用于后续的语音识别过程。

7.6 使用 CNN 进行语音识别

7.6.1 语音识别为什么要用 CNN

语音识别中使用 CNN 的原因是 CNN 提供了平移不变性、引入了图像领域的思想，并且相对容易实现大规模并行化运算。这些特点使得 CNN 在语音识别中具有较好的性能和应用前景。

CNN 被用在语音识别中由来已久，2012 年，CNN 就被引入了语音识别中。

随着 CNN 在图像领域的发光发热，VGGNet，GoogleNet 和 ResNet 的应用，为 CNN 在语音识别提供了更多思路，比如多层卷积之后再接池化层，减小卷积核的尺寸可以使得我们能够训练更深的、效果更好的 CNN 模型。

一个卷积神经网络提供在时间和空间上的平移不变性卷积，将卷积神经网络的思想应用到语音识别的声学建模中，则可以利用卷积的不变性来克服语音信号本身的多样性。

从实用性上考虑，CNN 也比较容易实现大规模并行化运算。虽然在 CNN 卷积运算中涉及很多小矩阵操作，运算很慢。不过对 CNN 的加速运算相对比较成熟，一些通用框架如 Tensorflow，caffe 等也提供 CNN 的并行化加速，为 CNN 在语音识别中的尝试提供了可能。

平移不变性：CNN 提供了在时间和空间上的平移不变性。在语音识别中，语音信号的特征在时间上可以有所变化，但仍具有一定的局部关联性。通过使用卷积操作，CNN 可以捕捉到这种局部关联性，从而实现对语音信号的建模。这种平移不变性使得 CNN 能够克服语音信号的多样性，提高识别的准确性。

7.6.2 Deep CNN

近年来，Deep CNN（深度卷积神经网络）在语音识别领域取得了显著的突破。许多机构如 IBM、微软、百度等推出了自己的 Deep CNN 模型，这些模型的应用极大地提升了语音识别的准确率。

1. Deep CNN 的策略

在尝试 Deep CNN 的过程中，可以分为两种主要策略：

一种是基于 HMM 框架的声学模型：在这种策略中，Deep CNN 被用作 HMM 框架中的声学模型。CNN 可以采用不同的网络结构，如 VGG（visual geometry group）网络、具有残差连接的

CNN 网络（如 ResNet）或 CLDNN（convolutional，long short-term memory，deep neural network）结构。这些模型能够提取语音信号的特征，并进行分类和建模，以实现更准确的语音识别。

另一种策略是端到端的结构，其中 CNN 或 CLDNN 被用于 CTC（connectionist temporal classification，连接主义时序分类）框架中的端到端建模。CTC 是一种无须对齐标签的训练方法，它将输入序列映射到输出序列的概率分布，从而实现语音识别。近年来，还出现了一些新的粗粒度建模单元技术，如 Low Frame Rate 和 Chain 模型，它们能够进一步提高端到端语音识别的性能。

这些 Deep CNN 模型的成功应用，主要得益于 CNN 在语音识别中的特点。CNN 能够提取语音信号的局部特征并捕捉时序信息，通过多层卷积和池化操作，逐渐提取更高级别的特征。此外，Deep CNN 模型的训练和推断过程能够通过并行化加速，提高处理效率。

2. Deep CNN 的主要方法

在语音识别中，对于输入端，通常可以分为两种主要方法：

（1）传统信号处理过的特征：这种方法首先对原始语音信号进行传统的信号处理，以提取有用的特征。常见的信号处理方法包括使用滤波器组对语音信号进行滤波，例如，Mel 滤波器组用于提取 Mel 频谱特征。接下来，对这些处理后的特征进行进一步的处理，例如进行左右或跳帧扩展，以增加时间上的上下文信息。扩展后的特征可以用作输入到深度学习模型中，如 CNN 或 RNN，进行语音识别。

（2）直接输入原始频谱：这种方法直接将原始频谱图作为图像进行处理。首先，将语音信号进行傅里叶变换以获得频谱表示。然后，可以对频谱进行归一化处理，例如将其转换为对数刻度。最后，将频谱图作为二维图像输入到深度学习模型中进行识别。这种方法的优势在于保留了原始频谱的全局信息，并且能够利用图像处理领域的技术和模型。

这两种方法各有优劣。传统信号处理过的特征方法在语音识别领域有较长的历史，并且经过了广泛的研究和优化。它们提取的特征经过一系列的处理，能够较好地捕捉到语音信号的重要特性。然而，这些方法仍然需要人为设计和调整一些参数，可能存在信息损失和局限性。

直接输入原始频谱的方法则更加直接和简单，无须进行复杂的信号处理过程。它能够保留更多的原始信息，并且可以利用图像处理领域的技术和模型。然而，由于频谱图是二维图像，可能会引入一些图像处理中的问题，如图像失真和尺度问题。

7.6.3　百度 Deep Speech

1. 定义

百度 Deep Speech 是一种基于 Deep CNN 的语音识别技术。它采用了一系列的网络结构，如 VGGNet 和带有残差连接的深层 CNN，以提高语音识别的准确率。此外，百度还将长短期记忆和连接主义时序分类的端到端语音识别技术结合起来。

Deep Speech 的主要目标是降低语音识别的错误率。通过使用 Deep CNN 模型，百度能够从语音信号中提取更丰富、更准确的特征。VGGNet 是一种经典的深度卷积神经网络结构，它能够通过多层卷积和池化操作逐渐提取语音信号的高级特征。带有残差连接的深层 CNN 结构则能够更好地解决梯度消失和模型退化等问题，进一步提升识别的准确性。

LSTM 是一种特殊的循环神经网络结构，能够有效地捕捉语音信号中的时序信息。通过将 LSTM 和 CTC 与 Deep CNN 相结合，百度能够实现更准确的端到端语音识别。

值得一提的是，百度的语音识别模型和算法每年都在不断更新。从最早的DNN模型，到区分度模型，再到CTC模型和Deep CNN，百度不断改进和优化语音识别技术，以提供更准确、更高效的语音识别服务。这些持续的研究和更新使得百度的Deep Speech在语音识别领域取得了显著的进展。

2. 发展阶段

百度语音识别是百度公司在语音技术领域的重要产品之一，经过多年的发展，取得了显著的进展。以下是百度语音识别发展的几个重要阶段：

（1）早期的DNN模型：百度在早期采用DNN模型进行语音识别。DNN模型能够从语音信号中提取更丰富、更准确的特征，通过多层的神经网络结构进行训练和识别。

（2）区分度模型：为了进一步提升语音识别的准确率，百度引入了区分度模型。区分度模型通过引入额外的知识和上下文信息，对语音信号进行更深入的建模，从而提高了识别的准确性。

（3）CTC模型：上文已介绍，此处不再赘述。

（4）Deep CNN模型：为了进一步提高语音识别的准确率，百度将Deep CNN应用于语音识别研究。

（5）多模态识别：为了更好地应对复杂的语音场景，百度开始探索多模态识别技术。这种技术将语音信号与其他传感器（如图像、视频等）的信息进行融合，以提高识别的鲁棒性和准确性。

除了技术方面的发展，百度还致力于提供更好的语音识别服务和产品。百度语音识别服务提供了丰富的API和SDK，支持多种语音识别场景和应用，如语音转文本、语音指令、语音搜索等。百度还推出了智能音箱、智能手机等智能硬件产品，将语音识别技术应用于智能家居、智能助理等领域。

3. 研究经验

百度在研究Deep Speech的过程中发现了深度CNN结构的性能提升、循环隐层与CNN结合的优势，在深度学习中，小kernel指的是卷积神经网络中的卷积核大小较小的情况，通常为3×3或5×5。相比较于较大的卷积核，小kernel有以下优势：首先，小kernel可以提供更多的非线性变换，因为它们在每个位置上进行更多的卷积操作。其次，小kernel可以减少参数数量和计算量，因为它们的参数更少。此外，小kernel可以更好地捕捉到局部特征，因为它们更适合处理细节。

残差连接是一种用于解决深层网络训练中梯度消失和梯度爆炸问题的方法。它通过将输入直接添加到网络的中间层，使得网络可以跳过一些层级，将信息直接传递到后续层级。这样可以有效地解决梯度问题，使得网络更容易训练，并且可以提高网络的性能和准确性。

小kernel和残差连接在深度学习中被广泛应用，并且已经证明它们的有效性。小kernel可以提供更好的局部特征提取能力，而残差连接可以帮助网络更好地学习和优化。它们的结合可以进一步提高模型的性能和效果，广泛应用于图像分类、目标检测和语音识别等领域，以及模型配置对性能的影响。百度在研究Deep Speech的过程中积累了一些经验和发现。以下是关于百度Deep Speech研究经验的详细描述：

（1）深层CNN的性能提升：深层卷积神经网络结构不仅能够显著提升传统的HMM语音识

别系统的性能，也能够提升连接主义时序分类语音识别系统的性能。通过使用更深的网络层次结构，可以提取更高级别的语音特征，从而提高识别的准确性。

（2）循环隐层与 CNN 结合：仅使用深层 CNN 进行端到端的语音建模的性能相对较差。因此，将循环神经网络（如 LSTM）的循环隐层与 CNN 结合起来，是一个相对较好的选择。循环隐层能够捕捉语音信号中的时序信息，提供更准确的识别结果。

（3）使用小 kernel 和残差连接：在 CNN 结构中采用小的 kernel（如 3×3）能够有效提升模型的性能。这是因为小 kernel 可以更好地捕捉局部特征，并增加网络的非线性能力。此外，百度还尝试了使用残差连接来解决梯度消失和模型退化等问题，进一步提升识别的准确性。

（4）模型配置的影响：卷积神经网络的层数和滤波器个数等参数都会显著影响整个模型的建模能力。百度发现，在不同规模的语音训练数据库上，需要采用不同规模的 Deep CNN 模型配置才能达到最优的性能。因此，针对不同的数据集和任务，需要进行合理的模型配置和调整。

7.6.4 科大讯飞 DFCNN

2016 年，科大讯飞提出了一种名为深度全序列卷积神经网络（deep fully convolutional neural network，DFCNN）的语音识别框架，使用大量的卷积层直接对整句语音信号进行建模，更好地表达了语音的长时相关性。

DFCNN 输入的不光是频谱信号，而是更进一步地直接将一句语音转化成一张图像作为输入，即先对每帧语音进行傅里叶变换，再将时间和频率作为图像的两个维度，然后通过非常多的卷积层和池化层的组合，对整句语音进行建模，输出单元直接与最终的识别结果比如音节或者汉字相对应。

DFCNN 的输入不仅仅是语音的频谱信号，而是将一句语音转化为一张图像作为输入。首先，对每帧语音进行傅里叶变换，得到频谱图。然后，将时间和频率作为图像的两个维度，形成一张二维图像。这样做的目的是将语音的时序信息和频谱信息结合起来，更好地捕捉语音信号的特征。

DFCNN 使用了大量的卷积层来对整句语音进行建模。这些卷积层通过应用一系列的卷积核，对输入的频谱图进行特征提取。与传统的循环神经网络不同，DFCNN 不需要使用循环结构来处理时序信息，而是通过卷积层来实现对长时相关性的建模。这样可以减少模型的复杂度，提高训练和推断的效率。

在 DFCNN 中，还使用了池化层来进一步减少模型的参数量。池化层通过对特征图进行下采样，保留重要的特征，降低数据维度。这有助于提高模型的鲁棒性和泛化能力。

DFCNN 的输出单元与最终的识别结果（如音节或汉字）相对应。通过经过多个卷积层和池化层的处理，最终得到的特征图将被送入全连接层，生成对应于识别结果的输出。

小 结

本章主要介绍了语音识别的相关概念、发展历程、应用领域以及工作原理。语音识别是将语音信号转化为可识别的文本或命令的技术，它经历了多个阶段的发展，从早期的基于模板匹配和隐马尔可夫模型到近年来的深度学习技术，如卷积神经网络，这些进展使得语音识别在智能助理、语音控制、语音翻译和语音识别系统等领域得到广泛应用。语音识别的工作原理是将语音信号转化为数字信号，并使用特定的算法和模型进行分析和处理，它包括预处理、特征提取、声学模型训练和解码等步骤。特征提取是关键步骤之一，常用的方法有 MFCC、LPC 和倒谱系数等。CNN 在声学模型的训练和解码中发挥重要作用，通过提取更具区分性的特征，提高了语音识别的准确性和性能。总而言之，语音识别是一项重要的技术，通过分析和处理语音信号，实现语音转化为可识别的文本或命令。

习　题

1. 什么是语音识别？
2. 简述语音识别的重要性？
3. 语音识别的应用有什么？
4. 语音识别面临的问题有哪些？
5. 语音是如何产生的？
6. 语音是如何存储的？
7. 语音具有哪些特征？
8. 简述语音识别的流程？
9. 语音识别系统有哪几类？
10. 语音预处理中端点检测是什么？
11. 语音识别为什么要使用 CNN？

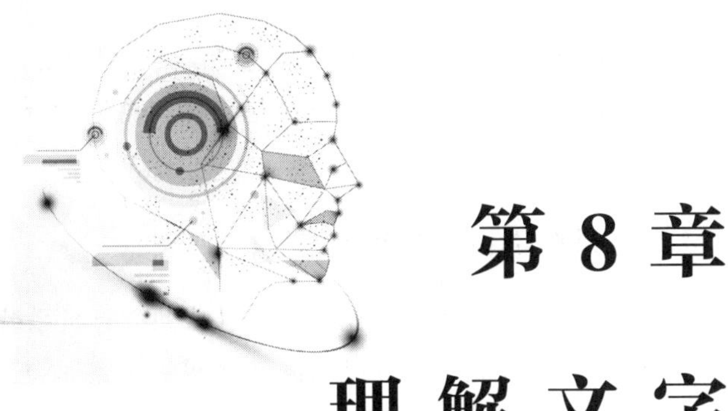

第 8 章 理解文字

【本章导学】

理解文字是自然语言处理中的一个重要任务，自然语言处理在人工智能领域中扮演着重要的角色。自然语言处理致力于使计算机能够理解、解释和生成自然语言文本，从而实现更智能、自然的人机交互。无论是在文本分析、语音识别、机器翻译还是智能问答等领域，自然语言处理的发展为计算机处理自然语言提供了强大的技术支持，为人们提供了更便捷、高效的信息交流和思维表达方式。本章将围绕自然语言处理的概述、研究内容、自然语言处理系统的主要任务以及深度学习在自然语言处理中的应用等方面进行介绍，为后续深入学习和研究奠定基础。

【学习目标】

通过对本章内容的学习，学生应该能够做到：

1. 了解自然语言处理的相关概念、发展历程。
2. 了解自然语言处理研究的基本内容与应用领域。
3. 理解深度学习在自然语言处理中的应用。
4. 掌握自然语言处理的主要任务、深度学习在 NLP 中的应用。

8.1 自然语言处理概述

人工智能使得计算机能听、会说、理解语言、会思考、解决问题、会创造。自然语言处理通过分析词语、句子和篇章，理解其中的人物、时间、地点等内容，并在此基础上支持一系列技术，如翻译、问答、阅读理解和知识图谱等。这些技术为社交媒体、客户评论、客户查询、搜索引擎、客服、金融和新闻等领域的应用提供了支持。

8.1.1 自然语言处理的概念

自然语言处理是一门涉及计算机科学、数学和语言学的交叉学科，研究能够实现人与计算机之间用自然语言进行有效通信的各种理论和方法。自然语言是人类相互交流的方式，它由我们在日常交谈中使用的词语和短语组成。在 NLP 的上下文中，自然语言是计算机试图理解的数据，这些数据可以以文本或语音的形式存在，可以是任何一种语言，如英语、中文、法语等。计算机通过自然语言处理技术，对这些语言数据进行分析、理解和处理，以实现与人类的有效沟通和交流。

8.1.2 自然语言处理的重要性

自然语言处理的重要性在于它可以帮助计算机系统理解人类语言并以人类自然语言的方式做出响应。这对于提高计算机与人类之间的交互和沟通至关重要。随着互联网和数字化技术的发展，人类通过在线媒体或文本文档创建的数据量正在快速增长，如图 8-1 所示，这些数据包括社交媒体上的帖子、新闻报道、用户评论、市场调研报告等。这些数据对于企业来说是非常重要的，可以帮助企业了解市场趋势、客户需求等，从而制订更好的业务决策和战略规划。然而，由于数据量呈指数级增长，企业无法再通过手动操作来分析和处理大量信息。手动处理数据不仅费时费力，而且容易出错，无法保证数据的准确性和一致性。因此，需要更加高效和智能的方法来理解大量数据。在这种情况下，人工智能技术就显得尤为重要。人工智能技术可以帮助企业自动化地处理和分析大量的数据，从中提取有价值的信息和洞察。通过 NLP 技术，计算机可以理解和处理自然语言数据，从而更好地分析和利用这些数据。例如，企业可以使用 NLP 技术来进行文本分类和情感分析，从大量的客户反馈和市场调研报告中提取有用的信息。企业可以开发智能客服系统，使用 NLP 技术来自动处理客户的问题和需求，提供准确和个性化的回答和解决方案。企业也可以使用 NLP 技术来进行机器翻译和多语言支持，以便更好地在全球市场中进行交流和沟通。

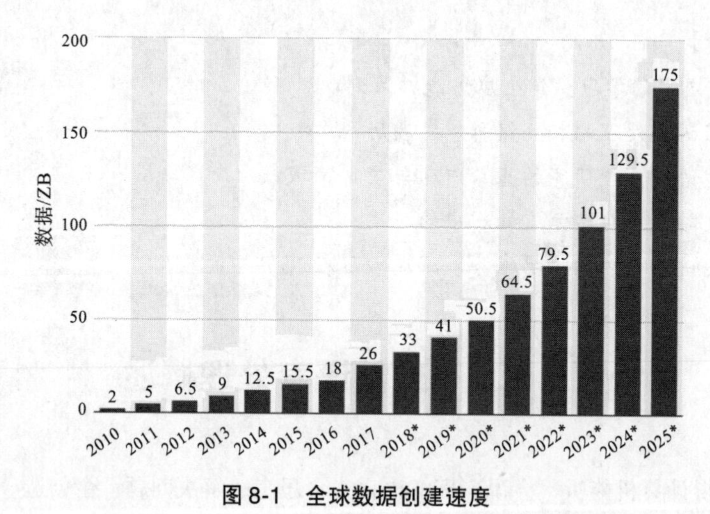

图 8-1 全球数据创建速度

总之，随着数据量的指数级增长，企业需要更加高效和智能的方法来理解大量数据。人工智能技术，尤其是 NLP 技术，可以帮助企业自动化地处理和分析大量的自然语言数据，并从中提取有价值的信息和洞察。

8.1.3 自然语言处理的发展现状

NLP 已经在客户服务聊天机器人等领域使用多年，并在营销、财务、人力资源、医疗保健和媒体等其他领域也越来越受欢迎。特别是 OpenAI 发布的语言模型 Chat GPT 引起了人们对 NLP

的广泛兴趣。随着数以百万计的用户和公司开始使用Chat GPT，这是NLP商业化的重要里程碑。未来几年，NLP将成为大多数行业组织的重要技术。Chat GPT是OpenAI开发的一种语言模型，主要用于执行自然语言处理任务，如语言翻译、文本摘要、文本分类和会话对话。它经过大量文本数据的训练，并利用深度学习技术来理解自然语言输入并生成类似人类的响应。在2023年3月14日，Chat GPT-4正式发布。相比于Chat GPT-3.5，Chat GPT-4在理解能力上有了很大的进步，它能够接受图像输入，而Chat GPT-3.5只能处理文本输入和输出。Chat GPT-4可以应用于多个领域和应用中，如语音助手、智能客服、虚拟人物等。

NLP在客户服务聊天机器人中的应用已经有很长的历史。通过NLP技术，聊天机器人可以理解和处理用户的自然语言输入，并给出准确和个性化的回答。这在客户服务中非常有价值，可以提高客户满意度和服务效率。在营销领域，NLP可以用于文本分类和情感分析，帮助企业了解用户对产品或服务的反馈和意见。在财务领域，NLP可以用于自动化处理和分析大量的金融文本数据，如新闻报道和公司财报，从中提取有用的信息和洞察。在人力资源领域，NLP可以用于简历筛选、面试评估和员工满意度调查等任务。在医疗保健领域，NLP可以用于病历分析、疾病诊断和医学文献的处理。在媒体领域，NLP可以用于新闻报道的自动化生成和编辑，以及内容推荐和个性化广告等。总之，NLP已经在多个领域得到广泛应用，并且随着技术的不断发展，特别是Chat GPT等语言模型的推出，NLP将成为大多数行业组织的重要技术。这些技术将帮助企业更好地理解和利用大量的自然语言数据，从而提高业务效率、客户满意度和竞争力。

8.1.4　自然语言处理工作过程

在NLP任务中，语言数据通常会被分解为更小的部分，称为标记化和解析。这样可以对这些标记进行分析和分类，以更好地理解内容。以下是NLP中常用的一些任务和技术：

标记化（tokenization）：将文本数据分割成更小的单元，如单词、短语或字符。这是NLP任务的一项基本步骤，通常使用空格或标点符号作为分隔符。

词干提取（stemming）和词形还原（lemmatization）：这些算法用于将单词还原为其基本形式，从而减少词形的变化对文本分析的干扰。词干提取会将单词缩减为其词干形式，而词形还原则会将单词还原为其原始形式（词根）。

解析（parsing）：通过分析文本的语法结构来理解句子的组成和关系。语法解析可以帮助计算机识别句子中的主语、动词、宾语等成分，并理解它们之间的关系。

语言检测（language detection）：用于确定给定文本所使用的语言。这对于处理多语言数据或构建多语言应用程序非常重要。

词性标记（part-of-speech tagging）：将文本中的每个单词与其相应的词性进行标记。词性标记可以帮助计算机理解单词在句子中的语法功能，例如名词、动词、形容词等。这些底层的NLP任务通常用于实现更高级别的NLP功能，如文本分类。文本分类是一种将文本数据分为不同类别或标签的任务。在文本分类中，计算机会学习从输入文本中提取特征，并根据这些特征对文本进行分类。

除了文本分类，NLP还包括其他高级任务，如命名实体识别（named entity recognition）、情感分析（sentiment analysis）、机器翻译（machine translation）等。这些任务需要更复杂的模型和算法来处理语义理解、语境分析和语义生成等方面的挑战。

8.1.5 自然语言研究的内容和范围

自然语言研究的一些主要内容和范围如下：

（1）文本朗读/语音合成：将文本转换为可听的语音输出的技术。它涉及语音合成引擎的开发和优化，以模拟人类的发音和语调，生成自然流畅的语音。

（2）语音识别：将语音信号转换为文本或命令的过程。它涉及语音识别引擎的设计和开发，用于分析和转录音频输入，将其转换为可理解的文本形式。

（3）中文自动分词：将连续的中文文本分割成有意义的词语的过程。中文自动分词是中文语言处理中的重要任务，涉及词汇库的构建、规则的制订和机器学习方法的应用。

（4）词性标注：对文本中的每个单词进行词性（如名词、动词、形容词等）标记的过程，词性标注可以帮助计算机理解句子中单词的语法功能，对于语法分析和语义理解非常重要。

（5）自然语言生成：根据给定的语义表示或上下文，生成符合语法和语义规则的自然语言文本。自然语言生成涉及生成算法的设计和优化，以及语言生成模型的训练和评估。

（6）语言行为与计划：研究语言行为（如对话、命令、提问等）的生成和解释过程，以及语言行为的计划和执行。这包括对话系统、语音助手和智能代理等应用的开发。

（7）单词的边界界定：在一些语言中，单词之间没有明显的分隔符号，因此需要确定单词的边界。这涉及词汇库、上下文和机器学习等方法的应用。

（8）词义的消歧：处理自然语言中的歧义性，即一个词可能有多个不同的含义。词义消歧的目标是根据上下文确定单词的确切含义，以便正确理解和处理文本数据。

（9）句法的模糊性：自然语言中的句法结构经常存在歧义，同一个句子可以有多个不同的解析结果，句法模糊性处理涉及句法分析算法的设计和优化，以及消解歧义的方法和技术。除了上述内容，自然语言研究还包括信息检索、信息抽取、文字校对、问答系统、机器翻译、自动摘要、文字蕴涵、文本分类和句法分析等其他相关任务和技术。这些任务和技术都旨在实现对自然语言的全面理解和应用。

8.1.6 自然语言处理的发展史

自然语言处理的发展经历了从基于规则系统到基于统计学习的转变，然后到深度学习的应用。这些不同的方法和技术使得 NLP 在词语边界界定、词义消歧、输入不规范或有错误等难题上取得了不断的进展。随着深度学习技术的发展，NLP 领域的研究者们正不断探索新的方法和技术，以进一步提升自然语言处理的性能和能力。自然语言处理的发展可以分为几个阶段：

（1）20 世纪 50 年代：艾伦·图灵提出了图灵测试，该测试是用于判断机器是否能够思考的著名试验。该测试目的是测试一个机器是否能够表现出与人类等价或无法区分的智能。

（2）20 世纪 60～80 年代：在这个阶段，NLP 的发展主要基于规则系统。人们试图通过建立规则来实现词汇、句法、语义分析、问答、聊天和机器翻译系统。这种方法的好处是可以利用人类的内省知识，不依赖数据，可以快速起步。然而，规则系统的覆盖面有限，往往只能实现一些简单的功能，而且规则的管理和可扩展性一直是一个挑战。

（3）20 世纪 90 年代开始：基于统计的机器学习（ML）开始流行，并且在 NLP 中得到了广泛应用。这种方法利用带标注的数据，基于人工定义的特征建立机器学习系统，并利用数据经过学习确定机器学习系统的参数。通过这种方式，可以在运行时对输入数据进行解码，得到输出。这种方法在机器翻译、搜索引擎等领域取得了成功。

（4）2008年以后：深度学习开始在语音和图像处理领域展现出强大的能力，引起了NLP研究者的关注。研究者开始将深度学习应用于NLP，首先是将其用于特征计算或建立新的特征，然后在原有的统计学习框架下进行实验。例如，搜索引擎引入了深度学习的检索词和文档的相似度计算，以提升搜索的相关性。自2014年以来，人们开始尝试直接使用深度学习进行端到端的训练。这种方法已经在机器翻译、问答、阅读理解等领域取得了进展，并引起了深度学习在NLP中的热潮。

8.1.7 NLP的未来和展望

未来，NLP将会变得更加复杂，能够更准确地理解复杂的人类情感和意图。在数据生成快速增长的情况下，NLP对于理解和提取这些数据的有价值信息将变得越来越重要。这些数据可以来自社交媒体、客户评论、客户查询等。NLP可以帮助企业自动化流程，了解客户的查询并提供准确的响应。此外，NLP还可以用于从非结构化数据源（例如社交媒体帖子或客户评论）自动生成报告，为企业和个人提供更有效的信息分析和决策支持。随着NLP工具和模型的不断发展，跨行业的各种应用程序的开发变得越来越流行。对于企业来说，这意味着NLP可用于提高服务和产品质量、做出更好的数据驱动决策以及自动化日常任务。对于个人而言，NLP可用于更好地理解文本数据并利用近实时的语音翻译来改善沟通。智能设备已经可以作为个人翻译来实时翻译不同的语言，帮助解决语言障碍。NLP聊天机器人为企业提供了各种机会，包括销售和营销、内容营销、客户支持和社交媒体，并且可以协助重复流程，使员工能够专注于公司的其他领域。聊天机器人的能力将越来越强，应用领域也将越来越广。未来聊天机器人的发展还需克服一些困难，例如跨不同语言创建正确的句子结构等问题。但是，它们将会成为企业和个人日常工作的重要组成部分。

总之，未来NLP将变得更加智能化和自动化，将在各行各业中得到广泛的应用。尽管还需要克服一些困难，但随着技术的不断发展，NLP将会成为企业和个人日常工作的重要助手。

8.2 自然语言处理的研究内容

8.2.1 自然语言处理的研究方向

自然语言处理的研究内容非常广泛，主要包括以下几个方面：

1. 自然语言理解

自然语言理解是指让计算机能够理解人类的语言表达，从而能够准确地解释和推断人类的意图和含义。自然语言理解涉及多个层次，包括词法分析、句法分析和语义分析。

（1）词法分析：自然语言理解的第一步，它涉及将一段文本分解成一个个有意义的单词和词组。这个过程称为分词或标记化。在分词过程中，计算机将文本分解成最小的语义单位，如单词、标点符号和词组，为后续的语言处理任务提供准确的基本语言单位。

（2）句法分析：理解句子的结构和语法规则的过程。它涉及分析句子中的短语结构和句法依存关系。短语结构指的是句子中的短语组成和层次结构，如主语、谓语和宾语等。句法依存关系指的是词与词之间的语法关系，如主谓关系、动宾关系等。句法分析可以帮助计算机理解句子的语法结构和语义关系，从而能够正确地解析句子的含义。

（3）语义分析：理解句子的意思和上下文关系的过程。它涉及对句子的语义进行解析和理解，以推断句子的隐含含义和推理逻辑，语义分析可以帮助计算机理解词语的多义性和上下文的语义关系，从而能够准确地理解句子的意思。

总之，自然语言理解让计算机能够理解人类的语言表达，涉及词法分析、句法分析和语义分析等多个层次。词法分析帮助计算机将文本分解成有意义的单词和词组，句法分析帮助计算机理解句子的结构和语法规则，而语义分析帮助计算机理解句子的意思和上下文关系，通过这些层次的分析，计算机可以更准确地解释和推断人类的意图和含义。

2. 自然语言语音识别

自然语言语音识别是指让计算机能够从人类的语音中识别出文本信息的技术，是将人类的语音转化为计算机可以理解和处理的文本数据。自然语言语音识别涉及信号处理、特征提取和模型训练等多个方面。

信号处理：在自然语言语音识别中，首先需要对语音信号进行处理。这包括预处理步骤，如降噪、去除回声等，以提高语音信号的质量和可识别性。

特征提取：在信号处理之后，需要从语音信号中提取有用的特征，用于后续的识别过程。常用的特征提取方法包括梅尔频率倒谱系数、线性预测编码等。这些特征提取方法可以提取语音信号的频谱和声学特征，以帮助计算机准确地识别语音中的文本信息。

模型训练：在特征提取之后，需要使用机器学习算法建立语音识别模型。常用的模型包括隐马尔可夫模型、深度神经网络和循环神经网络等。这些模型可以根据特征提取的结果进行训练，以建立语音和文本之间的映射关系。

语音识别：在模型训练之后，可以将训练好的模型应用于实际的语音识别任务中。通过将语音信号输入到模型中，计算机可以识别出语音中的文本信息。这样，计算机就能够从人类的语音中获取对应的文本内容。

随着智能音箱、智能车载等应用的兴起，自然语言语音识别技术变得越来越重要。它为人机交互提供了更加便捷和自然的方式，并且在实现语音助手、智能家居、语音导航等领域具有广泛的应用前景。通过不断的研究和发展，自然语言语音识别技术将会变得更加准确和智能。

3. 自然语言文本分类

自然语言文本分类是指将一段文本自动分类到预定义的类别或标签中的过程，其目的是让计算机能够自动判断文本的类别，从而实现对大量文本的自动分类和处理，自然语言文本分类主要应用于垃圾邮件过滤、情感分析、新闻分类、文本推荐等场景。

（1）数据预处理：在进行自然语言文本分类之前，需要对文本数据进行预处理，包括去除特殊字符、标点符号和停用词等，以及对文本进行分词和词干化等操作，预处理的目的是将原始的文本数据转化为计算机可以处理的形式，同时减少噪声和冗余信息。

（2）特征提取：在预处理之后，需要从文本中提取有用的特征，用于分类任务，常用的特征提取方法包括词袋模型（bag of words）、TF-IDF（term frequency-inverse document frequency）等，这些方法可以将文本表示为向量形式，以便计算机可以进行进一步的处理和分析。

（3）模型训练：在特征提取之后，可以使用机器学习算法建立文本分类模型，常用的模型包括朴素贝叶斯分类器、支持向量机、深度神经网络等，这些模型可以根据提取的特征进行训练，以建立文本和类别之间的映射关系。

（4）文本分类：在模型训练之后，可以将训练好的模型应用于实际的文本分类任务中，通过将待分类的文本输入到模型中，计算机可以自动判断文本所属的类别，可以实现对大量文本的自动分类和处理，提高工作效率和准确性。

自然语言文本分类在实际应用中非常重要。例如，在垃圾邮件过滤中，可以将收到的邮件自动分类为垃圾邮件或非垃圾邮件，以过滤掉垃圾邮件的干扰。在情感分析中，可以将用户的评论或评价自动分类为积极、消极或中性，以了解用户对产品或服务的态度和情感，通过自然语言文本分类，可以实现对大量文本数据的自动处理和分析，从而提高工作效率和准确性。

4. 信息抽取

信息抽取是指从大量非结构化文本中提取出有用的信息的过程。其目的是将文本中的关键信息提取出来，以便后续的分析和应用。信息抽取可以涉及多个方面，包括实体识别、关系抽取、事件抽取等。

（1）实体识别：指从文本中识别出具有特定意义的实体，如人名、地名、组织机构名等。通过实体识别，可以将文本中的重要实体提取出来，为后续的分析和应用提供基础。

（2）关系抽取：指从文本中提取出实体之间的关系或联系。例如，在新闻报道中，可以从文本中提取出人物之间的关系，如婚姻关系、合作关系等，通过关系抽取，可以进一步了解实体之间的关系网络，为后续的分析和决策提供依据。

（3）事件抽取：指从文本中提取出具有时间、地点和行为等要素的事件。例如，在新闻报道中，可以从文本中提取出具体的事件，如自然灾害等，通过事件抽取，可以了解到特定领域或特定时间段内发生的事件，为舆情监测、风险控制等提供支持。

信息抽取在实际应用中具有广泛的应用场景。例如，在舆情监测中，可以从大量的新闻报道、社交媒体等文本中提取出关键的实体、关系和事件，以了解公众对某一特定话题的关注度和态度。在金融风险控制中，可以从各种金融新闻和报告中提取出关键的实体和事件，以及它们之间的关系，以帮助分析和预测市场风险。

5. 机器翻译

机器翻译是指使用计算机技术将一种语言的文本或口语翻译成另一种语言的过程，实现不同语言之间的相互理解和交流，机器翻译涉及多个方面的技术，包括统计建模、神经网络和自然语言处理等。

（1）统计建模：统计机器翻译（SMT）是机器翻译中最早被广泛应用的方法之一，通过分析大量的双语平行语料库，建立源语言和目标语言之间的统计模型，以进行翻译。统计建模方法主要包括基于短语的翻译模型和语言模型。

（2）神经网络：随着深度学习的发展，神经网络机器翻译（NMT）成为机器翻译领域的热门技术。NMT 使用神经网络模型来建模整个翻译过程，通过学习源语言和目标语言之间的映射关系来实现翻译，NMT 相对于 SMT 在翻译质量和流畅性方面具有优势。

（3）自然语言处理：机器翻译涉及大量的自然语言处理技术，如分词、词性标注、句法分析等。这些技术用于对源语言和目标语言进行语言学分析和理解，以便更准确地进行翻译。随着全球化的推进，机器翻译技术变得越来越重要。它可以帮助人们在不同语言之间进行交流和理解，促进跨国交流和合作。机器翻译广泛应用于各个领域，如旅游、电子商务、科技研究等。同时，机器翻译技术也在不断发展和改进，以提高翻译质量和准确性。

除了上述主要内容，自然语言处理的研究还包括问答系统、对话系统、文本生成、语音合成等多个方面。

8.2.2 NLP在不同行业的研究

不同行业的研究领域在自然语言处理中有很大的差异，以下是几个典型行业的研究领域：

（1）金融领域：NLP的研究主要集中在舆情分析、金融风险控制和智能投资等方面。舆情分析利用NLP技术来分析大量的新闻、社交媒体和财经数据，以帮助金融机构进行市场预测和风险评估。金融风险控制可以利用NLP技术来对大量的文本数据进行实时监测和分析，以识别潜在的风险因素。智能投资利用NLP技术来分析和理解财经新闻、公司报告和分析师建议等信息，以辅助投资决策。

（2）医疗健康领域：NLP的研究主要涉及电子健康记录（Electronic Health Records，EHR）的处理和分析。通过NLP技术，可以将大量非结构化的医疗文本数据转化为结构化的信息，以帮助医生进行诊断和治疗决策。此外，NLP还可以用于医学文献的挖掘和知识发现，以促进医学研究和医疗进步。

（3）零售和电商领域：NLP的研究主要涉及商品推荐、用户评论分析和智能客服等方面。通过分析用户的购物历史、浏览行为和评论内容，可以利用NLP技术实现个性化的商品推荐。同时，NLP还可以用于分析和理解用户的评论和反馈，以提供更好的用户体验和服务质量。智能客服利用NLP技术可以实现自动化的客户服务，通过理解和回答用户的自然语言问题，提供及时和准确的支持。

（4）新闻媒体和社交媒体领域：NLP的研究主要涉及新闻推荐、热点事件分析和情感分析等方面。通过分析用户的兴趣和偏好，可以利用NLP技术为用户提供个性化的新闻推荐。同时，NLP还可以用于分析和追踪热点事件，以便新闻媒体和社交媒体平台及时报道和分析相关信息。情感分析可以利用NLP技术来分析用户在社交媒体上的言论和评论，以了解用户的情感倾向和态度。不同行业的研究领域还有很多其他方面，如法律领域的法律文本分析、教育领域的智能教育和学习辅助等。随着NLP技术的不断发展，它在各个行业的应用越来越广泛，为各行各业带来了更高效、更智能的解决方案。

8.2.3 自然语言基础研究

自然语言基础研究是自然语言处理的重要组成部分，对于实现自然语言理解和生成等任务具有重要的作用，自然语言基础研究主要涉及语言分析、语言生成和多语言处理等方面。

1. 语言分析

语言分析是分析语言表达的结构和含义的过程。它包括词法分析、句法分析、语义分析和语用分析等步骤，以分析和理解自然语言文本。

2. 语言生成

语言生成是从某种内部表示生成语言表达的过程。它包括词、句子和篇章的生成等任务，以生成自然语言文本。词、句子和篇章的生成是从内部表示生成自然语言文本的过程。其中，词的生成涉及语义和语法的考虑；句子的生成需要考虑语言结构和语义信息；篇章的生成需要考虑篇章结构和语言连贯性等问题。

3. 多语言处理

多语言处理是处理不同语言之间的对应和转换的过程。它包括机器翻译和跨语言检索等任务，以实现不同语言之间的信息交流和数据共享。机器翻译是将一种语言的文本自动翻译成另一种语言的任务。它需要处理不同语言之间的对应和转换，以实现准确的翻译。跨语言检索是指在一个语言中输入查询，但搜索结果可以是多种语言的文档。它需要处理不同语言之间的对应和转换，以实现准确的检索。

8.3 NLP 系统的主要任务

8.3.1 NLP 任务概述

NLP 的主要任务包括自然语言理解和自然语言生成。自然语言理解包括对文本或语音进行分词、词性标注、句法分析、语义角色标注、命名实体识别等任务。例如，对于句子“我学习自然语言处理”，自然语言理解的任务包括将其分词为“我明天学习自然语言处理”，识别“明天”是时间词，“自然语言处理”是物体等。自然语言生成（natural language generation，NLG）包括生成摘要、机器翻译、对话系统回复等任务。例如，对于输入的查询结果，自然语言生成的任务是将其转化为易于理解的自然语言描述，如“根据你的查询结果，总共有 10 个匹配项”。此外，NLP 还包括其他重要的任务和应用，如：情感分析（sentiment analysis）目的在于识别和理解文本中的情感倾向和情绪。这可以帮助分析用户对产品、服务或事件的态度和反馈。例如，对于评论“这个产品真棒！”，情感分析的任务是判断其情感为积极。文本分类（text classification）是将文本划分到预定义的类别或标签中的任务。这可以用于垃圾邮件过滤、情感分类、主题分类等应用。例如，对于新闻文章，文本分类的任务是将其分类为体育新闻、政治新闻或娱乐新闻等。问答系统（question answering）旨在回答用户提出的自然语言问题。这可以是基于检索的问答，根据已有知识库中的信息回答问题，也可以是基于理解的问答，通过理解问题并生成合适的回答。例如，对于问题“你的省份?”，问答系统的任务是回答“四川”。

例如，如图 8-2 所示，在垃圾邮件分类中，NLP 起到了重要的作用。垃圾邮件分类是指将电子邮件根据其内容进行分类，判断是否为垃圾邮件。NLP 技术可以对电子邮件的文本内容进行分类，将其标记为垃圾邮件或非垃圾邮件。在进行文本分类之前，需要从电子邮件的文本中提取出有用的特征，可以用于训练分类模型，提高垃圾邮件分类的准确性。通过自然语言处理，计算机可以识别邮件中的关键词、语义和情感等信息，从而更好地理解邮件的含义和意图。通过情感分析，可以判断邮件中的情感倾向，如积极、消极或中立。这对于判断邮件是否为垃圾邮件具有重要意义，因为垃圾邮件通常包含一些带有欺骗性或侵犯个人隐私的内容。通过这些技术，可以自动识别和分类电子邮件，判断是否为垃圾邮件，提高邮件过滤的准确性和效率。

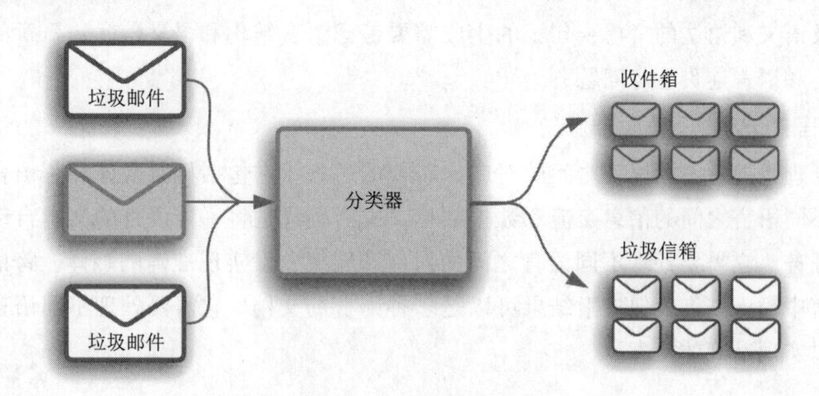

图 8-2 NLP 在垃圾邮件分类中的应用

1. 自然语言生成

自然语言生成的应用场景非常广泛，它能够将计算机生成的信息转换为人类可读的自然语言，提供更加自然、准确、有用的信息，例如智能客服系统、机器翻译、自动摘要等，通过自然语言生成，计算机可以与人类进行更加有效和自然的交流，提升人机交互的体验和效果。以下是自然语言生成的一些典型应用场景：

（1）智能客服系统。

智能客服系统是一种基于自然语言处理技术开发的人工智能客服系统。它能够通过自然语言生成技术理解用户的问题，并生成相应的回答来帮助用户解决问题。例如，当用户提问“我想了解产品的退货政策”时，系统可以自动生成回答“退货政策是在购买后 30 天内提供退款或换货服务”。例如，当用户向银行的智能客服系统咨询贷款利率时，系统会分析用户提供的信息，并根据事先训练好的模型和算法生成回答，这些回答可以是文本形式的，也可以是语音或图像等其他形式的。智能客服系统的目标是提供高效、准确、个性化的客户服务，节省人力资源成本，并提高客户满意度。

（2）机器翻译。

机器翻译是指利用计算机技术将一种语言自动翻译成另一种语言的过程，可以通过自然语言生成技术将翻译结果转换为人类可读的自然语言。机器翻译系统可以基于规则、统计或者深度学习等方法进行。其中，谷歌翻译是一种常见的机器翻译系统，它使用了大量的语料库和机器学习算法来提高翻译的准确性和流畅度。当用户输入需要翻译的文本时，谷歌翻译会自动识别源语言并提供相应的翻译结果。这种机器翻译系统的目标是实现跨语言的有效沟通和理解。

（3）自动摘要。

自动摘要是利用自然语言处理技术对文本进行分析和处理，从而生成文本的简洁、概括性的摘要。自动摘要技术可以帮助用户快速了解文本的主要内容，节省阅读时间和精力。它可以应用于各种文本领域，包括新闻、科技、医学等。例如，在新闻客户端中，自动摘要技术可以从各种新闻文章中提取关键信息，并生成一个简短而具有代表性的摘要，供用户浏览和选择感兴趣的内容。自动摘要技术的目标是提高信息检索和阅读效率，使用户能够更快速地获取所需信息。例如，从一篇新闻报道中生成一个简短的摘要，提供给用户快速了解新闻内容。例如，新闻客户端中常见的“今日头条”就是一种自动摘要技术。

（4）数据报告和分析。

自然语言生成可以应用于数据报告和分析领域，将大量的数据和统计结果转化为易于理解的自然语言描述。例如，将一份销售报表中的数据转化为简洁、准确的语言描述，以帮助管理人员快速了解销售情况和趋势。

2. 自然语言理解

自然语言理解是 NLP 的另一项重要任务，它是指将人类语言转换为计算机可理解和处理的形式。自然语言理解可以帮助计算机理解人类语言并进行文本分类、情感分析、命名实体识别等任务。以下是自然语言理解的一些典型应用场景：

（1）文本分类。

文本分类是指将文本划分为不同的类别。在文本分类中，需要根据文本的内容、主题或特征将其归类到预定义的类别中。这些类别可以是事先定义好的，也可以是根据具体任务和需求进行动态设置。文本分类有许多应用场景，其中一个常见的例子是垃圾邮件过滤。在垃圾邮件过滤中，希望能够自动将收到的邮件分为垃圾邮件和非垃圾邮件两类。通过文本分类技术，可以构建一个分类器，通过对邮件内容进行分析和特征提取，将其划分到相应的类别中。这样可以帮助过滤掉大量的垃圾邮件，提高工作效率和用户体验。文本分类可以帮助快速准确地处理大量的文本数据。在信息爆炸的时代，面对着海量的文本数据，如社交媒体上的评论、新闻文章、产品评论等。这些文本数据对于人工处理来说是一项繁重和耗时的任务。而通过文本分类技术，可以自动将这些文本数据进行分类，从而能够快速地对文本进行分析、提取有用的信息，并根据需要采取相应的行动。

（2）情感分析。

情感分析指利用 NLP 技术对文本进行情感判断，还可确定文本中的情感倾向，即判断文本的情感是正面的、负面的还是中性的。通过情感分析，用户可以了解人们对某个产品、事件、观点或话题的情感态度和倾向。在社交媒体等大规模文本数据的应用场景中，情感分析具有重要的价值。例如，在社交媒体上，用户经常会发表关于产品、事件或话题的观点和评论。通过情感分析技术，可以对这些评论进行情感判断，了解用户对某个产品或事件的态度和情感倾向。这对于企业来说非常有价值，可以帮助他们了解用户需求、改进产品、调整营销策略，甚至进行危机管理和舆情监测。情感分析可以帮助企业了解用户需求和市场反馈。通过对用户评论和观点的情感判断，企业可以了解用户对产品的满意度、对服务的评价、对广告的反应等。这些信息对于企业来说是宝贵的，可以帮助他们改进产品设计、优化用户体验、制订更有效的营销策略等，从而提升竞争力和用户满意度。

（3）命名实体识别。

命名实体识别（named entity recognition，NER）指从文本中识别出具有特定意义的实体。这些实体可以是人名、地名、组织机构名、日期、货币、百分比等。命名实体识别的目的是帮助快速准确地了解文本中的重要信息。命名实体识别在很多应用场景中具有重要的价值。例如，在信息抽取中，需要从大量的文本数据中提取出特定的信息，如人物关系、地理位置等。通过命名实体识别技术，可以自动识别文本中的具体实体，并将其与已知的数据库进行匹配，从而提取出相关的信息。这对于自动化处理大规模文本数据非常有帮助。这对于信息检索、知识图谱构建、问答系统等任务非常有帮助。例如，在搜索引擎中，可以通过识别搜索结果中的命名实体，提供更精确和个性化的搜索结果。

8.3.2 其他任务

1. 问答系统

问答系统是指通过理解和生成自然语言来帮助用户解决问题。这种系统可以回答用户提出的问题，并提供相应的答案或解决方案。问答系统可以基于不同的知识源进行构建。一种常见的方法是基于知识库的问答系统，其中知识库包含了结构化的、具有特定领域知识的数据。这些问答系统通过查询知识库来获取答案。另一种方法是基于文本的问答系统，它通过分析大量的文本数据（如网页、文档等）来获取答案。这些系统通常使用信息检索和文本挖掘技术来从文本数据中提取出相关的信息。问答系统有着广泛的应用场景。例如，搜索引擎中的问题回答、智能助理中的语音问答、百度知道、在线教育中的学术问题解答等，问答系统可以帮助用户快速准确地获取所需的信息，提高工作效率和用户体验。

2. 信息抽取

信息抽取是一种利用自然语言处理和机器学习技术从大量文本数据中抽取出有用的信息的过程。它在自动化地从文本中提取出特定的信息，如实体、事件、关系等，以便于进一步的分析和应用。信息抽取在很多领域中具有重要的应用价值。例如，在金融行业中，可以通过信息抽取技术从新闻报道、公司公告等大量的文本数据中抽取出股票价格、公司财报等重要信息，以便于投资分析和决策。在医疗领域，信息抽取可以帮助从医学文献中抽取出疾病症状、药物疗效等相关信息，用于医学研究和临床决策。在舆情分析中，信息抽取可以帮助从社交媒体、新闻报道等文本数据中抽取出用户对某一事件的情感和意见，用于舆情监测和品牌管理。

3. 机器阅读理解

机器阅读理解（machine reading comprehension，MRC）是利用 NLP 技术实现的一种人工智能阅读理解系统，它可以通过自然语言理解技术理解文本内容，并回答相关问题。机器阅读理解可以帮助快速准确地处理大量文本数据。机器阅读理解在很多领域中具有广泛的应用价值。例如，在智能客服领域，机器阅读理解可以帮助自动回答用户的问题，提高客户服务效率和用户体验。

4. 人机交互

人机交互是指人与计算机之间的信息交流和互动过程。随着 NLP 和计算机视觉技术的发展，人机交互变得越来越自然和便捷。NLP 和计算机视觉的结合可以产生非常强大的结果，使机器不仅可以理解所说的内容，还可以以一种能够做出相应反应的方式看待世界。例如，当与语音助手交互时，NLP 技术可以帮助它理解语音指令，并根据指令执行相应的操作。而计算机视觉技术可以帮助它识别面部表情和手势，从而更好地理解意图。另外，NLP 和计算机视觉的结合还可以产生一些创新的应用，如智能家居、自动驾驶、智能医疗等。例如，在智能家居，可以通过语音交互或手势控制来控制家电设备，如电视、灯光、空调等。在自动驾驶领域，计算机视觉可以帮助车辆感知周围的环境和交通情况，而NLP技术则可以帮助车辆理解人类乘客的语音指令和意图。在智能医疗领域，计算机视觉可以帮助医生诊断疾病和分析病理图像，而NLP技术则可以帮助医生理解病人的病历和症状描述。

5. 语音识别系统

语音识别系统是一种利用自然语言处理技术将语音信号转化为文本的系统。它可以将用户的口头语言转化为可识别和理解的文字形式。语音识别系统可以应用于各种应用程序，如智能助理、语音搜索、语音命令等。当用户与语音识别系统进行交互时，系统会接收用户的语音输入，并使用语音识别算法将语音信号转化为文本。然后，NLP技术会对转化后的文本进行分析和处理，以理解用户的意图和需求。最后，系统会根据用户的请求生成相应的响应，可以是文字形式的回答、执行特定操作或触发相应的应用程序功能。语音识别系统的目标是提供便捷、高效的人机交互方式。它使得用户可以通过口头语言直接与计算机和其他智能设备进行交流，而无须通过键盘或触摸屏输入。这种技术的发展为人们的日常生活和工作提供了更多的便利性和灵活性。

8.4 NLP方法论之争

NLP方法论之争是指在NLP领域，关于如何有效地解决自然语言理解和生成问题的方法和理论之间的争议和辩论。在NLP领域，有多种方法和理论被提出和应用于自然语言处理任务，例如文本分类、命名实体识别、机器翻译等。这些方法和理论大致分为两个主要的派别：基于规则的方法和基于统计的方法。

基于规则的方法是一种通过定义和应用语法规则、语义规则和词汇知识来处理自然语言的方法。这些规则可以是人工编写的，也可以是基于语言学知识和语料库的自动学习的。基于规则的方法通常需要人工参与和知识工程的过程，以构建适用于特定任务和语言的规则系统。这种方法的优势在于可以提供精确的语言处理结果，但缺点是需要大量的人工努力和专业知识，并且很难应对复杂和多样化的语言现象。

基于统计的方法是一种通过分析大量的语言数据和建立统计模型来处理自然语言的方法。这些统计模型可以是基于概率的模型，如隐马尔可夫模型和条件随机场（conditional random field，CRF），也可以是基于神经网络的模型，如循环神经网络和转换器模型。基于统计的方法在处理自然语言时通常不需要手动编写规则，而是通过学习和推断模型参数来自动进行语言处理。这种方法的优势在于可以处理复杂和多样化的语言现象，缺点是需要大量的标注数据和计算资源，且可能无法提供精确的语言处理结果。在NLP方法论之争中，支持基于规则的人认为规则可以提供精确和可解释的语言处理结果，而支持基于统计的人则认为通过大量的数据和机器学习算法可以更好地处理复杂和多样化的语言现象。此外，还有一些学者和研究者提倡将基于规则和基于统计的方法结合起来，以发挥它们各自的优势，并解决各自方法的局限性。

8.5 统计方法示例

统计方法在 NLP 领域中得到了广泛应用，它在 NLP 任务中都有其独特的特点和适用范围，下面是一些统计方法在 NLP 任务中的示例：

1. 词频统计

词频统计是最简单的统计方法之一，它用于计算文本中每个词出现的频率。通过统计文本中不同词的出现次数，可以得到一个词汇表和每个词的频率信息。词频统计可以用于文本分类、关键词提取等任务。

2. n-gram 模型

n-gram 模型用于计算一个词序列出现的概率，常用于机器翻译、语音识别等任务。

3. 隐马尔可夫模型

HMM 是一种用于建模序列数据的统计模型，在 NLP 中被广泛应用于词性标注、语音识别等任务。HMM 假设序列数据的生成过程是一个马尔可夫过程，通过统计观测序列和隐藏状态序列之间的概率转移和发射概率，可以进行序列标注和序列生成。

4. 条件随机场

CRF 是一种用于序列标注的统计模型，它在 HMM 的基础上进行了改进和扩展。CRF 通过同时考虑观测特征和上下文信息来进行序列标注，通过最大化条件概率来训练模型参数。CRF 常用于命名实体识别、词性标注等任务。

5. 词嵌入

词嵌入（word embedding）是一种将词语映射到低维向量空间的统计方法，通过学习词语之间的语义和语法关系，将词语表示为实数向量。常用的词嵌入模型有 Word2Vec 和 GloVe。词嵌入可以用于计算词语之间的相似度、文本分类、情感分析等任务。

6. 神经网络模型

神经网络模型在 NLP 中得到了广泛应用，通过构建多层神经网络，并通过反向传播算法进行训练，可以用于文本分类、情感分析、机器翻译等任务。常用的神经网络模型有循环神经网络、长短期记忆网络和转换器模型等。

8.6 深度学习实现词向量表示

深度学习可以通过神经网络模型实现词向量表示，其中最常用的模型是 Word2Vec 和 GloVe。

1. Word2Vec

Word2Vec 是一种用于学习词向量的深度学习模型，它通过预测上下文或目标词语来学习词向量。Word2Vec 有两种不同的模型：连续词袋模型（continuous bag of words，CBOW）和 Skip-Gram 模型。

（1）CBOW 模型。

CBOW 模型通过上下文词语来预测目标词语。模型的输入是上下文词语的词向量的平均值，输出是目标词语的词向量。CBOW 模型通过最大化预测目标词语的条件概率来训练模型，得到每个词语的词向量。

（2）Skip-Gram 模型。

Skip-Gram 模型与 CBOW 模型相反，它通过目标词语来预测上下文词语。模型的输入是目标词语的词向量，输出是上下文词语的概率分布。Skip-Gram 模型通过最大化预测上下文词语的条件概率来训练模型，得到每个词语的词向量。

2. GloVe

GloVe（global vectors for word representation）是一种基于全局词汇统计的词向量模型。GloVe 通过计算词语之间的共现矩阵来学习词向量。共现矩阵表示了词语在上下文中共同出现的频率，通过最小化共现矩阵的损失函数来训练模型，得到每个词语的词向量。GloVe 模型的优势在于能够捕捉到词语之间的全局语义关系。

无论是 Word2Vec 还是 GloVe，它们都是通过使用神经网络模型来学习词向量。这些词向量具有一些重要的特性，例如语义相似的词语在向量空间中距离较近，可以进行向量运算来解决类比关系等。词向量可以用于多种 NLP 任务，如文本分类、命名实体识别、情感分析等。

8.7 深度学习在 NLP 中的应用

8.7.1 浅层和深层 NLP

浅层 NLP 和深层 NLP 是自然语言处理中两个不同的概念，它们关注的范围和任务目标不同，浅层 NLP 和深层 NLP 在自然语言处理中代表了两个不同的层次，浅层 NLP 侧重于处理语言的表面结构和特征，而深层 NLP 则致力于对语言的深层语义和概念进行建模和理解。两者在任务目标和方法上存在差异。

1. 浅层 NLP

浅层 NLP（shallow NLP）侧重于处理语言的表面结构，主要关注词性标记和命名实体识别等任务。这些任务涉及对语句中的词语进行标注，以识别它们的词性（如名词、动词、形容词等）或命名实体识别（识别名称、时间、日期和货币等信息单元）。浅层 NLP 任务通常使用一些基于规则或模式匹配的方法，它们依赖于词性标记集合或预定义的实体类别列表。浅层 NLP 任务对于文本分类、信息抽取等任务非常有用，但它们并没有对语言的真正含义和语义进行深入理解。

2. 深层 NLP

深层 NLP 则尝试对更高层次的概念进行建模，例如情感分析和主题建模。这些任务要比浅层 NLP 更具挑战性，因为它们需要对语言进行更深入的理解和分析。深层 NLP 任务涉及对文本中的情感、观点和主题进行推断和分析。例如，情感分析任务旨在判断文本中的情感是正面的、负面的还是中性的。主题建模任务则旨在从文本中发现隐含的主题和话题。深层 NLP 任务通常使用机器学习和深度学习技术，如循环神经网络、卷积神经网络和注意力机制等，以获取更深层次的语义信息。

深层 NLP 任务相比于浅层 NLP 任务更具挑战性，但也更有价值。通过深入理解语言的潜在含义，深层 NLP 可以用于更复杂的应用，例如自动问答、机器翻译、对话系统等。深层 NLP 任务的目标是使计算机能够更好地理解和处理自然语言，以实现更高级的语言处理和推理能力。

8.7.2 深度学习与 NLP

机器学习对于自然语言处理非常重要，因为它可以让计算机从数据中学习并不断提高其理解文本或语音数据的能力，能让 NLP 应用程序随着时间的推移变得更加准确，从而提高整体性能和用户体验，可以通过训练大规模的数据集来自动地提取特征和建立模型，从而提高 NLP 任务的性能。这种持续改进可以使 NLP 应用程序适应不断变化的语言和语境，提高整体性能和用户体验。NLP 任务涉及自然语言的复杂性，包括语法、语义、上下文等多个层面的信息。机器学习中的深度学习模型能够通过多层次的神经网络来学习复杂的模式和表示，从而更好地理解和处理自然语言的复杂性。深度学习模型能够对文本或语音进行端到端的学习，从原始数据中提取有用的特征和表示，大大提高 NLP 模型的性能。近年来，深度学习在 NLP 中的应用得到了广泛的关注和成功。深度学习模型通过多层神经网络的层次化表示和学习能力，能够更好地处理自然语言的复杂性和语义信息。深度学习模型在文本分析、情感分析、机器翻译、对话系统等 NLP 任务中取得了显著的进展，推动了 NLP 领域的发展和应用。因此，机器学习，特别是深度学习方法，对于提高 NLP 任务的性能和效果起到了重要的作用。

8.7.3 RNN

RNN 是一种在自然语言处理中非常重要的深度学习技术，它能够有效地处理和分析文本、时间序列、语音、音频和视频等序列数据。在自然语言处理中，文本通常是由一个个单词或符号组成的序列。每个单词或符号都包含了一定的语义和上下文信息，而这些信息通常需要通过上下文关系来进行理解和处理。传统的神经网络模型不适用于处理序列数据，因为它们只能接受固定长度的输入，而无法处理变长的序列数据。而 RNN 通过循环单元的链式连接，可以接受任意长度的序列数据，从而更好地处理和分析序列数据。RNN 通过将前一个时间步的输出作为当前时间步的输入，从而在序列的演进方向进行递归。这种递归结构使得 RNN 能够学习到序列中的上下文信息和依赖关系，从而更好地理解和处理序列数据。RNN 还可以通过反向传播算法进行训练，从而自动地学习到数据中的特征和模式。在自然语言处理中，RNN 已经被广泛应用于语言模型、机器翻译、文本分类、序列标注、对话系统等任务中。例如，在语言模型中，RNN 可以通过学习前面的单词来预测下一个单词的概率分布，从而生成连贯的句子。在机器翻译任务中，RNN 可以通过编码器-解码器结构来将源语言句子翻译成目标语言句子。在文本分类和序列标注任务中，RNN 可以对输入的序列进行分类或标注，从而实现自动分类和标注的功能。

如图 8-3 所示，根据输入值 x_t 和 $t-1$ 时刻的内部状态 h_{t-1}，计算出 t 时刻的内部状态 h_t，并且可以进行状态转换。初始内部状态 h_0 通常从 0 开始，h_1 是根据第一个输入（时间 $t=1$）x_1 的值计算的。之后，在时间 $t=2$ 时，根据 x_2 和 h_1 计算 h_2，并重复。还可以根据输入 x_t 和内部状态 h_{t-1}（$t\geqslant1$）预测时间 t 的输出。

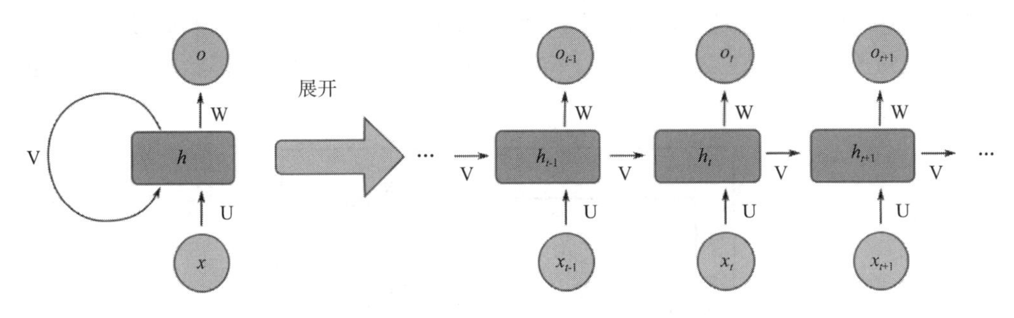

图 8-3 RNN 原理

8.7.4 LSTM

RNN 具有记忆先前计算的信息的能力，这意味着它可以利用之前的计算结果来影响当前的计算。理论上，RNN 可以记住来自很长句子的信息，但是随着输入值数量的增加，它将考虑更早的状态进行学习。然而，在实际应用中，RNN 在处理长序列时往往会遇到梯度消失和梯度爆炸的问题，导致难以有效地捕捉到长期依赖关系。为了解决这个问题，人们提出了 LSTM 作为 RNN 的一种变体。LSTM 是一种递归神经网络，特别适用于处理序列数据，如文本或音频。LSTM 通过引入记忆单元来维护序列的上下文信息，从而解决了传统 RNN 中的梯度消失和梯度爆炸问题。

LSTM 网络由三个门组成：输入门、输出门和遗忘门。这些门的作用是控制信息在记忆单元中的流动。

1. 输入门

输入门决定了哪些信息将被输入到细胞状态中。输入数据首先通过输入门，该门包含一个 Sigmoid 激活函数，它将输入数据映射到 0 到 1 之间的值，表示输入的重要性。然后，通过另一个 Tanh 激活函数将输入数据映射到-1 到 1 之间的值，表示输入数据的候选值。最后，将输入门的输出与候选值相乘，以确定哪些信息将被输入到细胞状态中。

2. 遗忘门

遗忘门决定了哪些信息将从细胞状态中删除。遗忘门也包含一个 Sigmoid 激活函数，它将输入数据映射到 0 到 1 之间的值，表示细胞状态中的信息保留的程度。通过将遗忘门的输出与细胞状态相乘，可以删除不需要的信息。

3. 输出门

输出门决定了哪些信息将从细胞状态传递到下一个时间步，并输出给其他部分的网络使用。输出门也包含一个 Sigmoid 激活函数，它将输入数据映射到 0 到 1 之间的值，表示细胞状态中的信息被传递的程度。通过将输出门的输出与经过 Tanh 激活函数的细胞状态相乘，可以得到当前时间步的输出值。

LSTM 通过这三个门的组合来控制记忆单元中存储的信息流量，从而允许网络在处理长序列时保持长期的依赖关系。通过学习输入门、遗忘门和输出门的权重参数，LSTM 网络可以自动地学习哪些信息应该被输入、遗忘和输出，以实现对序列数据的有效处理。

如图 8-4 所示，安装了一个称为“门”的信息选择机制来进行状态计算，门的透过率由 0 到 1 之间的 Sigmoid 函数设置。例如，如果遗忘门（图 8-4 中的 f_t）为 1，输入门（图 8-4 中的 i_t）

为0，则状态将永远保留（内部状态不会被遗忘）。这是通过根据实际上下文设置每个门的选择来实现的，当句子改变或者主题改变时，内部状态被遗忘，重新设置内部状态，在有效范围内开始计算和学习。

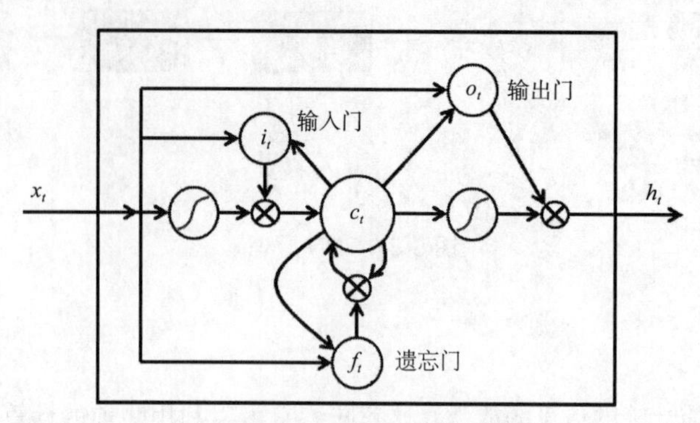

图 8-4　LSTM 原理

8.7.5　应用案例

1. 语言模型和句子生成

语言模型是一种基于 RNN 和 LSTM 的应用，它可以根据给定的一系列单词中的前一个单词来预测下一个单词的出现。RNN 是一种具有循环连接的神经网络，可以处理序列数据。LSTM 是 RNN 的一种变体，专门用于解决长期依赖性问题。通过使用 LSTM，语言模型可以更好地理解单词和句子之间的关系，从而更准确地预测下一个单词或生成新的句子。

下面是一个简单的例子，说明如何使用基于 RNN 和 LSTM 创建的语言模型来预测下一个单词和生成新的句子：

（1）数据准备，首先，需要准备训练语料库，包含大量的句子和对应的标签。标签可以是下一个单词或下一个句子。

（2）构建模型，使用 RNN 或 LSTM 构建语言模型。模型的输入是一个或多个单词序列，输出是下一个单词或下一个句子。模型可以包括一个或多个隐藏层，并使用适当的激活函数和损失函数。

（3）训练模型，使用训练语料库对语言模型进行训练。训练过程中，模型根据给定的单词序列预测下一个单词，并通过比较预测结果和实际标签来更新模型的参数。

（4）预测下一个单词，使用训练好的语言模型来预测给定单词序列的下一个单词。模型根据前面的单词来计算概率分布，并选择概率最高的单词作为预测结果。

（5）生成新的句子，使用训练好的语言模型生成新的句子。从一个初始单词开始，模型根据前面的单词逐步预测下一个单词，然后将其加入生成的句子中。重复这个过程，直到生成句子的长度达到预定的阈值或达到终止条件。

例如，假设有一个训练语料库包含句子“I love to eat ice cream”。可以使用基于 RNN 和 LSTM 的语言模型来预测给定句子的下一个单词。模型可以学习到“I love to eat”后面通常是“ice cream”，因此可以预测下一个单词是“ice”或“cream”。通过不断重复这个过程，可以生成新的句子，例如“I love to eat ice cream in summer”或“I love to eat ice cream and cake”。这些新生成的句子符合语法和语境，并且可以被认为是有效的句子。

2. 语音识别

语音识别是 NLP 领域的重要应用之一，可以将人类语音信号转化为计算机可处理的形式，以便进行语义理解和语言交互。语音识别的应用广泛，用户可以通过语音指令与虚拟助手进行交互，例如提问天气、设置提醒、发送消息等。

3. 机器翻译

机器翻译与语言模型有些相似，但在处理方式上有一些不同。在机器翻译任务中，输入是一个源语言句子（如中文），输出是一个目标语言句子（如英文）。与语言模型不同的是，机器翻译的输出是在读取完整的输入数据后开始处理的。这意味着翻译句子的第一个单词需要使用整个输入句子的信息。下面是一个简单的例子，说明机器翻译如何使用整个输入句子的信息来翻译句子的第一个单词：

翻译句子：使用训练好的机器翻译模型来翻译新的句子。给定一个源语言句子，模型首先使用编码器将其转换为一个上下文向量，然后使用解码器逐个生成目标语言句子的单词。在生成第一个单词时，模型会使用整个输入句子的信息来进行预测。

例如，对于源语言句子“我正在学习自然语言处理”，机器翻译模型需要使用整个输入句子的信息来预测目标语言句子的第一个单词。模型可能会生成“I”或“I study”，以使生成的句子与源语言句子意思相符。然后，模型继续生成下一个单词，直到生成完整的目标语言句子。

4. 图像摘要生成

图像摘要生成是指通过计算机算法自动生成一段准确而简洁的描述性文本，概括了图像的关键信息和内容。卷积神经网络和循环神经网络是常用的用于图像摘要生成的深度学习模型。卷积神经网络在图像摘要生成中起到特征提取的作用。通过多层卷积层和池化层的组合，CNN 能够从原始图像中提取出丰富的特征表示。这些特征表示可以捕捉到图像中的纹理、形状和边缘等信息，为后续的摘要生成提供输入。循环神经网络则用于处理序列数据，其中每个时间步的输出都依赖于前面的输入和隐藏状态。在图像摘要生成任务中，可以使用 RNN 的变体，如长短期记忆网络或门控循环单元（gated recurrent unit，GRU），来生成描述图像的摘要。

例如，假设有一张未标记的图像，如一个人在体育馆拿羽毛球拍的照片，可以使用卷积神经网络提取图像的特征表示，如人的性别、着装、颜色和场馆的背景等。然后，将这些特征表示输入到循环神经网络中，逐步生成一段描述性的文本摘要，如“一个穿白色裙子的女性在体育馆手拿羽毛球拍”。从图 8-5 可以看出，生成摘要的概率相当高。

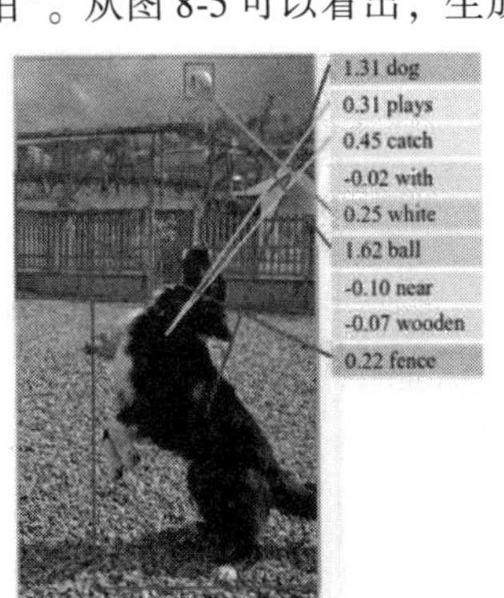

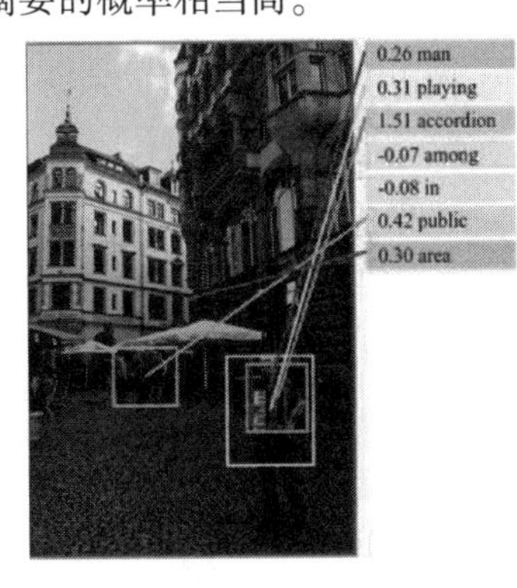

图 8-5 图像摘要生成

小 结

本章介绍了 NLP 的基本概念、发展历史和应用现状。NLP 是一门涉及计算机科学、数学和语言学的交叉学科，研究能实现人与计算机之间用自然语言进行有效通信的理论和方法。NLP 的发展历史可以追溯到 20 世纪 50 年代，随着机器学习和深度学习的兴起，NLP 在文本处理、信息检索、机器翻译、情感分析等领域得到了广泛应用。NLP 的主要任务包括语言理解和语言生成，研究内容包括文本预处理、特征提取、模型建立和评估等。NLP 的处理过程通常包括文本预处理、特征提取、模型训练和模型应用。RNN 是一种常用的神经网络模型，在 NLP 中被广泛应用。RNN 具有记忆能力，能够处理序列数据，适用于处理自然语言文本。RNN 在 NLP 中的应用包括语言模型、机器翻译、情感分析等。随着深度学习的发展，NLP 在自然语言处理领域的应用前景更加广阔。

习 题

1. 什么是 NLP？
2. NLP 发展历程大致分为哪些阶段？
3. NLP 遇到的难题有哪些？
4. NLP 的主要任务有哪些？
5. RNN 和 LSTM 是什么，它们分别可以解决什么问题？

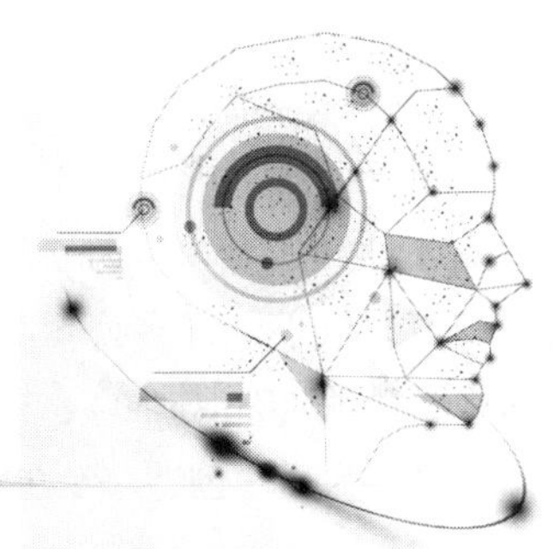

第9章 人工智能的未来与展望

【本章导学】

人工智能在各个领域的应用将继续扩展，可能会改变生活方式、工作方式和社会结构。思考如何应对人工智能带来的挑战，如就业市场的变化、隐私保护和道德伦理等问题。通过本章的学习，读者将更好地了解人工智能的未来与展望，包括在元宇宙中的应用、对世界发展的影响以及未来可能的发展方向。这将更好地把握人工智能的趋势，为未来的学习和发展做好准备。

【学习目标】

通过对本章内容的学习，读者应该能够做到：

1. 了解人工智能在元宇宙中的应用。
2. 了解人工智能对世界发展的影响。
3. 了解人工智能未来可能的发展方向。

9.1 元宇宙与人工智能

9.1.1 元宇宙的概念

元宇宙（metaverse）是一个将现实世界与虚拟世界融合在一起的集体虚拟空间，它是多种技术的融合。它不是一个单一的实体，而是通过使用增强现实（AR）和虚拟现实（VR）结合人工智能和区块链的技术，创建一个可扩展的虚拟世界。元宇宙的概念最早由科幻小说作家Neal Stephenson在20世纪90年代提出，他将其描述为一个类似于虚拟现实的虚拟世界，但与现实世界的联系更加紧密。在元宇宙中，人们可以通过虚拟现实技术进入一个数字化的平行世界，与其他用户进行交互、参与各种活动和体验各种场景。为了实现元宇宙的概念，需要结合多种技术。其中，AR和VR是至关重要的技术，它们可以为用户提供沉浸式的虚拟体验。通过AR技术，现实世界的场景可以被数字信息增强，使用户获得更丰富的感官体验。而VR技术则可以将用户完全沉浸在虚拟世界中，使其感觉仿佛置身其中。此外，人工智能也是元宇宙的重要组成部分。通过AI技术，元宇宙可以实现更智能化的交互和服务。AI可以用于创建虚拟角色和

NPC（非玩家角色），提供智能化的语音和图像识别，甚至可以模拟人类的行为和情感。区块链技术在元宇宙中的应用主要是为了保证虚拟资产的安全性和可追溯性。区块链可以用于建立虚拟经济系统，确保虚拟资产的真实性和所有权，防止欺诈行为和盗窃。此外，区块链还可以为元宇宙的经济模型提供透明度和可持续性。许多公司和组织已经意识到了元宇宙的潜力，并开始进行相关的研究和开发。其中，微软（Microsoft）、Second Life、Decentraland 和 Meta 等公司都在积极探索元宇宙的可能性，并希望为用户创造一个更加真实、沉浸和互动性强的虚拟世界。

9.1.2 元宇宙带来了什么

过去元宇宙主要应用于游戏和娱乐领域，但随着技术的进步和发展，元宇宙的应用范围正在不断扩大。

1. 元宇宙的多样性和无界限性

元宇宙的多样性和无界限性带来了许多好处。首先，元宇宙是一个开放的虚拟空间，可以包含无限多的虚拟世界和现实世界中的信息。这意味着用户可以在元宇宙中自由地探索、交互和体验各种世界，无论是游戏、教育、社交还是商业等领域都有无限的可能性。在游戏领域，元宇宙可以提供各种类型的游戏世界，满足不同用户的需求和兴趣。用户可以在元宇宙中体验各种游戏，如冒险、角色扮演、竞技等，与其他玩家互动和竞争。此外，元宇宙还可以为游戏创作者提供一个开放的平台，让他们可以自由地创造和发布游戏内容，推动游戏行业的创新和发展。在教育领域，元宇宙可以提供更加沉浸和互动的学习体验。学生可以通过虚拟现实技术参观历史古迹、探索自然景观、进行科学实验等，从而更好地理解和学习知识。同时，元宇宙还可以为学生提供个性化的学习内容和互动式教学，增强学习的效果和乐趣。在社交领域，元宇宙可以打破地理和时间的限制，让人们可以在虚拟世界中随时随地与朋友和家人进行交流和互动。人们可以在虚拟空间中创建个人化的虚拟形象，参加各种社交活动、聚会和游戏，增强社交关系和娱乐体验。此外，元宇宙还可以为用户提供一个开放的社交平台，让他们可以与来自世界各地的人们互动、交流和合作，建立新的社交关系和网络。在商业领域，元宇宙可以为企业和品牌提供全新的营销和销售渠道。通过虚拟现实技术，企业可以打造虚拟商店和展览馆，让消费者可以在虚拟世界中亲身体验产品和服务。此外，元宇宙还可以为企业提供虚拟会议和协作工具，提高团队的沟通效率和协作能力。

2. 创造和交易价值

在元宇宙中，虚拟资产和虚拟货币可以代表真实世界中的价值，用户可以通过创造、购买、交易虚拟资产来获取收益。首先，用户可以通过创造虚拟资产来获取收益。虚拟资产可以是各种数字内容，如虚拟房屋、虚拟汽车、虚拟服装、虚拟武器等。用户可以通过创造这些虚拟资产，并在元宇宙中进行出售，从而获取收益。这为用户提供了一个全新的创业和创造价值的机会，促进了创意和创新的发展。其次，用户可以通过购买虚拟资产来获取收益。在元宇宙中，虚拟资产的价格可以随着市场需求和供给的变化而变化。用户可以通过购买低价的虚拟资产，并在市场需求上升时出售，从而获得巨大的收益。这种虚拟资产的交易方式与现实世界中的股票、期货等金融工具类似，为用户提供了一个全新的投资机会。最后，用户可以通过交易虚拟货币来获取收益。在元宇宙中，虚拟货币可以用于购买虚拟资产、服务和商品等。用户可以通过购买虚拟货币，然后在元宇宙中进行交易和消费，从而获取收益。此外，一些虚拟货币还可以在现实世界中进行兑换，为用户带来了更多的收益。

3. 去中心化和可信任

通过使用区块链技术，元宇宙可以实现去中心化的交易和记录，确保数据的安全性和可信度。首先，去中心化意味着数据和交易不依赖于单一的中心化机构或平台。在传统的网络和应用中，用户的数据和资产通常存储在中心化的服务器上，由中心化的平台进行管理和控制。这可能导致用户的数据被滥用、丢失或不可信。而在元宇宙中，通过区块链技术，用户可以将自己的数据和资产存储在分布式的节点上，不依赖于单一的中心化机构。这意味着用户可以自主地管理和控制自己的数据和资产，不受中心化平台的限制和操控。其次，区块链技术可以确保数据的安全性和可信度。区块链是一种分布式账本技术，所有的交易和记录都被加密和分布存储在网络中的多个节点上。这使得数据的篡改和伪造变得非常困难，确保了数据的安全性和可信度。用户可以通过区块链技术来验证和追溯数据的来源和完整性，确保数据的真实性和准确性。最后，去中心化和可信任的特点为用户带来了更大的信任和控制权。用户不再需要依赖中心化的平台来管理和保护自己的数据和资产，而可以自主地管理和控制。这使得用户可以更加放心地在元宇宙中进行交易和互动，享受更高的安全性和隐私保护。

4. 教育和体验的改进

通过元宇宙中的虚拟现实技术，用户可以获得更加沉浸和个性化的教育和体验方式。首先，虚拟现实技术可以让用户亲身体验历史事件、科学实验、艺术展览等。传统的教育方式通常是通过文字、图片和视频等媒体来传达知识和经验。然而，这种方式无法真正让学生身临其境地感受到历史事件的激动、科学实验的神奇或艺术展览的美感。而在元宇宙中，用户可以通过虚拟现实技术进入一个虚拟的环境，与历史人物对话、亲自进行科学实验、漫游艺术展览，获得更加真实和深入的学习和体验。其次，元宇宙可以提供个性化的教育和体验方式。在传统的教育系统中，学生通常需要按照相同的教学计划和进度进行学习，无法根据自己的兴趣和能力进行个性化的学习。而在元宇宙中，用户可以根据自己的兴趣和需求选择适合自己的教育内容和体验。虚拟现实技术可以根据用户的反馈和行为进行个性化的调整和交互，让每个用户都能够获得最适合自己的学习和体验。最后，教育和体验的改进为用户带来了更加丰富和深入的学习和体验。通过元宇宙中的虚拟现实技术，用户可以亲身参与到各种场景和活动中，获得更加真实和深入的学习和体验。这不仅可以提高用户的学习兴趣和参与度，还可以增强用户的理解和记忆能力，促进知识和技能的掌握和应用。

5. 社交和合作的扩展

通过元宇宙的技术和平台，用户可以打破地理和时间的限制，加强全球范围内的社交和合作。首先，元宇宙可以让用户与来自世界各地的人们进行互动和交流。传统的社交网络通常是基于地理位置和社交圈子的，用户只能与身边的人或熟人进行互动。而在元宇宙中，用户可以与来自世界各地的人们进行实时的虚拟互动，无论他们身处何处。这为用户提供了更广泛的社交网络和交流机会，促进了跨文化和跨地域的交流和融合。其次，元宇宙可以促进全球范围内的合作和资源分享。在传统的合作和协作中，地理和时间的限制往往成为合作的障碍。而在元宇宙中，用户可以通过虚拟空间进行实时的合作和协作，无论他们身处何处。用户可以共同编辑文档、进行虚拟会议、合作解决问题等。这为全球范围内的合作提供了更便利和高效的方式，促进了资源和知识的共享和传播。最后，社交和合作的扩展为用户带来了更广阔的机会和体验。通过与来自世界各地的人们进行互动和合作，用户可以了解不同文化和观点，拓宽自己的视野和思维方式。这不仅可以促进个人的成长和学习，还可以促进全球社区的发展和融合，共同解决全球性的问题和挑战。

9.1.3 AI对元宇宙的重要性

增强现实、虚拟现实、区块链以及人工智能等技术的发展使得元宇宙平台功能越来越强大，特别是人工智能在元宇宙中发挥了重要的作用。

1. 人工智能可以提升元宇宙的交互体验

人工智能在元宇宙中的作用不可忽视。它可以提供智能化的交互体验，使用户能够更自然、智能化地与虚拟环境和其他用户进行互动。通过语音识别技术，用户可以使用自然语言与虚拟环境中的角色进行对话，实现更真实的交互体验。而图像识别技术则可以使元宇宙中的虚拟环境对用户的视觉输入做出智能化的反应，例如识别用户手势或面部表情，实现更精准的交互。此外，情感分析技术也可以让元宇宙对用户的情感做出智能化的反应。通过分析用户的语音、表情和行为等数据，人工智能可以判断用户的情感状态，从而调整虚拟环境的氛围和角色的行为，使用户能够更好地融入虚拟世界中。另外，人工智能还可以提供个性化的服务和推荐系统。通过分析用户的兴趣、行为和偏好，人工智能可以为用户提供个性化的内容、活动和产品推荐。这可以增加用户的参与度和满意度，提升其在元宇宙中的体验。

2. 人工智能可以为元宇宙提供个性化和智能化的服务

人工智能在元宇宙中的应用可以为用户提供个性化和智能化的服务。通过分析用户的行为、兴趣和偏好等数据，人工智能可以根据用户的需求和喜好，为其提供个性化的推荐和定制化的虚拟角色、场景和物品。例如，当用户进入元宇宙时，人工智能可以根据其过往的喜好和行为，推荐适合其口味的虚拟游戏、社交活动或商业交易，提供更加符合用户期望的体验。此外，人工智能还可以通过自动化的方式实现元宇宙内的日常任务和管理。例如，人工智能可以负责元宇宙中的安全监控和管理，检测和处理潜在的安全风险和恶意行为，保障用户的安全和隐私。同时，人工智能还可以通过自动化的方式管理虚拟环境中的资源分配和调度，提高元宇宙的运营效率。

3. 人工智能可以为元宇宙的社交和协作提供支持

在元宇宙中，人工智能可以为社交和协作提供支持。通过自动识别和分析用户的社交关系、兴趣爱好等数据，人工智能可以为用户推荐相符的社交圈子和协作团队。例如，当用户进入元宇宙时，人工智能可以根据其兴趣和专业领域，推荐与之相似的用户或团队，促进用户之间的交流和合作。此外，人工智能还可以帮助解决元宇宙中的社交难题。例如，语言交流是一个重要的社交问题，不同用户可能使用不同的语言或方言。人工智能可以提供自动翻译和语音识别技术，使用户能够跨语言进行交流。同时，情感交互也是一个关键问题，人工智能可以通过情感识别技术，分析用户的语音、表情和行为等数据，理解其情感状态，并做出智能化的反应，增强用户之间的情感交流效果。此外，人工智能还可以帮助解决冲突和协作问题，通过分析用户行为和偏好等数据，提供冲突解决和协作推进的建议，促进团队的合作和效率。

4. 人工智能可以帮助保障元宇宙的安全和可持续发展

在元宇宙中，人工智能可以发挥重要作用，帮助保障元宇宙的安全和可持续发展。元宇宙作为一个开放的虚拟世界，面临着各种潜在的威胁和风险，例如隐私泄露、虚假信息、恶意攻击等。人工智能可以通过智能监测和分析技术，及时发现和防范这些威胁。例如，在元宇宙中，人工智能可以利用机器学习和数据分析算法，对用户的行为和数据进行智能监测，识别异常活动和潜在的安全风险。当发现异常活动时，人工智能可以立即采取相应的安全措施，例如阻止恶意攻击、加密敏感信息等，保障用户在元宇宙中的安全和隐私。此外，人工智能还可以通过优化资源利用和能源管理等方面的智能化，为元宇宙的可持续发展提供支持。例如，在元宇宙中，人工智能可以根据用户的需求和行为，自动调节虚拟环境中的资源分配，提高资源利用效率。同时，人工智能还可以通过能源监控和管理，优化能源消耗，降低对环境的影响，实现元宇宙的可持续发展。

综上所述，人工智能对于元宇宙的重要性不可忽视。它可以提升交互体验、提供个性化服务、支持社交和协作、保障安全和可持续发展等多个方面，为元宇宙的发展和用户的体验带来各种好处。

9.1.4　AI 在元宇宙中的应用案例

在元宇宙中，人工智能具有广泛的应用，可以提高用户体验、提升效率，并实现创造性和智能化的活动。

1. 虚拟助手

虚拟助手通过语音识别和自然语言处理技术，能够理解用户的指令和需求，并提供相关的信息、解答问题和执行指令，从而提供更流畅和个性化的用户体验。虚拟助手可以为用户提供实时信息和建议。例如，当用户在元宇宙中探索新的地点时，虚拟助手可以提供附近的餐厅、景点、交通等实时信息，帮助用户做出更好的决策。虚拟助手还可以通过分析用户的兴趣和偏好，提供个性化的推荐，例如推荐适合用户的活动、社交圈子等。此外，虚拟助手还可以解答用户的问题和提供帮助。用户可以通过语音或文字与虚拟助手进行交流，询问关于元宇宙的问题，如如何使用某个功能、如何完成某个任务等。虚拟助手可以通过整合和分析大量的数据和知识，提供准确和有用的答案和建议。虚拟助手还可以执行用户的指令和完成任务。用户可以通过语音或文字告诉虚拟助手要求它执行某个特定的任务，如购买商品、预订机票、发送消息等。虚拟助手可以与其他系统和平台进行集成，实现自动化和智能化的操作，提高效率和便利性。

2. 自动化任务

在元宇宙中，人工智能可以被应用于自动化各种任务，以提高效率和收益。通过使用预设规则和算法，AI 可以智能地执行任务，减少人工干预的需求，并加快任务的完成速度。常见的自动化任务是自动建造。在元宇宙中，用户可以创建自己的虚拟环境，建造房屋、建筑物、景观等。AI 可以通过分析用户的设计意图和要求，自动化地进行建造。它可以根据预设的规则和算法，选择合适的材料、布局和风格，然后自动完成建造过程。这样可以节省用户的时间和精力，提高建造的效率和质量。另一个自动化任务是自动采集资源。在元宇宙中，用户可能需要采集各种资源，如矿石、木材、食物等。AI 可以通过分析地图和资源分布，智能地选择最佳的采集点和方法，并自动执行采集任务。它可以根据资源的需求和市场价格，优化采集策略，以获得最大的收益。这种自动化的资源采集可以提高效率，减少用户的劳动力成本，并增加收入。此外，AI 还可以用于自动交易。在元宇宙中，用户可能进行各种交易活动，如买卖商品、投资资产等。AI 可以通过分析市场数据和用户的需求，智能地选择最佳的交易时机和策略，并自动执行交易。它可以根据市场趋势和用户的风险偏好，优化交易组合，以获得最大的收益。这种自动化的交易可以提高交易的效率和准确性，减少用户的交易成本，并增加收益。

3. 艺术创作

在元宇宙中，人工智能可以被应用于艺术创作，生成各种艺术作品、音乐、设计等内容。通过学习和模仿艺术家的风格和技巧，AI 可以自动生成符合用户需求的创意作品，提供独特和个性化的艺术体验。AI 可以通过大量的艺术作品和数据进行训练，学习艺术家的创作风格和表达方式。它可以分析艺术作品中的元素、结构和情感，并学习其中的规律和特点。基于这些学习，AI 可以生成具有类似风格的艺术作品，如绘画、雕塑、摄影等。AI 也可以用于生成音乐。通过分析和学习各种音乐作品，AI 可以理解音乐的节奏、和弦和旋律等要素，并生成新的音乐作品。它可以根据用户的需求和偏好，生成不同风格和情感的音乐，如古典音乐、流行音乐、电子音乐等。此外，AI 还可以应用于设计领域。通过学习和分析各种设计作品和风格，AI 可以生成符合用户需求的设计方案。它可以根据用户提供的要求和约束条件，生成不同领域的设计，如建筑设计、产品设计、平面设计等。AI 可以提供多种选择和变体，帮助用户做出更好的设计决策。

4. 智能交互

在元宇宙中，人工智能可以通过自然语言处理和情感识别等技术，实现与用户的智能交互。它可以理解用户的需求和意图，通过对话和交流，为用户提供相关的信息和建议。通过自然语言处理技术，AI 可以理解和解析用户的语言输入。它可以识别用户的命令、问题和陈述，并从中提取关键信息。基于这些信息，AI 可以理解用户的需求和意图，并做出相应的回应。AI 还可以通过情感识别技术，分析用户的情感和情绪状态。它可以识别用户的语气、语调、表情等非语言特征，从中推断用户的情感状态。这样，AI 可以更好地理解用户的喜好、偏好和情感需求，为用户提供更个性化和情感化的服务。在智能交互中，AI 可以通过对话和交流，与用户进行实时互动。它可以回答用户的问题、提供信息和建议，并根据用户的反馈和需求进行调整和优化。AI 还可以通过学习用户的偏好和行为模式，为用户提供个性化的推荐和建议，提高用户的满意度和体验。通过智能交互，AI 可以成为用户在元宇宙中的智能助手和伴侣。它可以帮助用户解决问题、获取信息、做出决策等，提供便利和支持。同时，智能交互还可以增强用户的参与感和沉浸感，使用户更好地融入元宇宙的虚拟环境中。

5. 智能安全监测

在元宇宙中，人工智能可以应用于智能安全监测，帮助监测和检测元宇宙环境中的安全威胁和异常行为。通过分析大数据和学习模式，AI 可以及时发现并应对潜在的风险和攻击。AI 可以通过监测和分析元宇宙中的各种数据流和活动，识别可能存在的安全威胁和异常行为。它可以实时监控用户的行为、交互和数据传输，识别潜在的入侵和攻击行为。同时，AI 还可以分析网络流量、系统日志等数据，发现异常的行为模式和攻击迹象。通过学习模式，AI 可以不断优化和更新安全检测的算法和模型。它可以通过大量的安全数据和攻击样本进行训练，学习攻击者的策略和手段。基于这些学习，AI 可以识别新的攻击模式和未知的安全威胁，提高安全监测的准确性和敏感性。一旦发现安全威胁或异常行为，AI 可以采取相应的措施进行应对和防御。它可以自动触发警报机制，通知相关的安全人员或系统管理员。同时，AI 还可以实时调整安全策略和防御机制，加强对潜在威胁的防范和应对能力。

6. 资源分配管理

在元宇宙中，人工智能可以应用于资源分配管理，帮助管理和分配元宇宙中的各种资源。通过智能算法和优化模型，AI 可以根据需求和供给预测，实现资源的最优利用和分配。AI 可以通过分析和预测用户和系统的资源需求，帮助实时监测和评估资源的使用情况。它可以分析用户的行为、交互和需求模式，预测未来的资源需求量和趋势。同时，AI 还可以分析系统的资源供给和可用性，以及其他相关因素，如网络带宽、计算能力等，综合考虑资源的分配和调度策略。基于需求和供给的预测，AI 可以通过智能算法和优化模型，实现资源的合理分配和调度。它可以根据资源的特性和约束条件，进行资源分配的决策和优化。例如，AI 可以考虑资源的利用率、响应时间、成本等因素，通过优化算法，找到最优的资源分配方案。同时，AI 还可以根据实际情况和反馈信息，动态调整资源分配策略。它可以实时监测和评估资源的使用情况和效果，根据用户的反馈和系统的需求，进行资源分配的调整和优化。这样，AI 可以不断优化资源的利用效率和用户的体验，实现资源的动态管理和分配。

7. 智能导航

在元宇宙中，AI 可以应用于智能导航，帮助用户准确找到目的地。通过分析元宇宙的地理空间信息和用户的需求，AI 可以提供智能化的导航服务，为用户提供最佳的路线和导航指引。AI 可以通过分析元宇宙中的地理数据和地图信息，建立起完整的地理空间模型。它可以识别和标记各种地理要素，如道路、建筑物、地标等，并确定它们之间的关系和连接。基于这些地理空间信息，AI 可以构建起精确的地图和路网，为导航提供基础数据。当用户需要导航时，AI 可以根据用户提供的起点和终点信息，通过智能算法和路径规划模型，计算出最佳的路线和导航指引。它可以考虑诸如距离、时间、交通状况等因素，选择最优的路径。同时，AI 还可以根据用户的偏好和需求，提供个性化的导航设置，如避开拥堵路段、选择美食推荐等。通过实时监测和分析元宇宙中的交通和路况信息，AI 可以及时更新导航指引。它可以识别交通拥堵、事故等情况，并为用户提供替代路线和导航建议。同时，AI 还可以根据用户的实时位置和行驶状态，提供实时的导航指示，帮助用户准确抵达目的地。

8. 聊天机器人

在元宇宙中，AI 的聊天机器人可以与用户进行实时对话，帮助他们导航、寻找信息、解决问题等。通过自然语言处理和理解的技术，AI 的聊天机器人可以理解用户的意图和需求，并提供相应的回答和指导。当用户需要导航时，他们可以与聊天机器人进行对话，告诉机器人起点和终点的信息。聊天机器人会通过分析用户的输入，识别出用户的导航需求，并根据地理空间信息和路径规划算法，提供最佳的导航方案和指引。用户可以通过与聊天机器人的对话，了解导航的具体步骤和细节，以及实时的路况和交通信息。除了导航，聊天机器人还可以帮助用户寻找信息。无论是查询天气、查找餐厅、了解新闻，还是获取产品信息，聊天机器人都可以通过与用户的对话，理解用户的需求，并提供相关的信息和答案。聊天机器人可以通过与用户的对话，进一步细化用户的需求，提供更加准确和个性化的信息。同时，聊天机器人还可以帮助用户解决问题。无论是技术支持、客户服务，还是一般的问题咨询，用户可以通过与聊天机器人的对话，描述问题的具体情况和需求。聊天机器人会通过分析用户的输入，识别出用户的问题，并提供相应的解决方案和建议。聊天机器人可以通过与用户的对话，进一步了解问题的背景和细节，提供更加准确和有针对性的解决方案。

9. 个性化推荐

在元宇宙中，AI 可以根据用户的个人偏好、历史行为和社交网络数据，为用户推荐他们可能感兴趣的场景、活动、商品等，实现个性化推荐。AI 通过分析用户的个人偏好，可以了解用户对于不同元宇宙中的场景、活动和商品的喜好程度。通过收集和分析用户的历史行为数据，如浏览记录、购买记录等，AI 可以了解用户的兴趣爱好、消费习惯等。同时，AI 还可以分析用户的社交网络数据，了解用户的朋友圈、社交关系等信息。基于用户的个人画像和推测，AI 可以为用户提供个性化的推荐服务。当用户浏览元宇宙中的内容时，AI 可以根据用户的个人偏好和历史行为进行推荐。这些推荐可以是基于内容相似性的推荐，即根据用户过去的兴趣和行为，推荐与之相似的内容。同时，AI 还可以根据用户的社交网络数据，推荐朋友圈中的热门场景、活动、商品等。通过个性化推荐，用户可以更轻松地发现和体验符合自己兴趣和喜好的元宇宙中的内容。AI 的个性化推荐可以帮助用户节省时间和精力，避免在海量的内容中迷失和选择困难。同时，个性化推荐还可以提高用户对元宇宙的满意度和忠诚度，促进用户的参与和活跃度。

10. 虚拟教育

在元宇宙中，结合虚拟现实和人工智能技术，可以创造虚拟教育的场景和学习环境，为用户提供个性化、互动性强的教育体验。虚拟教育利用虚拟现实技术，将用户带入一个虚拟的教室或学习环境中。用户可以通过虚拟现实头显设备，身临其境地感受到身处于真实教室中的感觉。虚拟教室可以模拟各种教育场景，如讲座、实验室、博物馆等，提供丰富多样的学习体验。在虚拟教育中，人工智能技术可以提供个性化的学习支持。通过分析用户的学习行为、兴趣爱好和学习能力，人工智能可以了解用户的学习需求，并根据用户的特点提供相应的教育资源和学习内容。人工智能还可以实时监测用户的学习情况，提供即时的反馈和指导。通过个性化的学习支持，虚拟教育可以帮助用户更高效地学习和提升自己的能力。虚拟教育还可以提供互动性强的学习体验。在虚拟教室中，用户可以与虚拟教师和其他学生进行实时互动。他们可以通过语音、手势等方式与虚拟教师进行对话，提问问题、讨论课程内容等。虚拟教师可以通过人工智能技术，理解用户的问题和需求，并提供相应的回答和解释。同时，用户还可以与其他学生进行交流和合作，共同完成学习任务和项目。

11. 消除语言障碍

在 Metaverse 中，借助人工智能和机器学习技术，可以消除不同语言之间的交流障碍，实现无障碍的语言交互。通过训练人工智能模型，可以将不同语言的自然语言转化为机器可读的格式。这个过程涉及自然语言处理和机器翻译等技术，使得模型能够理解并准确地解析用户的输入。通过细致的分析和语言理解，模型能够将用户的输入转换为目标语言，并将生成的输出发送给用户。在语言转换过程中，借助人工智能的高效处理能力，可以大大减少转换所需的时间。这意味着在交互过程中，用户能够更快地得到回应和反馈，从而营造出更真实的感觉。用户不再受限于自己的语言能力，可以自由地与 Metaverse 进行交流和互动。消除语言障碍的技术不仅可以帮助用户更好地融入 Metaverse，还可以促进全球用户之间的交流和合作。不同国家和地区的用户可以轻松地进行语言交流，分享知识和经验，拓宽视野和思维。这将促进全球的文化交流和合作，推动社会的发展和进步。

9.1.5 AI 在游戏中的应用案例

沙盒游戏是一个基于区块链技术的虚拟游戏生态系统。它的主要特色是建立了一个虚拟世界，玩家可以在其中建立、拥有和赚取专属利益。与传统游戏不同，沙盒游戏提供了一系列免费的软件工具，如 VoxEdit 和 Game Maker，使玩家、艺术工作者和游戏设计师能够自己打造数字资产和应用。例如，他们可以创建艺术画廊、3D 模型或者游戏。这些数字资产可以在游戏中使用，并且具有价值和所有权。最重要的是，沙盒游戏使用了区块链技术，所有被打造出来的数字资产都可以与其他玩家分享或出售。这意味着玩家可以通过创作和拥有独特的数字资产来获得利益。他们可以在游戏中交易这些资产，与其他玩家进行买卖，或者将其出售给感兴趣的收藏家或投资者。区块链技术的应用使得数字资产的所有权和交易过程更加透明和安全。玩家可以凭借区块链记录证明自己的所有权，而交易则通过智能合约进行，确保交易的可靠性和公正性。沙盒游戏的虚拟游戏生态系统为玩家提供了创作和赚取利益的机会。它不仅是一个娱乐平台，也是一个数字创作和经济活动的场所。通过建立和交易数字资产，玩家可以展示自己的创造力和技能，并与其他玩家共同构建一个繁荣的虚拟世界。

随着科技的不断进步和人们对数字化世界的追求，元宇宙的未来充满着无限的可能性。未来的元宇宙将会变得更加真实、更加多样化，并为人类创造出更多的机会和价值。

9.2 AI 应用现状和继续改变各行各业

AI 应用现状的变化正在朝着更加经济和方便的方向发展。目前，只有大型科技企业和研究实验室才能承担得起创建和试验人工智能的费用。然而，随着人工智能的发展，这种情况将在未来发生变化，并得到更广泛的应用。一方面，随着机器学习技术的迅速发展，AI 将变得更加聪明和智能。机器学习算法的进步使得 AI 能够更好地理解和处理复杂的数据和问题。这将使得 AI 能够在更多领域中发挥作用，从医疗诊断到金融预测，从智能交通到智能家居等。另一方面，AI 应用的成本也在逐渐下降，使得更多的企业和个人能够承担起使用 AI 的费用。云计算和大数据技术的发展使得更多的计算资源和数据可以被共享和利用，从而降低了 AI 应用的成本。这将促使 AI 在各个行业中得到更广泛的部署和应用。一个典型的例子是 GitHub Copilot，这是一个由 OpenAI 开发的 AI 编程工具。它使用机器学习算法分析代码库和编程上下文，为开发者提供自动生成代码的建议。这种工具的出现使得编程变得更加高效和简便，为开发人员节省了大量时间和精力。

1. 智能家居

随着技术的发展，智能家居正逐渐成为现实，为人们的居家生活带来更加便利和舒适的体验。智能家居可以通过人工智能驱动的智能系统了解用户的习惯和偏好。它可以通过传感器、摄像头和其他设备来监测和收集家庭环境的数据，例如温度、湿度和光照等。同时，智能家居还可以通过连接到云端的智能家居平台，收集和分析用户的行为数据，了解他们的使用习惯和偏好。基于这些数据，智能家居可以根据用户的喜好自动调节温度、照明和音乐等设置。例如，它可以根据用户的作息时间自动调整卧室的温度和照明，以提供更加舒适的睡眠环境。它还可以通过学习用户的习惯，自动调整家庭影音系统的音量和播放内容，以提供更加个性化的娱乐体验。此外，智能家居还可以与其他智能设备和系统进行互联，实现更高级的智能化功能。例如，智能家居可以与智能门锁和监控系统连接，实现智能安全设置。当用户离开家时，智能家居可以自动关闭电器设备和关闭水龙头，保障家庭安全。

2. 智慧城市

智慧城市是指利用人工智能技术和物联网等智能计算技术，通过对城市各个领域的数据进行收集、分析和应用，实现城市的智能化和高效化管理。智慧城市的建设涉及城市规划、设计、建设、管理和运营等多个领域，旨在提升城市的可持续发展和居民的生活品质。在智慧城市中，物联网技术可以将城市各个领域的设备和传感器连接起来，实现设备之间的互联互通。通过大数据和云计算技术，可以对城市各个领域的数据进行收集、存储和分析，从而实现对城市运行状态和趋势的监测和预测。同时，人工智能技术可以利用这些数据进行智能决策和优化，提高城市管理和服务的效率和质量。在智慧城市中，城市的关键基础设施和服务将更加互联、高效和智能。例如，在交通运输领域，智慧城市可以通过实时的交通数据分析和智能交通信号控制，优化城市交通流量，减少交通拥堵和排放的污染。在公共安全领域，智慧城市可以通过视频监控和智能分析，实现对城市的安全监控和预警。在医疗和教育领域，智慧城市可以通过健康数据和学生数据的分析，提供个性化的医疗和教育服务。智慧城市的建设不仅可以提供更好的生活和工作服务，也可以为企业创造更有利的商业发展环境。例如，智慧城市可以通过共享经济和电子商务平台，促进创新和创业活动，为企业提供更多的商业机会。同时，智慧城市也可以为政府提供更高效的运营和管理机制，减少资源的浪费和成本的支出。

3. 改善医疗保健

人工智能在医疗保健领域的应用已经取得了显著的成果，但仍有许多工作需要 AI 的协助。首先，人工智能可以帮助医生更早、更准确地诊断疾病。通过分析大量的医疗数据和病例，人工智能可以辅助医生进行疾病识别和预测。例如，在肿瘤诊断中，人工智能可以通过图像分析和模式识别，帮助医生检测和判断肿瘤的类型和恶性程度。其次，人工智能在药物研发和生产方面也发挥着重要作用。借助人工智能的技术，科学家可以更快速地筛选和设计新药物，提高药物研发的效率和成功率。人工智能还可以在药物生产过程中进行质量控制和优化，提高药物的安全性和效果。此外，人工智能还可以帮助在健康问题发生之前进行识别和预测。通过对个人的健康数据进行分析和模型建立，人工智能可以帮助了解自身的健康状况，并进行早期的风险评估和预防措施。例如，人工智能可以利用个人的生理数据和生活习惯，预测患某种疾病的风险，并提供相应的建议和干预措施。最后，人工智能还可以帮助医疗工作者开发更有效的疾病治疗方法。通过对大量的医疗数据和病例进行分析，人工智能可以帮助医生发现新的治疗方法和策略。例如，在癌症治疗中，人工智能可以通过对患者的基因数据和治疗记录进行分析，找到更有效的药物组合和个性化治疗方案。

4. 更好的教育

元宇宙和人工智能的结合为教育领域带来了巨大的变革和改进的机会。元宇宙是一个虚拟的数字化空间，人们可以在其中进行各种互动和体验。结合人工智能技术，元宇宙可以提供更加沉浸式和个性化的学习体验，改变传统教学和学习的方式。首先，通过元宇宙和人工智能的结合，学生可以在家中或任何地方通过虚拟现实技术参与到名师的授课中。他们可以身临其境地感受到名师的教学和讲解，获得更加直观、生动的学习体验。这种远程教学可以打破地理限制，让学生无论身处何地都能够接触到优质教育资源，提高学习的便利性和灵活性。其次，元宇宙和人工智能可以提供个性化的学习体验。通过对学生的学习数据和行为进行分析，人工智能可以根据学生的个体差异和学习需求，提供定制化的学习内容和推荐资源。学生可以在元宇宙中根据自己的兴趣和学习进度，选择适合自己的学习路径和模式，提高学习效果和兴趣。此外，元宇宙还可以提供更加互动和合作的学习环境。学生可以在元宇宙中与其他学生和教师进行实时的互动和合作，共同解决问题和完成任务。这种协作学习可以培养学生的团队合作能力和创造性思维，提高学习的参与度和效果。最后，通过元宇宙和人工智能的结合，教育的质量也可以得到提升。人工智能可以辅助教师进行教学评估和反馈，帮助教师更好地了解学生的学习情况和需要，提供个性化的指导和支持。教师可以利用元宇宙中的虚拟实验室和模拟场景，让学生进行实践和探索，提高他们的实际操作能力和问题解决能力。

5. 提高公司效率

人工智能的应用已经在企业生产和管理中发挥着越来越重要的作用。通过人工智能的自动化技术，企业可以提高生产效率和质量，降低成本和风险，创造更多的商业价值。首先，企业可以利用人工智能技术进行自动化生产流程。人工智能可以通过机器视觉、自动化控制等技术，实现生产线的自动化和智能化。这不仅可以提高生产效率和质量，还可以降低人力成本和安全风险。例如，在汽车制造领域，人工智能可以帮助企业实现自动化装配和质量检测，提高生产效率和产品质量。其次，人工智能可以帮助企业提高员工的工作效率。通过智能化的工作流程和任务分配，人工智能可以帮助员工更加高效地完成工作任务。例如，在客服领域，人工智能可以通过自然语言处理和机器学习技术，实现客户问题的自动分类和智能回答，提高客服效率和服务质量。此外，人工智能还可以帮助企业创造新的产品和服务。通过对大量的数据进行分析和模型建立，人工智能可以发现新的商业机会和市场需求，帮助企业进行新产品和服务的开发和推广。例如，在智能家居领域，人工智能可以通过对用户行为数据的分析，提供个性化的智能家居方案和服务，满足用户的不同需求和偏好。最后，人工智能可以帮助企业快速进入新市场并建立新行业。通过人工智能的技术和算法，企业可以快速分析市场和竞争情况，发现商机和机会，实现快速的市场营销和业务拓展。例如，在无人驾驶汽车领域，人工智能可以帮助企业开发自动驾驶技术和相关服务，创造新的行业和市场。

6. 产生新产业和职业

随着人工智能的不断发展和应用，确实会出现新的职业和产业。人工智能的自动化和智能化将为各个行业和领域带来创新和变革，需要新的职业类型和技能。首先，人工智能的发展将带来对人工智能系统的构建和管理的需求。企业和组织将需要专业的人工智能工程师和技术人员来开发和设计人工智能系统。这些人员需要具备深入的技术知识和算法背景，能够构建高效、稳定和安全的人工智能系统。其次，人工智能的应用将需要更多的人来训练和优化人工智能系统。人工智能系统需要大量的数据进行学习和训练，同时也需要人的指导和反馈来提高系统的准确性和性能。因此，将出现更多的数据科学家和机器学习专家，他们将负责数据的采集、清洗、标注和建模，以及对人工智能系统进行训练和优化。此外，人工智能的普及将带来对人工智能解释和解读的需求。人工智能系统生成的结果和决策往往需要人来解释和理解，以确保其合理性和可信度。因此，将出现更多的人工智能解释师和数据分析师，他们将负责解读和分析人工智能系统生成的数据和结果，为决策提供专业的指导和建议。除了以上的职业类型，人工智能的应用还将催生出新的产业和商机。例如，人工智能技术可以在医疗、金融、交通等领域提供智能化的解决方案，将出现新的人工智能医疗、金融科技和智能交通等产业。这些新兴产业将需要更多的专业人才和创新创业者来推动其发展和创新。

7. 社会更加平等

人工智能的发展确实有潜力推动社会更加平等。通过智能化技术的应用，人们可以获得更加均衡的教育、医疗保健和其他服务，无论他们的社会地位和经济地位如何。首先，人工智能可以提供更加均衡的教育机会。通过在线教育平台和个性化学习系统，人工智能可以根据每个学生的特点和需求，提供量身定制的教育内容和学习路径。这样，学生都可以获得高质量的教育资源和机会，实现更加平等的教育。其次，人工智能可以改善医疗保健的均等性。通过智能诊断和远程医疗技术，人工智能可以提供医疗服务的普及和便利。无论是偏远地区的居民还是经济困难的人群，都可以通过人工智能技术获得医疗诊断和咨询服务，提高医疗保健的覆盖率和质量。此外，人工智能可以提高政府服务的效率和公正性。通过智能化的政务系统和数据分析技术，政府可以更加高效地提供公共服务，减少行政成本和延误。同时，人工智能可以帮助政府更好地了解公民的需求和意见，提高政策的针对性和公平性，促进社会的公正和平等。

8. 更清洁的环境

人工智能的应用有助于创造更加清洁的环境。通过智能化技术的应用，人们可以更加高效地治理和管理公共环境，减少污染和浪费，创造更加清洁和健康的生活环境。首先，人工智能可以帮助更加高效地治理公共环境。例如，通过智能化的环境监测系统和数据分析技术，可以更加准确地监测和评估环境污染的情况，及时采取有效的措施进行治理。同时，人工智能还可以帮助预测和预防环境污染的发生，从源头上减少环境污染的可能性。其次，人工智能可以创造更加清洁和高效的能源。通过智能化的能源管理系统和智能电网技术，可以更加高效地利用能源资源，减少能源的浪费和污染。同时，人工智能还可以帮助推广和普及清洁能源技术，如太阳能、风能等，减少对传统能源的依赖和消耗。除此之外，人工智能还可以通过简化工业流程来减少污染。通过智能化的工业自动化系统和数据分析技术，可以更加高效地进行生产和制造，减少工业废弃物的产生和排放。同时，人工智能还可以帮助优化工业流程，减少能源消耗和污染物排放，实现生产过程的清洁和绿色化。

9. 更安全的交通

人工智能的应用有助于使交通运输更加安全。通过智能化技术的应用，人们可以减少交通事故的发生，挽救人们的生命和财产损失。首先，人工智能驱动的自动驾驶技术可以使交通更加安全。自动驾驶汽车通过激光雷达、摄像头、传感器等设备，实时感知和分析道路和周围环境的情况，可以比人类司机更加准确地判断和决策。自动驾驶技术还可以避免人为驾驶错误和疲劳驾驶等问题，减少交通事故的发生。此外，自动驾驶技术还可以实现车辆之间的智能协同和交通流优化，减少交通拥堵和事故风险。其次，人工智能还可以帮助更加高效地管理和监控交通安全。通过智能化的交通管理系统和数据分析技术，可以实时监测和分析交通流量、事故热点和违法行为等情况，及时采取有效的措施进行干预和管理。人工智能还可以帮助预测和预防交通事故的发生，提前警示和引导驾驶员，减少事故的风险。除此之外，人工智能还可以通过智能化的交通信号控制和导航系统，提供更加安全和高效的交通导航和路线规划。通过智能化的交通信号控制，可以根据实时交通情况和需求，灵活调整交通信号的配时和优化交通流量，减少交通拥堵和事故风险。同时，智能化的导航系统可以为驾驶员提供准确的导航和路线规划，避免迷路和交通事故。

9.3 人工智能发展方向预测

9.3.1 AI 发展回顾

近几年，AI 技术的发展速度非常迅猛。2021 年是人工智能领域取得重要进展的一年，各个领域都在不断探索和应用人工智能技术，为生活和工作带来了许多新的可能性，如金融机构可以用来预测未来市场趋势、风险评估和欺诈检测等；医疗行业可以用来进行疾病诊断和影像分析、医疗决策和治疗、药物研发和临床试验等；交通行业可用于行人检测、信号灯检测、车牌识别、自动驾驶技术等；还有很多行业也在使用人工智能相关技术来解决问题，如农业、体育、新闻、物流行业等。

2021 年的 AI 领域有许多令人振奋的进展。2 月，谷歌发布了 Tensorflow 3D，将深度学习模型升级到 3D 空间，实现了对 3D 场景的理解，可用于处理激光雷达和深度感应摄像头等传感器设备捕获的 3D 数据。5 月，谷歌发布了 Vertex AI，这是一个全新的托管式机器学习平台。Vertex AI 提供了预训练 API，包括视觉、自然语言和视频等领域，可以方便地整合到现有的应用中，也能用于构建新的应用。此外，Vertex AI 还提供了 MLOps（机器学习运营）服务，简化了机器学习开发流程，大大减少了 AI 模型中的代码量。6 月，GitHub 发布了 GitHub Copilot，这是一款能够协助程序员完成开发工作的工具。GitHub Copilot 可以自动补全代码块，转换代码注释为可运行的代码，并提供整个方法或函数的建议。它还能够帮助程序员节省阅读文档的时间，快速浏览不熟悉的编码框架和语言。7 月，谷歌的 DeepMind 利用他们一年前开发的 AlphaFold AI 系统发布了超过 350 000 种蛋白质的预测形状。这一数据对于研究蛋白质的结构和功能具有重要意义，可以推动疾病研究和新药开发的进展。8 月，卡内基梅隆大学和麻省理工学院的研究人员发表了一项开创性的发明，即一种新型的生成对抗网络（GAN）。这种 GAN 可以通过绘制草图来生成模仿图像，被称为 GAN 草图。这一技术为图像生成和设计领域带来了新的可能性，可以用于快速生成艺术作品和设计原型。12 月，DeepMind 发布了一个拥有 2 800 亿参数的人工智能自然语言处理模型。该模型基于 Transformer 架构，在名为 MassiveText 的 10.5 TB 语料库上进行了训练。这个模型被称为 Gopher，在 124 个评估任务中有 100 个超越了当前其他先进的技术。这一成果在自然语言处理和文本生成方面具有重要的突破和应用价值。这些重要事件展示了 2021 年 AI 领域的一些突破和进展，推动了人工智能技术的发展和应用，为未来的创新和进步奠定了基础。

2022 年，人工智能领域继续取得了重要进展。在医疗领域，AI 技术被广泛应用于疾病诊断和治疗方面，为医生提供了更准确的诊断和治疗方案。在交通领域，自动驾驶技术得到了进一步的发展和应用，使交通更加安全和高效。同时，各大科技公司纷纷推出了新的 AI 产品和服务，为各个行业带来了更多的创新和可能性。

2023 年，人工智能技术继续发展，AI 在各个领域的应用越发广泛。在金融领域，AI 技术被用于风险管理和预测市场趋势，为投资者提供更好的决策支持。在教育领域，AI 技术被应用于个性化教育和智能辅导系统，帮助学生更好地学习和成长。同时，人工智能技术也在环境保护、能源领域等方面发挥着重要作用，为可持续发展和社会进步做出贡献。总之，人工智能技术在不断创新和应用中，为人类社会带来了更多的便利和进步。

9.3.2 AI 发展预测

随着人工智能的快速发展和突破，有理由相信它有望改变每个行业。以下是一些关于人工智能发展的可能性预测。

1. 人工智能将改变科学研究的方式和方法

人工智能可以通过计算机解决特定想法中遇到的问题，帮助探索这些想法的可行性和科学性。它具有前所未有的能力，可以分析大量的数据集，并通过计算发现复杂的关系和模式。这种能力可以增强人类智能，帮助科学家更好地理解和解释自然界的规律。在未来几年，人工智能有望改变科学研究的过程，并开启科学发现的新黄金时代。它可以帮助科学家更快速地发现新的知识和理论，推动科学进步的速度。同时，人工智能还可以通过模拟和仿真等手段，帮助科学家探索那些难以观测和实验的领域，拓展科学研究的边界。

2. 大规模自监督学习将成为主流

大规模自监督学习将成为主流。自监督学习是一种新型的学习方式，它可以在不需要人工标注的情况下，从大量的未标注数据中学习知识和模型。这种学习方式在人工智能领域有着广泛的应用潜力。自监督学习可以利用未标注数据，通过设计合适的任务和模型，让机器自动学习和发现数据中的潜在结构和模式。这种学习方式可以大大减少对标注数据的依赖，提高学习的效率和扩展性。未来，人工智能的发展趋势将会朝着大规模自监督学习的方向发展。这是因为大规模自监督学习可以让人工智能更快地学习和适应各种不同的情况。通过从海量的未标注数据中学习，人工智能可以更好地理解和处理现实世界中的复杂问题。同时，大规模自监督学习还可以帮助人工智能从多个角度和层次进行学习，提高其对复杂任务的处理能力和泛化能力。

3. 人工智能将越来越注重解释性

人工智能的发展趋势将越来越注重解释性。目前的深度学习模型往往是黑箱模型，它们的决策过程很难被人类理解和解释。因此，未来的人工智能发展将会朝着更加可解释的方向迈进。解释性人工智能是指能够向人类用户解释其决策过程和原因的人工智能系统。这种类型的人工智能系统将会越来越受到重视，因为人们希望能够理解和信任人工智能的决策。解释性人工智能可以通过提供决策的可解释性和透明性，帮助人们更好地理解和接受人工智能的决策结果。为了实现可解释性，人工智能研究者们正在开展相关的研究工作。他们正在探索如何设计和训练更可解释的模型，使其决策过程更加透明和可理解。例如，研究人员正在开发新的深度学习模型和算法，以提高模型的可解释性和解释能力。此外，人们还在考虑如何将解释性技术和方法整合到已有的人工智能系统中，使其更具解释性。

4. 强人工智能的诞生

强人工智能的诞生是人工智能领域的一个重要发展趋势。当前的人工智能主要依赖于大数据和机器学习技术，被称为弱人工智能。这种人工智能主要在特定任务领域表现出色，但其智能水平有限，无法完全模仿人类的思维方式。然而，随着计算能力的提升和算法的不断优化，未来二十年内强人工智能的诞生成为可能。强人工智能将具备更强大的智能能力，能够在很大程度上模仿人类的思维方式。它将具备自主学习、推理、逻辑分析等能力，并在某些方面甚至超越人类。

5. 量子计算与人工智能的融合

量子计算作为一种新型计算技术，具有高度并行的计算能力和突破摩尔定律的潜力，备受瞩目。在未来二十年内，随着量子计算技术的不断成熟，人工智能将能够充分利用量子计算的优势，获得更强大的计算支持。量子计算能够在同一时间处理多个可能性，从而大大提高计算效率。这将使得人工智能算法的优化和创新能够更快地实现，解决复杂问题的能力也将得到显著提升。人工智能与量子计算的结合将在多个方面带来重要的突破。首先，量子计算可以加速机器学习和深度学习算法的训练和推理过程，从而提高人工智能模型的性能和准确度。其次，量子计算可以优化人工智能算法的搜索和优化过程，使得算法在寻找最优解或者发现隐藏模式方面更加高效。此外，量子计算还有望解决传统计算机无法处理的复杂问题，如优化问题、组合优化问题等。

6. 自主学习与迁移学习的突破

目前的机器学习算法主要依赖于大量标注数据进行训练，这限制了算法的应用范围和学习效率。在未来二十年内，自主学习和迁移学习技术将取得重要突破，为人工智能的发展带来新的机遇。自主学习是指机器学习能够通过少量甚至无监督的方式进行学习。这将大幅度提高学习效率，减少对大量标注数据的依赖。自主学习技术将能够让机器学习自主从数据中发现规律和模式，从而更好地理解和处理数据。这将在许多领域带来重要的突破，如医疗、金融、物联网等。迁移学习是指在一个领域获得的知识能够快速应用到其他领域。这将加速人工智能在各行各业的推广和应用。迁移学习技术能够让机器学习在处理新问题时利用之前学到的知识和经验，从而更快地适应新领域的需求。迁移学习技术将在解决复杂问题和实现跨领域应用方面发挥重要作用。

7. 脑机接口技术的突破

脑机接口技术是一种将人类大脑与计算机直接连接的技术，通过测量和解读大脑活动，使人们能够通过思维来控制计算机和其他外部设备。在未来二十年内，脑机接口技术可能会取得重大突破，实现更高效的信息传输和处理。这将有助于人工智能更好地理解人类思维和情感，为医疗、教育、娱乐等领域提供更个性化和智能化的服务。脑机接口技术的突破将在多个方面带来重要的进展。首先，脑机接口技术将能够实现更高效的信息传输和处理。通过直接连接大脑和计算机，脑机接口技术能够捕捉和解读大脑活动的实时信息，从而实现更快速、精确地控制和反馈。这将为人工智能的发展提供更加准确和可靠的输入和输出。其次，脑机接口技术将能够帮助人工智能更好地理解人类思维和情感。通过解读大脑活动，脑机接口技术可以识别人类的意图、情绪和注意力等信息。这将使得人工智能能够更加智能地与人进行交互，理解和满足人类的需求，提供更加个性化和智能化的服务。此外，脑机接口技术的突破还将为医疗、教育、娱乐等领域提供更多的应用机会。在医疗领域，脑机接口技术可以帮助重度残疾人恢复运动能力，改善生活质量。在教育领域，脑机接口技术可以提供更个性化和针对性的教学方法，促进学生的学习效果。在娱乐领域，脑机接口技术可以为虚拟现实、游戏等提供更加沉浸式和互动性的体验。

8. 人工智能解决气候危机

气候变化是当前全球面临的重大挑战之一，而人工智能技术的应用可以为解决气候危机提供有效的解决方案。通过加强人工智能在环境领域的应用，可以实现更精准、稳定和有效的减排，从而应对气候变化带来的挑战。首先，人工智能可以利用精确的图像数据来预测气候变化的影响。通过收集和分析大量的气象数据和卫星图像，人工智能可以帮助科学家和决策者更准确地预测气候变化对环境和人类社会的影响。这将有助于制定更科学和有效的应对措施，减少灾害风险。其次，人工智能可以预测存在风险的区域。通过分析气象数据、土地利用数据和人口分布等信息，人工智能可以识别出可能发生洪水、干旱、火灾等灾害的区域。这将帮助政府和相关部门做出更好的应对决策，提前采取防范措施，减少灾害损失。此外，人工智能还可以在整个地区内更好地为不同用途的土地分配水资源。通过分析土地利用、水资源分布和需求等数据，人工智能可以帮助决策者更科学地规划和管理水资源，提高水资源利用效率，减少浪费，从而减少对水资源的压力。另外，人工智能可以帮助选出效用更大的基础设施项目，如水坝、消防工程等。通过分析大量的数据，包括气象数据、地质数据、经济数据等，人工智能可以帮助决策者选择最优的基础设施项目，以提高灾害防范和应对能力。最后，人工智能可以预测气候灾难并发出预警，同时在这一过程中减少人力成本。通过分析和比对多源数据，人工智能可以及时发现气候灾难的迹象，提前发出预警，减少人员伤亡和财产损失。这将提高灾害管理的效率和准确性，同时减少人力资源的投入。

可以预见，在未来的发展中，人工智能的革命和绿色能源的革命将齐头并进，成为各国竞争中不可忽视的科技制高点。

9. 人工智能将实现真正的个性化医疗

个性化医疗是指根据患者的个体差异，提供量身定制的医疗方案和服务。传统的医疗模式往往采用标准化和规范化的治疗方法，忽略了患者个体差异的影响。而人工智能技术的应用可以实现真正的个性化医疗，通过数据分析和挖掘，根据患者的基因、生理特征、环境因素以及个人偏好等个体差异因素，为患者量身定制最适合的医疗方案。首先，人工智能可以通过互联网平台实时搜集和分析患者的基本信息、病历资料、生理数据等。通过大数据技术和机器学习算法，人工智能可以快速分析和挖掘海量的医疗数据，找到患者个体差异的关键因素，为个性化医疗提供有力支持。其次，人工智能可以根据患者的具体情况进行诊疗方案设计。通过分析患者的基因信息、生理特征等数据，人工智能可以预测疾病的风险和发展趋势，为医生提供更准确、针对性的诊断和治疗方案。这将大大提高医疗服务的质量和效果，使治疗效果更加显著，副作用更小。此外，人工智能还可以根据患者的个人偏好和需求，为患者提供个性化的医疗服务。通过分析患者的健康管理数据和行为习惯，人工智能可以推荐适合患者的健康生活方式、营养搭配和运动计划等个性化建议。这将帮助患者更好地管理和预防疾病，提高生活质量。最后，人工智能的应用还可以提高医疗服务的效率和降低成本。通过自动化和智能化的技术手段，人工智能可以减少医生和医护人员的工作负担，提高工作效率。同时，个性化医疗可以减少不必要的检查和治疗，避免资源的浪费，降低医疗成本。

总之，人工智能技术的应用将实现真正的个性化医疗，通过数据分析和挖掘，为患者量身定制最适合的医疗方案。这将提高医疗服务的质量和效率，降低医疗成本，满足患者个性化、定制化的医疗需求。

10. 人工智能将成为外交政策的支柱

人工智能的发展将成为外交政策的重要支柱。随着人工智能技术的不断进步，各国政府开始意识到人工智能对于国家发展和全球竞争力的重要性。因此，政府对人工智能的投资不断增加，以推动该领域的创新和发展。人工智能在军事和安全领域的应用将成为国家外交政策的重要组成部分。人工智能技术可以提高军事作战的效率和精确性，增强国家的军事实力。各国政府都意识到，拥有领先的人工智能技术将对地缘政治格局和国家安全产生重大影响。因此，政府会积极投资和合作，以确保在人工智能领域保持竞争优势。

11. 3D 人工智能将彻底改变自动驾驶汽车

3D 人工智能技术的出现将彻底改变自动驾驶汽车的发展方向。目前，许多自动驾驶系统使用基于卷积神经网络算法的 2D 对象检测来感知周围环境。然而，随着 Tensorflow 3D 在 2021 年的问世，以 3D 方式学习周围物体的自动驾驶汽车有了更加广阔的前景。传统的 2D 对象检测只能在图像平面上分析和识别物体，无法获取物体的深度信息，而 3D 人工智能技术可以通过使用 3D 传感器（如激光雷达）获取物体的空间位置和形状等 3D 信息，实现对周围环境的更精确感知和理解。使用 3D 人工智能技术，自动驾驶汽车可以更准确地检测和识别周围的物体，包括车辆、行人、障碍物等。通过获取物体的深度信息，自动驾驶系统可以更好地判断物体的距离和运动状态，从而更精确地规划和执行驾驶决策。此外，3D 人工智能技术还可以提高自动驾驶汽车的感知能力和安全性。通过对周围环境进行全方位的 3D 感知，自动驾驶系统可以更好地应对复杂的交通场景和突发状况，降低事故风险。随着 Tensorflow 3D 的问世，开发人员可以更方便地使用 3D 人工智能算法来训练和优化自动驾驶系统。这将加速自动驾驶技术的发展，并为实现更安全、高效的自动驾驶汽车打下坚实的基础。

12. 生成对抗网络将彻底改变设计制造商

生成对抗网络的应用将在设计制造领域带来彻底的改变。GAN 将逐渐进入制造企业，并具备从3D渲染对象中学习和生成3D对象的能力。例如，GAN可以学习将3D家具对象与包含家具照片的大型数据集区分开来，并生成能够被识别的3D渲染对象。传统的设计制造过程中，设计师通常需要花费大量时间和精力来手动创建和调整3D对象。而有了GAN的引入，设计师可以通过训练GAN模型来自动生成符合要求的3D对象。GAN通过学习现有的3D渲染对象和相关的照片数据集，掌握了家具的特征和风格，能够生成具备识别性能的3D渲染对象。使用GAN生成的3D对象不仅可以大幅减少设计师的工作量，还能提高设计的效率和质量。设计师可以通过与GAN进行交互，快速生成多个候选设计，然后从中选择最佳的设计方案。GAN还可以帮助设计师实现创意的突破，生成一些独特且创新的设计，从而提升产品的竞争力。GAN的应用不仅局限于家具设计，还可以扩展到其他领域，如汽车设计、建筑设计等。通过训练GAN模型，可以生成符合特定要求和风格的3D对象，满足不同行业的设计需求。

13. 数字孪生的广泛应用

数字孪生（digital twins）技术的广泛应用已经成为一个不争的事实。数字孪生是指现实世界中物理对象的数字化模型，它可以模拟和预测物理系统的状态和行为，为实体对象的设计、生产、运营和维护提供了全新的方式。数字孪生最初的应用领域是制造业，用于优化产品设计、生产流程和设备维护等方面。现在，数字孪生已经广泛应用到智慧城市、智慧交通、智慧农业、智慧医疗、智能家居等多个行业。例如，在智慧城市领域，数字孪生可以模拟城市的交通流量、能源消耗、环境污染等情况，提供数据支持和决策依据，帮助城市实现智慧化管理和服务。数字孪生的应用还可以提高生产效率、降低成本、优化产品质量、提升用户体验等方面。例如，在智能家居领域，数字孪生可以模拟家庭的能源消耗、温度控制、安全监测等情况，为用户提供智能化的生活体验和优化管理。数字孪生技术的广泛应用离不开物联网、大数据、云计算、人工智能等新一代信息技术的支持。通过物联网技术，数字孪生可以获取实时的物理数据和状态信息；通过大数据技术，数字孪生可以处理和分析海量数据，提供更准确的预测和决策支持；通过云计算技术，数字孪生可以实现高效的数据存储和计算；通过人工智能技术，数字孪生可以实现更精确的预测和优化。综上所述，数字孪生技术的广泛应用将是未来十年最有潜力的战略科技趋势。数字孪生的应用将为各行各业带来全新的生产方式、管理方式和服务方式，从而推动经济和社会的持续发展。

小　结

本章主要讲解了元宇宙的基本概念以及人工智能对元宇宙的重要性和应用。人工智能在元宇宙中扮演着重要的角色，它可以通过智能算法和数据分析，实现对元宇宙中的虚拟环境、虚拟角色和虚拟交互的智能化管理和优化。接下来，本章还讨论了未来人工智能可能会改变的各个行业。由于人工智能的发展，各个行业都将面临巨大的变革和机遇。最后，本章还探讨了未来人工智能可能的发展方向及原因。

习　题

1. 什么是元宇宙？它带来什么好处？
2. 为什么说人工智能对元宇宙的发展很重要？
3. 未来，人工智能可能会改变哪些行业的现状？
4. 请结合所学内容，根据自己的想法提出几个未来人工智能可能的发展方向，并说明原因。